普通高等教育"十一五"规划教材

PUTONG GAODENG JIAOYU SHIYIWU GUIHUA JIAOCAI

U0655690

DIANQI KONGZHI JISHU
YU OUMULONG PLC

电气控制技术
与欧姆龙PLC

主　编　高万林
编　写　兰　波　李佩佩
主　审　张光杰　滕松林

中国电力出版社
http://jc.cepp.com.cn

内 容 提 要

本书为普通高等教育"十一五"规划教材。

全书共分为八章,详细介绍和讲解了电气控制技术与欧姆龙PLC的相关知识和应用。本书内容分为三部分:第一部分包括本书的前三章,主要讲解了继电接触控制系统的基础知识、控制电路及设计方法和实例;第二部分为本书的后五章,主要讲述欧姆龙系列可编程序控制器控制系统的工作原理、设计编程方法和应用实例;第三部分是本书的附录部分,包括实验指导书、部分指令表和本书的习题集。本书注重内容的精选,力求简明扼要、图文并茂、通俗易懂,在编排上由浅入深,方便了教学和自学。

本书可作为普通高等学校自动化、机械工程及其自动化等相关专业的本专科教材或辅导资料,也可作为相关技术人员的参考用书。

图书在版编目(CIP)数据

电气控制技术与欧姆龙PLC / 高万林主编. —北京:中国电力出版社,2010.9(2019.7重印)

普通高等教育"十一五"规划教材

ISBN 978-7-5123-0771-1

Ⅰ. ①电… Ⅱ. ①高… Ⅲ. ①电气控制-高等学校-教材 ②可编程序控制器-高等学校-教材 Ⅳ. ①TM921.5 ②TP332.3

中国版本图书馆 CIP 数据核字(2010)第 160052 号

中国电力出版社出版、发行

(北京市东城区北京站西街 19 号 100005 http://www.cepp.sgcc.com.cn)

北京九州迅驰传媒文化有限公司印刷

各地新华书店经售

*

2010 年 9 月第一版   2019 年 7 月北京第十一次印刷

787 毫米×1092 毫米 16 开本 14 印张 343 千字

定价 **42.00** 元

前　　言

　　"电气控制技术与PLC"课程是高等学校工程类专业的一门重要专业课。电气控制与PLC技术是综合了计算机技术、自动控制技术和通信技术等多门技术的一门综合性技术。随着生产的发展和科学技术的进步，电气控制与PLC技术应用的领域也不断扩大，不仅在传统的工业生产过程中发挥着不可替代的作用，而且在科学研究及其他很多领域也都扮演着越来越重要的角色。

　　电气控制与PLC起源于同一体系，只是发展的阶段不同，在理论和应用上是一脉相承的。电气控制技术是以用各类电动机为动力的传动装置与系统为对象，来实现生产过程自动化的控制技术。早期的电气控制技术以低压电器元件为基础，形成以继电—接触器为主的电气控制系统。后来出现的PLC（Programmable Logic Controller，可编程序控制器）技术，以软件编程的方法实现控制功能，它正逐步取代传统的继电—接触控制系统，广泛应用于各个行业的控制中。

　　本书主要讲述电气控制技术与欧姆龙PLC的应用，欧姆龙C系列PLC是非常典型和常用的PLC系列之一，在很多领域都有较好的应用，并且其指令通用性强，因此我们以欧姆龙C系列PLC为蓝本来介绍PLC的相关知识。全书共分为三大部分，第一部分主要讲述电气控制技术的相关知识，包括本书第一、二、三章的内容，第一章电气控制的基础，讲述了常见低压电器的基本知识和应用；第二章基本电气控制电路，详细分析了几种典型控制电路环节；第三章电气控制装置设计，介绍了电气控制装置设计的基本原则和步骤并举例详述。第二部分为可编程控制器的介绍，以欧姆龙C系列PLC为主来介绍PLC的编程及应用，包括本书第四、五、六、七、八章的内容，首先介绍了PLC的基本知识，如PLC的产生、发展、编程语言、分类、结构、特点、工作原理与应用等；然后以欧姆龙C系列PLC为基础，对其系统组成、指令系统等内容进行了详细介绍；接着给出了几种常见PLC程序的设计方法并结合实例详细分析；最后给出了PLC控制系统设计的基本步骤和设计方法、设计过程。本书注重内容的精选，力求简明扼要、图文并茂、通俗易懂，在内容编排上循序渐进、由浅入深，方便了教学和自学。由于本课程的实践性较强，因此本书第三部分即附录部分也安排了电气控制技术与欧姆龙PLC课程对应的实验内容。同时在附录中安排了习题集，让学生在学习完成后通过大量的习题检查学习效果。

　　和同类教材相比较，本书主要有以下几个特点：

　　（1）对传统电气控制系统的内容进行了增减，对其中最重要、最基础的知识进行了详细讲解，对过时或已经不常用的知识进行了略讲或删除。

　　（2）给出并讲解了电气控制线路和可编程序控制器程序的设计方法、步骤和原则。

　　（3）以经典欧姆龙C系列PLC为对象，全面详细地讲解了其系统组成、内部器件、指令系统和模块单元等内容，并结合大量设计实例来丰富和介绍欧姆龙PLC控制系统的设计和完成过程，讲解其基本指令、功能指令等的编程和用法。

　　（4）附有详细的实验内容，以便读者更好地学习和实际操作，培养动手能力。

（5）附有内容丰富的习题集，以强化对各章节知识的理解和掌握。

本书由中国农业大学信息与电气工程学院高万林教授任主编，兰波、李佩佩参与了本书的编写；全书由李佩佩统稿。本书初稿由兰波整理，方建卿、刘雪萍、袁昆、韩静等参与了本书文字和图片的录入与绘制，陈一飞参与了本书的审阅。

滕松林教授审阅了本书第一、二、三章，张光杰教授审阅了本书第四、五、六、七、八章，并提出了许多宝贵的意见和建议，在此表示衷心的感谢。

本书的出版得到了中国电力出版社和中国农业大学的大力资助和支持，在此深表感谢！

限于编者水平，书中不足之处在所难免，敬请读者批评指正。

编　者

2010 年 6 月

目　录

绪　　论

一、电气控制与可编程控制发展概况

"19 世纪后期到 20 世纪中叶的第二次产业革命，从化工、电力和内燃机等工程技术的突破开始，使人类进入了电气化、原子能和航空航天时代，现代化的大生产普遍发展。20 世纪下半叶，以信息技术为代表的第三次产业革命迅猛发展，使社会生产和消费从传统的机械化、工业化向自动化、智能化转变。科技转化为生产力的能力加强、速度加快，大大提高了社会生产力和劳动生产率。可以说，这 100 多年来，全世界所创造的生产力比以往所创造的全部生产力的总和还要多、还要大。"第二次产业革命的过程，可以说是以电机的发明为先导，以电能的广泛应用为标志的，人类历史上一次深刻的革命，列宁曾以共产主义就是苏维埃政权加电气化来高度评价电气化的作用，足见电气化所产生的重大历史影响。

电气控制技术是以用各类电动机为动力的传动装置与系统为对象，来实现生产过程自动化的控制技术。电气控制系统是其中的主干部分，在国民经济各行业中的许多部门得到广泛应用，是实现工业生产自动化的重要技术手段。

随着科学技术的不断发展、生产工艺的不断改进，特别是计算机技术的应用，新型控制策略的出现，电气控制技术在不断发展着。在控制方法上，从手动控制发展到自动控制；在控制功能上，从简单控制发展到智能化控制；在操作上，从笨重发展到信息化处理；在控制原理上，从单一的有触点硬接线继电—接触器控制系统发展到以微处理器或微计算机为中心的网络化自动控制系统。现代电气控制技术是综合应用了计算机技术、微电子技术、检测技术、自动控制技术、智能技术、通信技术、网络技术等先进的科学技术成果而发展起来的。

过去的电气控制技术以低压电器元件为基础，以传统的测试方式为手段，形成了以继电—接触器为主的电气控制系统，用以控制电机的起动/制动、反向和调速，至今仍是许多生产机械设备广泛采用的基本电气控制形式，也是学习更先进电气控制系统的基础。它主要由继电器、接触器、按钮、行程开关等组成，由于其控制方式是断续的，故又称断续控制系统，具有结构简单、价格低廉、抗干扰能力强等优点。但由于这种控制系统采用固定接线方式，所以存在着控制灵活性差、动作频率低、触点易损坏和可靠性差等缺点。

20 世纪 60 年代出现的可编程序控制器（Programmable Logic Controller，PLC），以微处理器为核心，以软件手段实现各种控制功能，其通用性强、可靠性高，能适应恶劣的工业环境，它具有指令系统简单、编程简便易学、体积小、维修工作少、现场连接安装方便等一系列优点，正逐步取代传统的继电器控制系统，广泛应用于冶金、采矿、机械制造、石油、化工、汽车、电力、造纸、纺织等各个行业的控制中。

在自动化领域，可编程控制器与 CAD/CAM、工业机器人并称为工业自动化的三大支柱，其应用日益广泛。它以硬接线的继电—接触器控制为基础，逐步发展为既有逻辑控制、计时、计数，又有运算、数据处理、模拟量调节、联网通信等功能的控制装置；可通过数字量或者模拟量的输入、输出满足各种类型机械控制的需要。可编程控制器及有关外部设备，均按既

易于与工业控制系统联成一个整体，又易于扩充其功能的原则设计。可编程控制器已成为生产机械设备中开关量控制的主要电气控制装置。

二、本课程的性质、主要内容与任务

本课程是一门实用性很强的专业课，主要内容是以电动机或其他执行电器为控制对象，介绍继电—接触器控制系统和 PLC 控制系统的工作原理、典型机械的电气控制线路以及电气控制系统的设计方法。当前 PLC 控制系统应用十分普遍，已经成为实现工业自动化的主要手段，把它作为教学重点是应该的。一方面，根据我国当前情况，继电—接触器控制系统仍然是机械设备最常用的电气控制方式，而且控制系统所用的低压电器正在向小型化、长寿命方面发展，出现了功能多样的电子式电器，使继电—接触器控制系统性能不断提高，因此它在今后的电气控制技术中仍然占有相当重要的地位。另一方面，PLC 是计算机技术与继电—接触器控制技术相结合的产物，PLC 的输入、输出仍然与低压电器密切相关，因此掌握继电—接触器控制技术也是学习 PLC 应用技术所必需的基础。

电动机调速技术和数控技术与电气控制技术的关系十分密切，可以说在电气控制技术的发展成熟过程中一定缺少不了这两种技术的发展，因为它们的内容十分丰富而且自成体系，另有专门课程介绍，本课程不再涉及。

本课程的目标是使学生掌握现代电气控制技术的实用技能，具体要求是：

（1）熟悉常用控制电器的结构原理、用途，了解其型号规格并能够正确使用。

（2）掌握继电—接触器控制线路的基本环节，能够独立分析电气控制线路的工作原理。

（3）熟悉典型设备电气控制系统，具有从事电气设备安装调试、维修管理等工作的基本技能。

（4）掌握 PLC 的基本原理及编程方法，能够根据工艺过程和控制要求进行系统设计和编制应用程序。

（5）具有基于 PLC 设计和改进一般机械设备电气控制线路的基本能力。

第一章　电气控制基础

第一节　低压电器基本知识

在我国经济建设和人民生活中，电能的应用越来越广泛。在工业、农业、交通、国防以及人民生活用电中，大多数采用低压供电。为了安全、可靠地使用电能，电路中就必须安装有各种起调节、分配、控制和保护作用的接触器、继电器等低压电器，即无论是低压供电系统还是控制生产过程的电力拖动控制系统，均由用途不同的各类低压电器组成。

一、低压电器的分类

我国现行标准将工作电压交流 1200V、直流 1500V 以下的电气线路中起通断、保护、控制或调节作用的电器称为低压电器。低压电器的种类繁多，工作原理各异，因而有不同的分类方法，下面介绍三种分类方式。

（一）按用途分类

按用途和控制对象不同，低压电器分为配电电器和控制电器。

1. 用于低压电力网的配电电器

这类低压电器主要用于低压供电系统，包括刀开关、转换开关、隔离开关、空气断路器和熔断器等。对配电电器的主要技术要求是断流能力强、限流效果好；在系统发生故障时保护动作准确，工作可靠；有足够的热稳定性和动稳定性。

2. 低压控制电器

这类电器主要用于电力拖动即自动控制系统，包括接触器、起动器和各种控制继电器等。对控制电器的主要技术要求是操作频率高、电气和机械寿命长、有相应的转换能力。

（二）按工作原理分类

按工作原理不同，低压电器分为电磁式电器和非电量控制电器。

1. 电磁式电器

这类电器是根据电磁感应原理进行工作的，它包括交直流接触器、电磁式继电器等。

2. 非电量控制电器

这类电器是以非电物理量作为控制量进行工作的，它包括按钮开关、行程开关、刀开关、热继电器、速度继电器等。

（三）按操作方式分类

按操作方式不同，低压电器分为自动电器和手动电器。

1. 自动电器

通过电磁（或压缩空气）做功来完成接通、分断、起动、反转和停止等动作的电器称为自动电器。常用的自动电器有接触器、继电器等。

2. 手动电器

通过人力做功来完成接通、分断、起动、反转和停止等动作的电器称为手动电器。常用的手动电器有刀开关、转换开关和主令电器等。

另外，低压电器按工作条件还可划分为一般工业电器、船用电器、化工电器、矿用电器、牵引电器及航空电器等几类。不同类型的低压电器，对其防护形式、耐潮湿、耐腐蚀、抗冲击等性能的要求不同。

二、电磁式低压电器的基本结构与工作原理

电磁式电器在低压电器中占有十分重要的地位，在电气控制系统中应用最为普遍。各种类型的电磁式电器主要由电磁机构和执行机构组成，电磁机构按其电源种类不同可分为交流和直流两种，执行机构通常包括触头和灭弧装置两部分。

（一）电磁机构

电磁机构是电磁式继电器和接触器等低压电器的主要组成部件之一，其工作原理是将电磁能转换为机械能，从而带动触头动作。

1. 电磁机构的结构形式

电磁机构由吸引线圈（励磁线圈）和磁路两部分组成。其中，磁路包括铁心、铁轭、衔铁和空气隙。当吸引线圈通过一定的电流时，产生激励磁场及吸力，并通过气隙转换为机械能，从而带动衔铁运动使触头动作，以完成触头的断开和闭合，实现电路的分断和接通。

图 1-1 所示为几种常用电磁机构的结构形式，从常用铁心的衔铁运动形式上看，铁心主要可分为拍合式和直动式两大类。图 1-1（a）为衔铁沿棱角转动的拍合式铁心，其铁心材料由电工软铁制成，它广泛用于直流电器中；图 1-1（b）为衔铁沿轴转动的拍合式铁心，铁心形状有 E 形和 U 形两种，其铁心材料由硅钢片叠成，多用于触头容量较大的交流电器中；图 1-1（c）为衔铁直线运动的 E 形直动式铁心，它也是由硅钢片叠制而成的，多用于触头为中、小容量的交流接触器和继电器中。电磁线圈由漆包线绕制而成，当线圈中通过工作电流时产生足够的磁动势，从而在磁路中形成磁通，使衔铁获得足够的电磁力，克服反作用力而吸合。在交流电流产生的交变磁场中，为避免因磁通过零点造成衔铁的抖动，需在交流电器铁心的端部开槽，嵌入一铜短路环，使环内感应电流产生的磁通与环外磁通不同时过零，使电磁吸力 F 总是大于弹簧的反作用力，因而可以消除交流铁心的抖动。

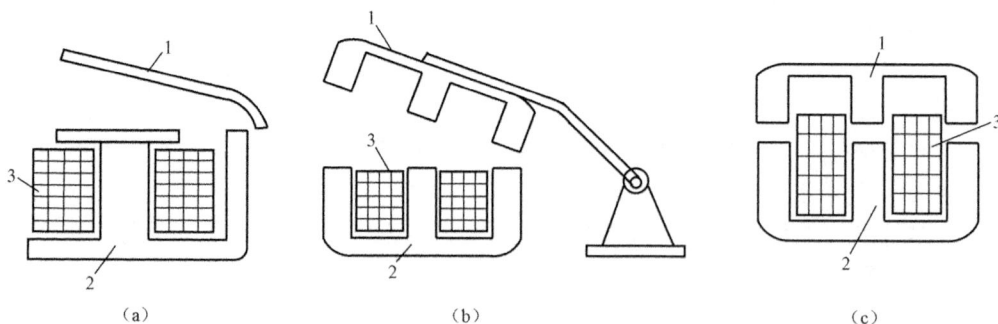

图 1-1　常用电磁机构的结构形式

（a）衔铁沿棱角转动的拍合式铁心；（b）衔铁沿轴转动的拍合式铁心；（c）衔铁直线运动的 E 形直动式铁心

1—衔铁；2—铁心；3—吸引线圈

吸引线圈用以将电能转换为磁能，按通入电流种类不同可分为直流电磁线圈和交流电磁线圈，直流电磁线圈一般做成无骨架、高而薄的瘦高型，线圈与铁心直接接触，易于散热；交流电磁线圈由于铁心存在磁滞和涡流损耗，造成铁心发热，为此铁心与衔铁用硅钢片叠制而成，且为改善线圈和铁心的散热，线圈设有骨架，使铁心和线圈隔开，并将线圈做成短而厚的矮胖型。另外，根据线圈在电路中的连接方式不同，又有串联线圈和并联线圈之分。串联线圈采用粗导线、匝数少，其又称为电流线圈；并联线圈匝数多，线径较细，又称为电压线圈。

2. 电磁机构的工作原理

电磁机构的工作特性常用吸力特性和反力特性来表述。

当电磁机构吸引线圈通电后，铁心吸引衔铁吸合的力与气隙的关系曲线称为吸力特性。电磁机构使衔铁释放（复位）的力与气隙的关系曲线称为反力特性。电磁机构反力特性与吸力特性如图 1-2 （a）、（b）、（c）所示，具体分析如下：

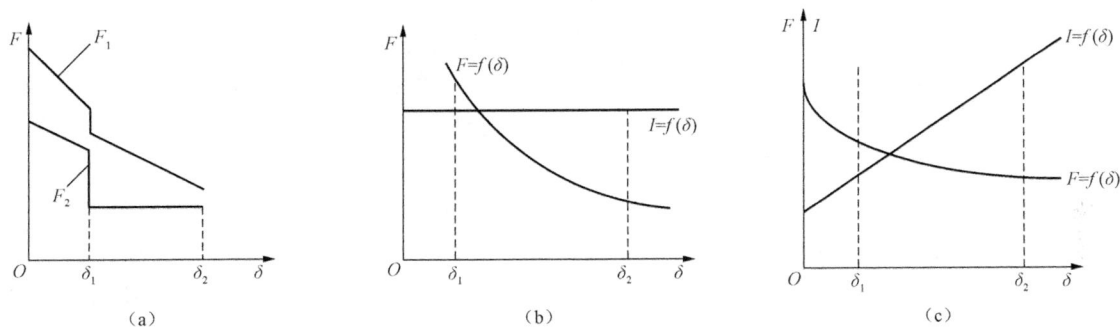

图 1-2　特性图

（a）反力特性；（b）直流电磁机构的吸力特性；（c）交流吸力特性

（1）反力特性。电磁机构上衔铁释放的力大多是利用弹簧的反力，由于弹簧的反力与其机械变形的位移量 x 成正比，其反力特性可写成

$$F_f = K_1 x \tag{1-1}$$

考虑到动合触头闭合时超行程机构的弹力作用，电磁机构反力特性如图 1-2 （a）所示。其中 δ_1 为电磁机构的气隙的初始值，δ_2 为动、静触头开始接触时的气隙长度。由于超行程机构的弹力作用，反力特性在 δ_1 处有一突变。

（2）直流电磁机构的吸力特性。电磁机构的吸力与很多因素有关，当铁心与衔铁端面互相平行，且气隙较小时，吸力的计算式为

$$F = 4B^2 S \times 10^5 \tag{1-2}$$

式中　F——电磁吸力，N；

　　　　B——气隙磁感应强度，T；

　　　　S——吸力处端面积，m^2。

当端面积 S 为常数时，吸力 F 与 B^2 成正比，可以认为 F 与磁通 Φ^2 成正比，与端面积 S 成反比，即

$$F \propto \frac{\Phi^2}{S} \tag{1-3}$$

电磁机构的吸力特性是其电磁吸力与气隙的关系，而励磁电流种类不同，其吸力特性也不一样。对于直流电磁机构的吸力特性分析如下：

当直流电磁机构直流励磁电流稳态时，直流磁路对直流电路无影响，所以励磁电流不受

磁路气隙的影响，即其磁动势 IN 不受磁路气隙的影响，根据磁路欧姆定律有

$$\Phi = \frac{IN}{R_\mathrm{M}} = \frac{IN}{\dfrac{\delta}{\mu_0 S}} = \frac{IN\mu_0 S}{\delta} \tag{1-4}$$

而电磁吸力 $F \propto \dfrac{\Phi^2}{S}$，则

$$F \propto \Phi^2 \propto \left(\frac{1}{\delta}\right)^2 \tag{1-5}$$

即直流电磁机构的吸力 F 与气隙 δ 的平方成反比，其吸力特性如图 1-2（b）所示。由此看出，衔铁闭合前后吸力变化很大，气隙越小，吸力越大。但衔铁吸合前后吸引线圈励磁电流不变，故直流电磁机构适用于动作频繁的场合，且衔铁吸合后电磁吸力大，工作可靠。但当直流电磁机构吸引线圈断电时，由于电磁感应，将会在吸引线圈中产生很大的反电动势，其值可达线圈额定电压的十多倍，将使线圈因过电压而损坏，为此，常在吸引线圈两端并联一个放电回路，该回路由放电电阻与一个硅二极管组成，正常励磁时，因二极管处于截止状态，放电回路不起作用，而当吸引线圈断电时，放电回路导通，将原先储存在线圈中的磁场能量释放出来消耗在电阻上，不会产生过电压。一般，放电电阻阻值取线圈直流电阻的 6～8 倍。

（3）交流电磁机构的吸力特性。交流电磁机构吸引线圈的电阻远比感抗值要小，则

$$U \approx E = 4.44 f \Phi_\mathrm{m} N \tag{1-6}$$

$$\Phi_\mathrm{m} = \frac{U}{4.44 fN} \tag{1-7}$$

式中　U——线圈电压，V；

　　　　E——线圈感应电动势，V；

　　　　f——线圈电压的频率，Hz；

　　　　N——线圈匝数；

　　　　Φ_m——气隙磁通最大值，Wb。

当外加电源电压 U、频率 f 和线圈匝数 N 为常数时，则气隙磁通 Φ_m 也为常数，而电磁吸力 F 平均值为常数。这是由于交流励磁时，电压、磁通都随时间作正弦规律变化，电磁吸力也作周期性变化，分析如下：

令气隙中磁感应强度按正弦规律变化，有

$$B(t) = B_\mathrm{m}\sin\omega t \tag{1-8}$$

交流电磁机构电磁吸力 F（t）的瞬时值为

$$\begin{aligned}
F(t) &= 4B^2(t)S \times 10^5 = 4B_\mathrm{m}^2 S \times 10^5 \sin^2 \omega t \\
&= 2 \times 10^5 B_\mathrm{m}^2 S(1 - \cos 2\omega t) = 4B^2 S(1 - \cos 2\omega t) \times 10^5
\end{aligned} \tag{1-9}$$

式中的 $B = B_\mathrm{m}/\sqrt{2}$ 为正弦量 B（t）的有效值。当 $t=0$ 时，$\cos 2\omega t = 1$，于是 F（t）$=0$ 为最小值；当 $t=T/4$ 时，则 $\cos 2\omega t = -1$，于是 F（t）$=8B^2 S \times 10^5 = F_\mathrm{m}$ 为最大值，其在一周期

内的平均值为

$$F_{av} = \frac{1}{T}\int_0^T F(t)\mathrm{d}t = 4\times10^5 B^2 S\left[\frac{1}{T}\int_0^T (1-\cos 2\omega t)\mathrm{d}t\right] = 4B^2 S\times10^5 \tag{1-10}$$

因此，当 U 一定时，Φ_m 都基本不变，所以交流电磁机构电磁吸力平均值 F_{av} 基本不变，即平均吸力也与气隙 δ 的大小无关。实际上，考虑到漏磁通的影响，吸力平均值 F_{av} 随气隙 δ 的减小而略有增大，其吸力特性如图 1-2（c）所示。虽然交流电磁机构的气隙磁通 Φ_m 近似不变，但气隙磁阻随气隙长度 δ 加大而增大，所以交流励磁电流 I 与气隙长度成正比。一般 U 形交流电磁机构的励磁电流在线圈已通电但衔铁尚未动作时，其电流可达衔铁吸合后额定电流的 5～6 倍；E 形电磁机构高达 10～15 倍额定电流，若发生衔铁卡住不能吸合，或衔铁频繁动作，交流励磁线圈很可能因过电流而烧毁，为此，在可靠性要求高或操作频繁的场合，一般不采用交流电磁机构。

（4）吸力特性与反力特性的配合。电磁机构欲使衔铁吸合，应在整个吸合过程中，吸力必须始终大于反力，但也不宜过大，否则会影响电器的机械寿命。这就要求吸力特性在反力特性的上方且尽可能靠近。在释放衔铁时，其反力特性必须大于剩磁吸力特性，这样才能保证衔铁的可靠释放。这就要求电磁机构的反力特性必须介于电磁吸力特性和剩磁吸力特性之间，如图 1-3 所示。

由于铁磁物质有剩磁，它使电磁机构的励磁线圈断电后仍有一定的剩磁吸力存在，剩磁吸力随气隙 δ 增大而减小。剩磁的吸力特性如图 1-3 所示。

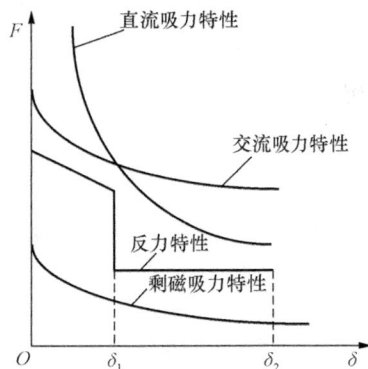

图 1-3　吸力特性和反力特性

（5）交流电磁机构短路环的作用。由式（1-9）可知，交流电磁机构电磁吸力是一个周期函数，该周期函数由直流分量和 2ω 频率的正弦分量组成。虽然交流电磁机构中的磁感应强度是正、负交变的，但电磁吸力总是正的，它是在最大值 $2F_{av}$ 和最小值为零的范围内脉动变化。因此在每一个周期内，必然有某一段时刻吸力小于反力，衔铁又被释放。这样，在 $f=50\text{Hz}$ 时，电磁机构就出现了频率为 $2f$ 的持续抖动和撞击，发出噪声，并容易损坏铁心。

为了避免衔铁震动，通常在铁心端面开一小槽，在槽内嵌入铜质短路环，如图 1-4 所示。短路环把端面 S 分成两部分，即环内部分 S_1 与环外部分 S_2，短路环仅包围了磁路磁通 Φ_1，Φ_1 和 Φ_2 分别产生电磁吸力 F_1 和 F_2，电磁机构的总吸力 F 将是 F_1 与 F_2 之和，只要总吸力始终大于反力，就能消除衔铁的振动。

（6）输入—输出特性。电磁机构的吸引线圈加上电压（或通入电流），产生电磁吸力，从而使衔铁吸合。因此，也可将线圈电压（或电流）作为输入量 x，而将衔铁的位置作为输出量 y，则电磁机构衔铁位置（吸合与释放）与吸引线圈的电压（或电流）的关系成为电磁机构的输入—输出特性，通常称为"极点特性"。

若将衔铁处于吸合位置记作 $y=1$，释放位置记作 $y=0$。由前面分析知道，当吸力特性处于反力特性上方时，衔铁被吸合；当吸力特性处于反力特性下方时，衔铁被释放。若吸力特性处于反力特性上方的最小输入量用 x_0 表示，称为电磁机构的动作值；使吸力特性处于反力特性下方的最大输入量用 x_r 表示，称为电磁机构的复归值。

电磁机构的输入—输出特性如图 1-5 所示,当输入量 $x < x_0$ 时衔铁不动作,其输出量 $y = 0$;当 $x = x_0$ 时,衔铁吸合,输出量 y 从"0"跃变为"1";再进一步增大输入量使 $x > x_0$,输出量仍为 $y = 1$。当输入量 x 从 x_0 减小的时候,在 $x > x_r$ 的过程中,虽然吸力特性向下降低,但因衔铁吸合状态下的吸力仍比反力大,衔铁不会释放,其输出量 $y = 1$。当 $x = x_r$ 时,其吸力小于反力,衔铁才释放,输出量由"1"变为"0";再减小输入量,输出量仍为"0"。所以,电磁机构的输入—输出特性或"继电特性"为一矩形曲线。动作值与复归值均为继电器的动作参数,电磁机构的继电特性是继电器的重要特性。

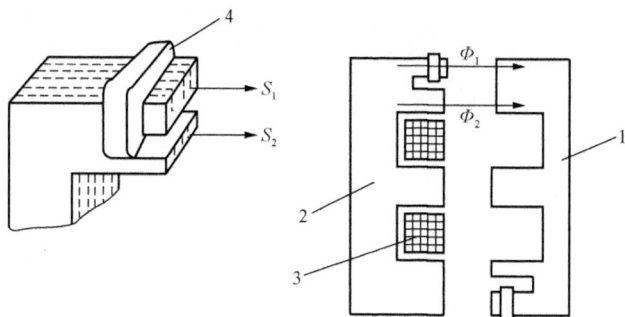

图 1-4　交流电磁铁的短路环

1—衔铁；2—铁心；3—线圈；4—短路环

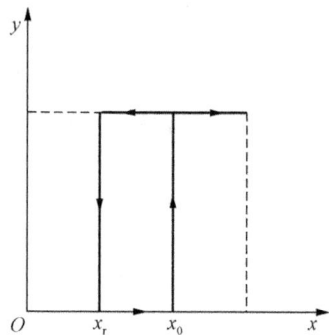

图 1-5　电磁机构的输入—输出特性

（二）触头系统

触头的作用是接通或分断电路,因此要求触头要具有良好的接触性能。

1. 触头的接触形式

触头的接触形式有点接触、线接触和面接触三种,如图 1-6 所示。

点接触由两个半球形触头或一个半球形与一个平面形触头构成,常用于小电流的电器中,如接触器的辅助触头和继电器触头,点接触式触头如图 1-6（a）所示。线接触常做成指形触头结构,它们的接触区是一条直线,触头通、断过程是滚动接触并产生滚动摩擦,适用于通电次数多、电流大的场合,多用于中等容量电器,线接触式触头如图 1-6（c）所示。面接触触头一般在接触表面镶有合金,允许通过较大电流,中小容量的接触器的主触头多采用这种结构,面接触式触头如图 1-6（b）所示。

触头的结构有桥式和指式两类。图 1-6（a）点接触式触头和图 1-6（b）面接触式触头属于桥式触头,而图 1-6（c）线接触式触头则属于指式触头。

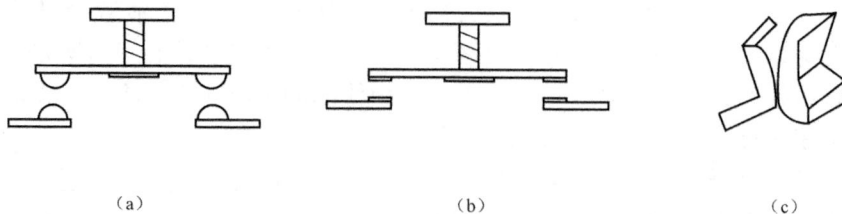

（a）　　　　　　　　　　　　（b）　　　　　　　　　　　　（c）

图 1-6　触头的结构形式

（a）点接触式触头；（b）面接触式触头；（c）线接触式触头

2. 触头的接触电阻及减小方法

当动、静触头闭合后，不可能是完全紧密地接触，从微观看只是一些凸起点之间的有效接触，因此工作电流只流过这些相接触的凸起点，使有效导电面积减少，该区域的电阻远大于金属导体的电阻。这种由于动、静触头闭合时形成的电阻，称为接触电阻。接触电阻的存在，不仅会造成一定的电压损耗，还会使铜耗增加，造成触头温升超过允许值，导致触头表面的"膜电阻"进一步增加及相邻绝缘材料的老化，严重时可使触头熔焊，造成电气系统发生事故。因此，对各种电器的触头都规定了它的最高环境温度和允许温升。

为确保导电、导热性能良好，触头通常由铜、银、镍及其合金材料制成，有时也在铜触头表面电镀锡、银或镍。对于有些特殊用途的电器，如微型继电器和小容量的电器，其触头常采用银质材料，以减小接触电阻；对于大中容量的低压电器，在结构设计上采用滚动接触结构的触头，可将氧化膜去掉。

除此以外，触头在运行时还存在磨损。触头的磨损包括电磨损和机械磨损。电磨损是由于在通断过程中触头间的放电作用使触头材料发生物理性能和化学性能变化而引起的。电磨损是引起触头材料损耗的主要原因之一。机械磨损是由于机械作用使触头材料发生磨损和消耗。机械磨损的程度取决于材料硬度、触头压力及触头的滑动方式等。为了使接触电阻尽可能减小，应使触头接触得紧密一些；另外，在使用过程中尽量保持触头清洁，在有条件的情况下应定期清扫触头表面。

3. 触点的重要参数

（1）额定电流：触点长期工作时所允许的最大电流。该值显然与触点的接触电阻、散热条件以及触点材料有关。其中，接触压力的调整尤为关键。如果触点的工作电流超过额定值，会发生冷焊，严重时会出现热熔焊，即烧结。这就要求触点材料的熔点高，如铂、钨。另外，铂合金的机械性能高，可加大接触压力，故大的额定电流开关常用铂合金作触点。一般触点常用铜合金制造，表面镀金，因为这样不但经济，而且基本上能满足上面提到的多重性能要求。

（2）额定电压：触点断路后允许施加的最大电压。其具体要求是：①断路后两电极间不被击穿，即不能出现火花。这就要求断路后，两电极间有充分大的距离。②在断开过程中虽然允许产生火花，但绝不许可产生电弧。这就要求机械系统能保证快速闭合和快速断开，以免在产生火花或电弧的电极距离内逗留时间过长，必要时要增加一些装置用于灭弧。其中触点断开过程尤为危险。交流电压有助于熄灭电弧，因为在每一个电周期中，定有一次断流现象出现。

（3）触点寿命：触点在额定条件下能正常使用的最多次数。触点寿命与触点的磨损有关，由前面可知，磨损一般分为机械磨损和电磨损。电磨损主要是"液桥磨损"（这种磨损在电源电压大于1V的情况下难以避免）、火花和"弱电弧"磨损，这主要因为多数灭弧装置需要在电弧产生后才能起作用。

（4）灵敏度：单位时间内，触点允许开断的最高次数。此值由控制触点开断的机械系统决定。一般说来，触点的惯量和接触压力越小，则灵敏度越高，但相应的额定电流和额定电压就越低。

（三）电弧的产生与灭弧的方法

1. 火花和电弧的产生

触点断开后，两触点间有间隙为 d、压力为 p 的空气绝缘。如果对两触点施加过高的电压，两触点间的气体就会被击穿并产生火花。

在自然环境下通断电路时，如果被通断电路的电流（电压）超过某一数值时（根据触头材料的不同，其值为 0.25～1A，12～20V 之间），在触头间隙中就会产生电弧。电弧实际上是触头间气体在强电场作用下产生的放电现象。这时触头间隙中的气体被游离产生大量的电子和离子，在强电场的作用下，大量的带电粒子作定向运动，使绝缘的气体变成了导体。电流通过这个游离区时所消耗的电能转换为热能和光能，由于光和热的效应，产生高温并发出强光，使触头烧蚀，并使电路切断时间延长，甚至不能断开，造成严重事故。为此必须采取措施熄灭或减小电弧。

2. 灭弧的基本方法

灭弧的基本方法有：

（1）拉长电弧，从而降低电场强度。图 1-7（a）所示为靠电动力作用将电弧拉长使其易于熄灭。

（2）用电磁力使电弧在冷却介质中运动，降低弧柱周围的温度。

（3）将电弧挤入绝缘壁组成的窄缝中以冷却电弧。

（4）将电弧分割成数段串联的短弧，每一短弧两边可看作一对电极，而每对电极间都有150～250V 的绝缘强度，这就大大加强了触头间的绝缘强度，使触头间电压不足以达到电弧的燃烧电压。

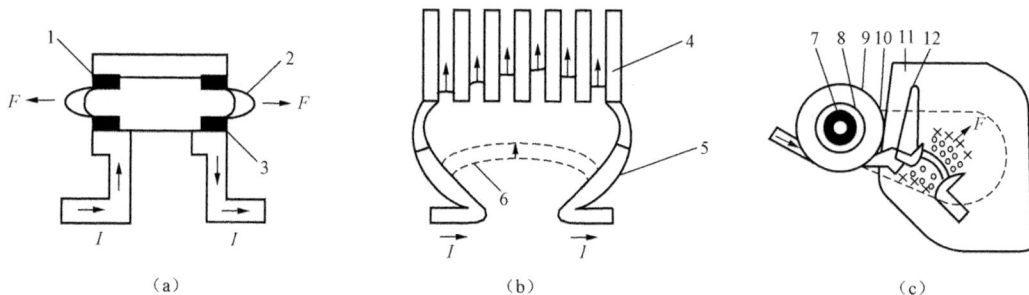

图 1-7　常用灭弧方法原理

（a）电动力灭弧；　（b）栅片灭弧；　（c）磁吹式灭弧

1—动触点；2—电弧；3—静触点；4—灭弧栅片；5—触头；6—电弧；7—铁心；
8—绝缘管；9—吹弧线圈；10—导磁夹片；11—灭弧罩；12—熄弧角

3. 常用的灭弧装置

（1）灭弧罩。灭弧罩通常用耐弧陶土、石棉水泥或耐弧塑料制成。其作用是能分隔电弧为多段，使各段弧长难以满足稳定条件，从而实现灭弧。另外，由于电弧与灭弧罩接触使电弧冷却，有助于灭弧。灭弧罩对交直流均有灭弧作用。

（2）灭弧栅。灭弧栅由许多镀铜导磁钢片组成，片间距离为 2～3mm，安放在触点上方的灭弧罩内，如图 1-7（b）所示。主回路触点间一旦出现电弧，因电弧向导磁钢片内移动会减小系统磁阻，所以电弧必然受电磁力作用向栅片内移动。电弧一旦进入栅片就会被分割出许多串联短弧，形成不稳定系统被熄灭。即使短时不能熄灭，当交流电压过零后，由于栅片的屏蔽，电弧也无法重新点燃。它常用于交流灭弧。

（3）磁吹灭弧装置。磁吹灭弧装置的工作原理，如图 1-7（c）所示。在触点主电路中串入"吹弧线圈"，经导磁夹片连接在触点两侧形成磁路。一旦主电路有电流流过，将产生一个与触点电弧走向垂直的磁场。电弧内具有一定运动速度的带电粒子在这个磁场的作用下将依左手定则受到一个侧向力。如果接线极性正确，可使电弧向外移动逼入灭弧罩内经冷却使之熄灭。这种装置主要用于直流灭弧。

（4）多纵缝灭弧装置。多纵缝灭弧装置取消了磁吹线圈，在主触点间隙上方装有多纵向缝隙的灭弧罩。在静主触点上方还装有铁板弧角，由于铁板弧角的磁导系数较高，电弧会向铁板弧角移动以增大系统电感。当电弧向上移动时会被拉长并进入灭弧罩纵缝中，电弧经切割和热量散失后被熄灭。该装置对直流有灭弧作用。

第二节　接　触　器

一、接触器的结构和工作原理

（一）结构

最常用的接触器是电磁接触器，一般由电磁机构、触点、灭弧装置、释放弹簧机构、支架与底座等几部分组成，其结构示意图可参考图 1-8 所示交流接触器结构示意图。

1. 电磁机构

电磁机构包括动铁心（衔铁）、静铁心和电磁线圈三部分，其作用是将电磁能转换成机械能，产生电磁吸力带动触点动作。

2. 触点

触点是接触器的执行元件，用来接通或断开被控制电路。触点的结构形式很多，按其所控制的电路可分为主触点和辅助触点。主触点用于接通或断开主电路，允许通过较大的电流；辅助触点用于接通或断开控制电路，只能通过较小的电流。触点按其原始状态可分为动合触点（常开触点）和动断触点（常闭触点）。原始状态时（即线圈未通电）断开，线圈通电后闭合的触点叫动合触点；原始状态时闭合，线圈通电后断开的触点叫动断触点。线圈断电后所有触点复位，即回复到原始状态。

3. 灭弧装置

触点在分断电流瞬间，在触点间的气隙中会产生电弧，电弧的高温能将触点烧损，并可能造成其他事故，因此，应采用适当措施迅速熄灭电弧。常采用灭弧罩、灭弧栅和磁吹灭弧装置。

（二）工作原理

接触器根据电磁原理工作：当电磁线圈通电后，线圈电流产生磁场，使静铁心产生电磁吸力吸引衔铁，并带动触点动作，使动断触点断开，动合触点闭合，两者是联动的。当线圈断电时，电磁力消失，衔铁在释放弹簧的作用下释放，使触点复原，即动合触点断开，动断触点闭合。

二、常用接触器的规格和型号

接触器是一种典型的低电压电磁机构，图 1-8 所示为 CJ20 系列交流接触器结构示意图。接触器按其所控主电路电流不同可分交流接触器和直流接触器。交流接触器有三到四对动合主触点，有两对动断动合辅助触点。由于直流电路灭弧困难，所以同样的直流接触器的额定值要小些。通常交流接触器的线圈通交流电，直流接触器的线圈通直流电，但特殊情况下也有例外。

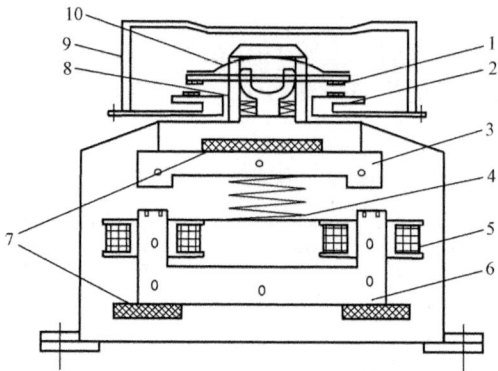

图 1-8　CJ20 系列交流接触器结构示意图

1—动触头；2—静触头；3—衔铁；4—缓冲弹簧；
5—电磁线圈；6—铁心；7—垫毡；8—触头弹簧；
9—灭弧罩 ；10—触头压力簧片

（一）接触器的主要技术参数

1. 额定电压

额定电压指主触点之间的额定工作电压值，也就是指主触头所在电路的电源电压。直流接触器额定电压有 110、220、440、660V，交流接触器额定电压有 127、220、380、660V 等几种。

2. 额定电流

额定电流是接触器主触点在额定工作电压下允许长期通过的最大电流值。直流接触器额定电流有 5、10、20、40、60、100、150、250、400A 以及 600A，交流接触器额定电流有 5、10、20、40、60、100、150、250、400A 以及 600A 等几种。

3. 通断能力

通断能力可分为最大接通电流和最大分断电流的能力。最大接通电流是指触点闭合时不会造成触点熔焊的最大电流值；最大分断电流是指触点断开时能可靠灭弧的最大电流值。一般通断能力是额定电流的 5～10 倍。当然，这一数值与断开电路的电压等级有关，电压越高，通断能力就越小。

4. 动作值

动作值可分为吸合电压和释放电压动作值。吸合电压是指接触器吸合时，缓慢增加吸合线圈两端的电压，接触器可以吸合时的最小电压。释放电压是指接触器吸合后缓慢降低吸合线圈的电压，接触器释放时的最大电压。一般规定，吸合电压不低于线圈额定电压的 85%，释放电压不高于线圈额定电压的 70%。

5. 吸引线圈额定电压

该额定电压是指接触器正常工作时吸引线圈上所加的电压值。一般线圈额定电压值、线圈匝数、线径等数据均标于线包上，而不是标于接触器铭牌上，使用时应加以注意。直流接触器线圈电压等级有 24、48、110、220、440V，交流接触器线圈电压等级有 36、110、220、380V。

6. 操作频率

接触器在吸合瞬间，吸引线圈需消耗比额定值大 5～7 倍的电流，如果操作频率过高，则会使线圈严重发热，直接影响接触器的正常使用。为此，规定了接触器的允许操作频率，一般为每小时允许操作次数的最大值。交、直流接触器的操作频率为 600 次/h、1200 次/h。

7. 机械寿命和电气寿命

机械寿命是指接触器在需要修理或更换机构零件前所能承受的无载操作的次数，目前接触器的机械寿命已达一千万次以上。电气寿命是指在规定的正常工作条件下，接触器不需要修理或更换部件的有载操作次数，电气寿命是机械寿命的 5%～20%。

常用交流接触器 CJ20 系列和直流接触器 CZ18 系列的主要技术数据见表 1-1 和表 1-2。

表 1-1 **CJ20 系列交流接触器主要技术数据**

型号	额定电压 /V	额定电流 /A	可控制电动机最大功率 /kW	最大操作频率/（次·h⁻¹）	吸引线圈消耗功率		机械寿命 /万次	电气寿命 /万次
					起动/VA	吸持/VA		
CJ20-10		10	2.2		65	8.3	1000	100
CJ20-25		25	11		93.1	13.9	1000	100
CJ20-40		40	22	1200	175	19	1000	200
CJ20-63	380	63	30		480	57	1000	200
CJ20-100		100	50		570	61	1000	200
CJ20-160		160	85	600	855	82	1000	200
CJ20-400		400	200		3578	250	600	120
CJ20-630		630	300		3578	250	600	120

表 1-2 **CZ18 系列直流接触器主要技术数据**

型号	额定电压 /V	额定电流 /A	辅助触点数目	额定操作频率/h⁻¹	吸引线圈电压/V	线圈消耗功率/W	机械寿命 /万次	电气寿命 /万次
CZ18-40		40				22		
CZ18-80		80	两动合（常开）两动断（常闭）		24，48 110，220 440	30	500	50
CZ18-160	440	160				40		
CZ18-315		315				43		
CZ18-630		630				50	300	30

（二）接触器的型号及其含义

在接触器中，空气电磁式交流接触器应用最为广泛，产品系列、品种最多，其结构和工作原理基本相同。典型的产品有 CJ10、CJ20、CJ26、CJ40 等系列；近年来从外国引进一些交流接触器产品，如德国 BBC 公司的 B 系列、西门子公司的 3TB 系列、法国 TE 公司的 LC1-D 和 LC2-D 系列等。

直流接触器的结构和工作原理基本上与交流接触器相同，在结构上也是由电磁机构、触头系统和灭弧装置等部分组成。常用的直流接触器有 CZ18、CZ21、CZ22 和 CZ0 系列等。相关系列接触器型号含义如图 1-9～图 1-11 所示。

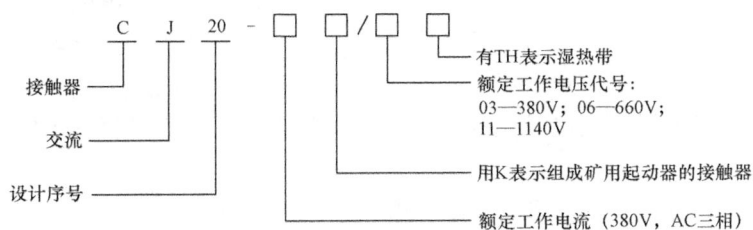

图 1-9 交流接触器型号意义

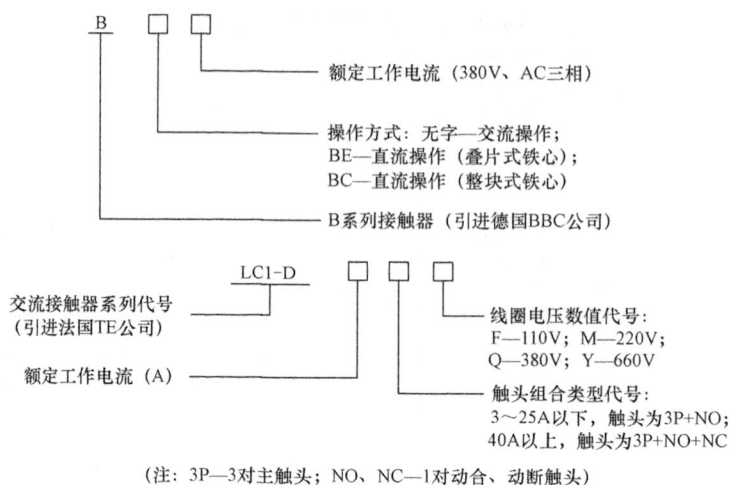

图 1-10　B 系列和 LC1- D 系列接触器型号的含义

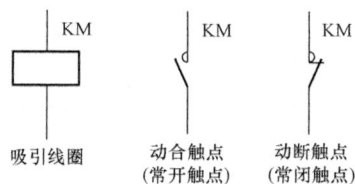

（三）接触器的图形符号

接触器的图形符号如图 1-12 所示，文字符号为 KM。

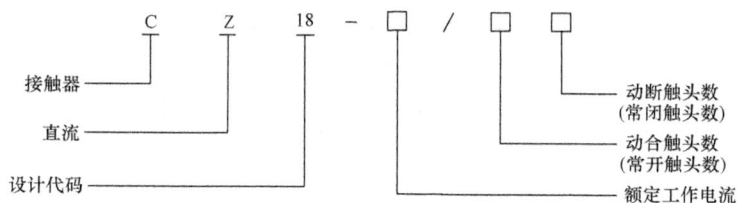

图 1-11　CZ18 系列接触器型号含义　　　　　图 1-12　接触器的图形符号

三、接触器的选用原则

交流接触器的选用，应根据负荷的类型和工作参数合理选用。

（1）接触器控制的电动机或负载电流类型。交流负载应选用交流接触器，直流负载使用直流接触器；如果控制系统中主要是交流电动机，而直流电动机或直流负载的容量比较小时，也可选用交流接触器进行控制，但触点的额定电流应选大些。

（2）接触器主触点的额定电压。其值应大于或等于负载回路的额定电压。

（3）接触器主触点的额定电流。按手册或说明书上规定的使用类别使用接触器时，接触器主触点的额定电流应等于或稍大于实际负载额定电流。在实际使用中还要考虑环境因素的影响，如在柜内安装或高温条件时使用就应适当增大接触器的额定电流。

（4）接触器吸引线圈的电压。一般从人身和设备安全角度考虑，该电压值可以选择低一些；但当控制电路比较简单、用电不多时，为了节省变压器，则选用 220V 或 380V。

此外，在选用接触器时还要考虑接触器的触点数量、种类等是否满足控制电路的要求。

第三节　继　电　器

继电器是一种根据某种输入信号接通或断开小电流控制电路的低压电器。其分类方法很多，如按动作原理分有电磁式、感应式、电子式等继电器，按功能分有电压/电流式继电器、时间继电器、中间继电器、信号继电器等。下面介绍一些主要的继电器。

一、电磁式继电器

电磁式继电器的结构、工作原理与接触器十分类似，主要由电磁机构和触头系统构成，但没有灭弧装置，不分主辅触点。它能灵敏地对电压、电流等参量变化作出反应，触点数量较多，而容量较小，主要用来切换小电流电路或用作信号的中间转换。

（一）电压继电器

电压继电器用于电力拖动系统的电压保护和控制。其线圈并联接入主电路，感测主电路的线路电压；其触点接于控制电路，为可执行元件。

电压继电器分为过压继电器和欠压继电器两种。

（1）过压继电器用于线路的过电压保护，其吸合整定值为被保护线路额定电压的110%～120%，当被保护的电路电压正常时，衔铁不动作；当被保护的电路电压高于额定值，达到过电压继电器的整定值时，衔铁吸合，触点机构动作，切断控制电路，使接触器线圈失电，及时分断电路，起到保护电路的作用。

（2）欠压继电器用于线路的欠压保护，其释放整定值为线路额定电压的40%～70%。当被保护线路电压正常时，衔铁可靠吸合，当被保护线路电压降至欠压继电器的释放整定值时，衔铁释放，触点机构复位，控制接触器及时分断被保护电路。

（3）还有一种称为零电压继电器，它在保护的那段电压降低到额定电压的5%～25%时释放，对电路实现零电压保护，用于线路的失压保护。

表1-3给出了JT4系列零电压继电器和过电压继电器的技术数据。

表 1-3　　　　　　　　JT4 系列零电压继电器和过电压继电器技术数据

型　　号	吸引线圈规格（交流）/V	触点组合形式与数量（常开、常闭）
JT4-□□P（零电压）	110，127，220，380	01，10，02，20，11
JT4-□□A（过电压）	110，220，380	01，10，02，20，11

（二）电流继电器

电流继电器用于电力拖动系统的电流保护和控制。电流继电器的线圈做成阻抗小、匝数少，串联接入主电路（或通过电流互感器接入），用来感测主电路的电流变化。通过与电流设定值的比较，自动判断工作电流是否超限；触点接于控制电路，为执行元件。常用的电流继电器有欠电流继电器和过电流继电器两种。

（1）欠电流继电器用于电路欠电流保护，吸引电流为线圈额定电流的30%～65%，释放电流为额定电流的10%～20%。因此，在电路工作正常时，衔铁是吸合的，只有当电流降低到某一整定值时继电器释放，控制电路失电，从而控制接触器及时分断电路。

（2）过电流继电器在电路工作正常时不动作，整定范围通常为额定电流的110%～350%，当被保护线路的额定电流高于额定值，达到过电流继电器的整定值时，衔铁吸合，触点机构工作，控制电路失电，从而控制接触器及时分断电路，对电路起过流保护作用。

表1-4给出了JL18系列交、直流继电器的技术参数。

表 1-4　　　　　　　　　　　　　**JL18 系列交、直流继电器技术数据**

型　号	额定电压/V	额定电流/A	外形尺寸（宽×高×深）/mm	结构特征	型号及代表意义
JL18-1.0		1.0			
JL18-1.6		1.6			
JL18-2.5		2.5			JL18-[1][2]/[3][4]
JL18-4.0		4.0			[1] TH—热带型；[2] 触
JL18-6.3		6.3	77×120×105		头组合形式（11）；[3] 派
JL18-10		10			生代号：J—交流，Z—直流，
JL18-16		16			S—手动复位，F—高返回
JL18-25	～380、−220	25		触点工作电	系数；[4] 线圈额定工作电
JL18-40		40		压 ～ 380V、	流 I_N（A）
JL18-63		63		−220V；发热电	注：整定电流调节范围；
JL18-100		100	100×120×105	流 10A；可自动	交流吸合 110%I_N～350%I_N
JL18-160		160	102×120×105	及手动复位	（A）；直流吸合 70%I_N～
JL18-250		250			300%I_N（A）
JL18-400		400	110×120×105		
JL18-630		630	115×120×105		

（三）中间继电器

中间继电器实质上是一种电压继电器，结构原理与接触器相同。但是它的触点较多，在电路中主要是扩展触点的数量和起中间放大的作用。另外，触头的额定电流较大（5～10A），有直流和交流继电器之分。

表 1-5 给出了 JZ7 系列中间继电器的技术数据。

表 1-5　　　　　　　　　　　　　**JZ7 系列中间继电器技术数据**

型号	额定电压/V		吸引线圈电压/V	额定电流/A	触点数量		最高操作频率次/h	机械寿命/万次	电气寿命/万次
	交流	直流			动合	动断			
JZ7-22	500	440	36，127，220，380，500	5	2	2	1200	300	100
JZ7-41	500	440	36，127，220，380，500	5	4	1	1200	300	100
JZ7-44	500	440	12，36，127，220，380，500	5	4	4	1200	300	100
JZ7-62	500	440	12，36，127，220，380，500	5	6	2	1200	300	100
JZ7-80	500	440	12，36，127，220，380，500	5	8	0	1200	300	100

电压继电器、电流继电器、中间继电器实物如图 1-13 所示。

电磁式继电器的图形符号和文字符号如图 1-14 所示。

（四）小型灵敏继电器

近年来由于专用 IC 组件及 PLC 被大量用于低压控制电路，小型灵敏继电器也被大量用于低压控制电路中。小型灵敏继电器在低压系统控制电路中的主要作用有两个。

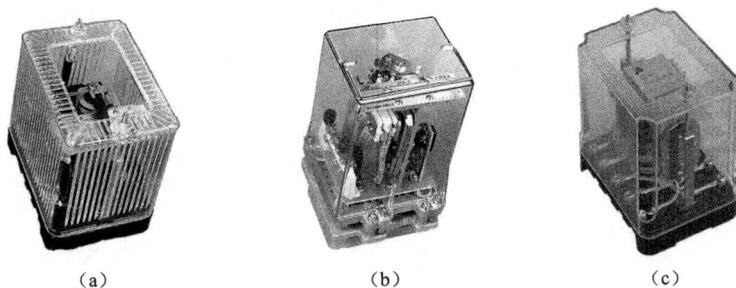

图 1-13 电流继电器、电压继电器、中间继电器实物图

（a）电流继电器；（b）电压继电器；（c）中间继电器

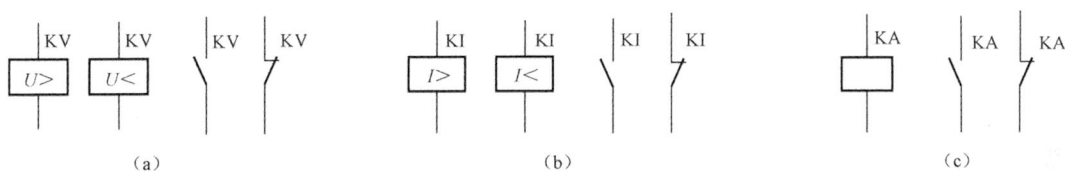

图 1-14 电磁式继电器图形符号和文字符号

（a）电压继电器；（b）电流继电器；（c）中间继电器

（1）将电子电路与低压电器电路隔离，增强电子电路的抗干扰能力。

（2）完成低压电路与电子电路信号输入/输出转换。

小型灵敏继电器的线圈驱动电源通常为直流，线圈额定电压为几伏到几十伏，而且吸合电流一般小于几十毫安。它的触点响应时间很短，一般为 5～10ms。表 1-6 列出了小型灵敏继电器特性数据。

表 1-6　　　　　　　　　　　小型灵敏继电器特性数据

型号	规格代号 SRM4	直流电阻 /Ω	吸合电流 /mA	额定电压 /V	释放电流 /mA	消耗功率 /W	触点负荷	触点形式	外形尺寸 /mm
JQX-4			≤20	12				2Z	
JQX-4F	500.092	110	≤10	6	≥8	≤0.5	交流 220V×3A	4H	47×20×44 45×30×55
	500.093	450	≤20	12	≥4			1Z2H	
	500.094	1800	≤10	24	≥2			2Z 有罩	
	500.095	7200	≤5	48	≥1				
JR-4 型 121 型	500.000	1000	≤9	18	≥4.5	≤0.5	交流 220V×1A	1Z	76×64×45
	500.001	1500	≤7.2	24	≥3.6				
	500.002	2000	≤6	24	≥3				
	500.003	3500	≤1.8	36	≥2.4				
	500.004	5500	≤4	48	≥2				73×73×50
	500.005	8700	≤3	60	≥1.5				
	500.006	3500	≤7.2	36	≥3.6				

注 触点形式代号解释如图 1-15 所示。

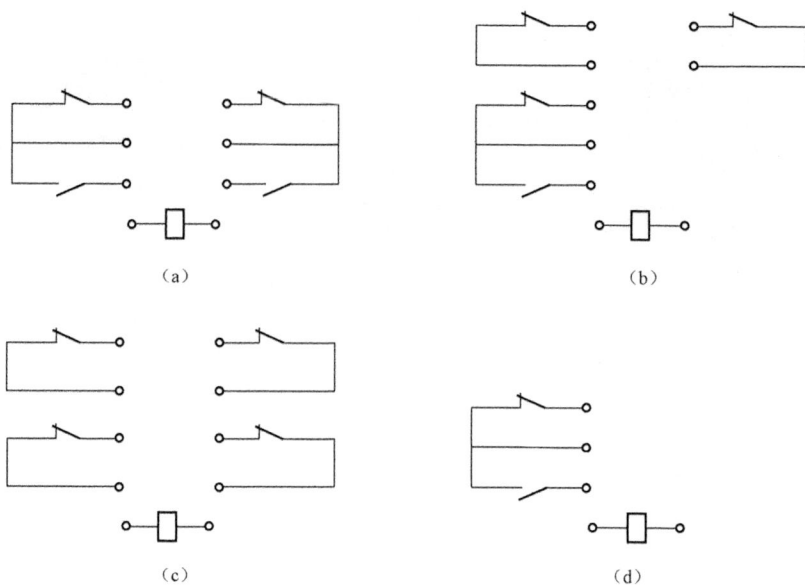

图 1-15　触点形式代号解释

（a）2Z；（b）1Z2H；（c）4H；（d）1Z

二、时间继电器

（一）空气阻尼式时间继电器

1. 工作原理和结构

空气阻尼式时间继电器由电磁系统、延时机构和触头三部分组成，利用空气阻尼原理来达到延时目的。

空气阻尼式时间继电器延时方式有通电延时型和断电延时型两种，图 1-16 所示为交流电磁系统的结构示意图。其外观区别在于：当衔铁位于铁心和延时机构之间时为通电延时型，当铁心位于衔铁和延时机构之间时为断电延时型。下面以 JS7-2A 系列时间继电器为例来分析其原理。

通电延时型时间继电器的工作原理如下：当线圈通电后，衔铁 3 连同推板 5 被铁心 2 吸引向上吸合，上方微动开关 16 压下，使微动开关触头迅速转换。同时，在空气室 11 内与橡皮膜 10 相连的活塞杆 6 在弹簧 8 的作用下也向上移动。由于橡皮膜下方的空气稀薄形成负压，起到空气阻尼的作用，因此活塞杆只能缓慢向上移动，移动速度由进气孔 14 的大小而定，可通过调节螺钉 13 调整。经过一段时间后，活塞 12 才能移动到最上端，并通过杠杆 7 压动开关 15，使其动合触点闭合，动断触点断开。而另一个开关 16 是在衔铁吸合时，通过推板 5 的作用立即动作，故称开关 16 为瞬动触头。当线圈断电时，衔铁在反弹簧 4 的作用下，将活塞推向下端，这时橡皮膜下方气室内的空气通过橡皮膜 10、弹簧 9 和活塞 12 的肩部所形成的单项阀，迅速将空气排掉，使开关 15、16 触头复位。

断电延时型时间继电器与通电延时型时间继电器的原理与结构相同，只是将其电磁机构翻转 180°安装，即为断电延时型。

2. 参数和性能

空气阻尼式时间继电器的延时时间有 0.4～180s 和 0.4～60s 两种规格，其最大优点就是结构简单、工作可靠、价格低廉、使用寿命长，而不足之处则是延时不够准确，延时精度不太高。因此这种继电器在时间要求不很严格的场合被广泛使用。

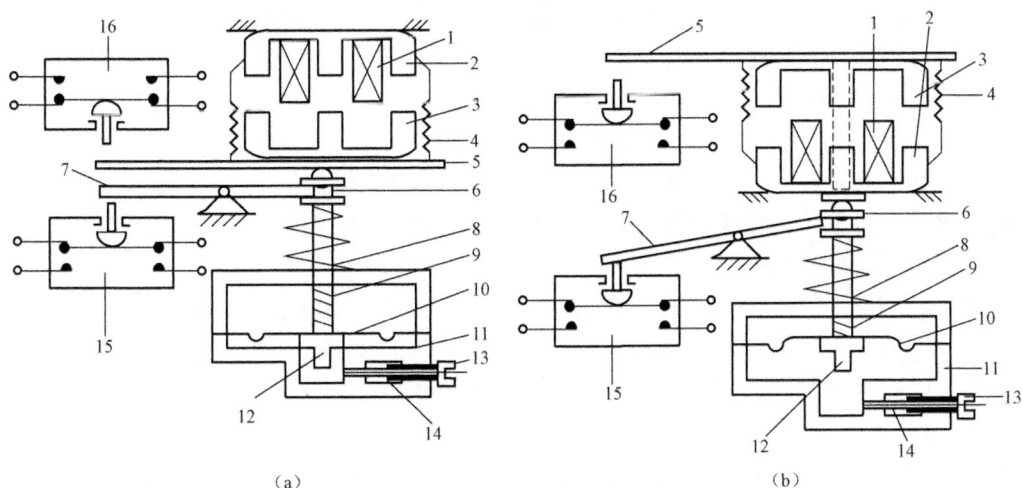

图 1-16　JS7-2A 系列空气阻尼式时间继电器结构原理图

（a）通电延时型；（b）断电延时型

1—线圈；2—铁心；3—衔铁；4—复位弹簧；5—推板；6—活塞杆；7—杠杆；8—塔形弹簧；9—弱弹簧；
10—橡皮膜；11—空气室壁；12—活塞；13—调节螺钉；14—进气孔；15、16—微动开关

常用的产品有 JS7-A、JS23 等系列，其中 JS7-A 系列的延时范围包括了 0.4～180s 和 0.4～60s 两种，操作频率为 600 次/h，触点容量为 5A，延时误差为 15%。

（二）电子式时间继电器

电子式时间继电器的种类很多，最基本的有延时吸合和延时释放两种，它们大多是利用电容充放电原理来达到延时目的的。JS20 系列电子式时间继电器具有延时长、线路简单、延时调节方便、性能稳定、延时误差小、触点容量较大等优点。图 1-17 所示为 JS20 系列电子式时间继电器原理图。刚接通电源时，电容器 C_2 尚未充电，此时 $U_G=0$，场效应晶体管 VT1 的栅极与源极之间电压 $U_{GS}=-U_S$，此后，直流电源经电阻 R_1、R_{10}、RP1、R_2 向 C_2 充电，电容 C_2 上电压逐渐上升，直至 U_G 上升至 $|U_G-U_S|<|U_P|$（U_P 为场效应晶体管的夹断电压）时，

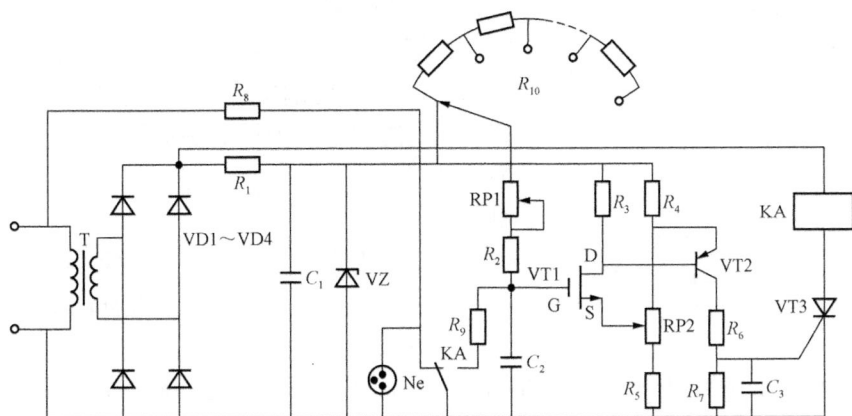

图 1-17　JS20 系列电子式时间继电器原理图

VT1 开始导通。由于 I_D 在 R_3 上产生压降，D 点电位开始下降，当 D 点电压降到 VT2 的发射极电位以下时，VT2 开始导通，VT2 的集电极电流 I_C 在 R_4 上产生压降，使场效应晶体管的 U_S 降低。R_4 起正反馈作用，VT2 迅速地由截止变为导通，并触发晶闸管 VT3 导通，继电器 KA 动作。由上可知，从时间继电器接通电源开始 C_2 被充电到 KA 动作为止的这段时间为通电延时动作时间。KA 动作以后，C_2 经 KA 动合触点对电阻 R_9 放电，同时氖泡 Ne 起辉，并使场效应晶体管 VT1 和晶体管 VT2 都截止，为下次工作做准备。此时晶闸管 VT 仍保持导通，除非切断电源，使电路恢复到原来状态，继电器 KA 才释放。

调节 R_{10} 和 RP1 可以调整其延迟时间，R_{10} 为粗调电阻器，RP1 为细调电阻器。

（三）电动式时间继电器

电动式时间继电器由同步电动机、减速齿轮机构、电磁离合系统及执行机构组成，延时时间长，可达数十小时，延时精度高，但结构复杂，体积较大，常用的有 JS10、JS11 系列和 7PR 系列。电动式时间继电器现在已经几乎不用了，本书不再介绍。

（四）时间继电器的选用

对于延时要求不高的场合，通常选用直流电磁式或空气阻尼式时间继电器，但前者仅能获得直流断电延时，且延时时间在 5s 内，故限制了应用，大多数情况下选用空气阻尼式时间继电器。首先按控制电路电流种类和电压等级来选用时间继电器线圈电压值，再按控制电路的控制要求来选择通电延时型还是断电延时型，然后再选择触头是延时闭合还是延时断开，最后考虑延时触头数量和瞬动触头数量是否满足控制电路的要求。

三、信号继电器

（一）速度继电器

速度继电器主要用于笼型异步电动机的反接制动控制，所以也称为反接制动继电器。感应式速度继电器是靠电磁感应原理实现触点动作的，其结构原理如图 1-18 所示。

速度继电器主要由定子、转子和触点构成。定子的结构与笼型异步电动机的转子相似，是一个笼型空心圆环，由硅钢片冲压叠成，并嵌有笼型绕组，转子是一个圆柱形永久磁铁。

速度继电器的工作原理：速度继电器转子轴与电动机的轴相连接，转子固定在轴上，定子与轴同心空套在转子上。当电动机转动时，速度继电器的转子随之转动，绕组切割磁力线产生感应电动势和感生电流。此电流和永久磁铁的磁场作用产生转矩，使定子向轴的转动方向偏摆，通过定子柄拨动触点，使动断触点断开、动合触点闭合。当电动机转速下降到接近于零时，转矩减小，定子柄在弹簧力的作用下恢复原位，触点也复原。速度继电器根据电动机的额定转速进行选择。

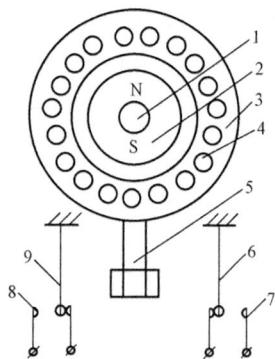

图 1-18　速度继电器结构原理图
1—转轴；2—转子；3—定子；4—绕组；
5—摆锤；6、9—簧片；7、8—静触点

常用的感应式速度继电器有 JY1 和 JFZ0 系列。JY1 系列能在 3000r/min 的转速下可靠工作。JFZ0 系列中 JFZ0-1 适用于 300～1000r/min，JFZ0-2 型适用于 1000～3000r/min，速度继电器有两对动合、动断触点，分别对应于被控电动机的正、反转运行。一般情况下，速度继电器的触点在转速达 120r/min 时能动作，转速达 100r/min 左右时能恢复正常位置。

（二）干簧继电器

干簧继电器又称舌簧继电器，是一种具有密封触点的电磁式继电器。干簧继电器可以反映电压、电流、功率以及电流极性等信号，在检测、自动控制、计算机控制技术等领域中应用广泛。干簧继电器主要由干式舌簧片与励磁线圈组成。干式舌簧片（触点）是密封的，由铁镍合金做成，舌片的接触部分通常镀有贵重金属（如金、铑、钯等），接触良好，具有优良的导电性能。触点密封在充有氮气等惰性气体的玻璃管中，因而有效地防止了尘埃的污染，减少了触点的腐蚀，提高了工作的可靠性，其结构原理如图 1-19 所示。

当线圈通电后，管中两舌簧片的自由端分别被磁化成 N 极和 S 极而相互吸引，因而接通被控电路。线圈断电后，干簧片在本身的弹力作用下分开，将线路切断。

干簧继电器还可以由永磁体来驱动，反映非电信号，用作限位及行程控制以及非电量检测等。如干簧继电器的干簧水位信号器，适用于工业与民用建筑中的水箱、水塔及水池等开口容器的水位控制和水位报警。

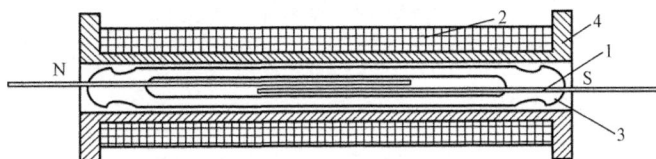

图 1-19 干簧继电器结构原理图

1—舌簧片；2—线圈；3—玻璃管；4—骨架

（三）桥式物理量继电器

物理量继电器的种类繁多，但利用平衡电桥原理制成的物理量继电器居多。具体方法是让物理量敏感元件作为电桥的"一臂"。一旦敏感元件电气参数随物理量变化，则电桥平衡被破坏，进而改变继电器输出状态，实现对物理量的监控任务。以下举三例介绍此种继电器。

1. 热敏电阻温度继电器

热敏电阻温度继电器常常用来对电动机作过热保护使用。它以热敏电阻作为温度检测元件，利用热敏电阻的阻值随温度变化的特性改变继电器工作状态，实现信号输出。图 1-20 是一种正温度系数热敏电阻温度继电器的电路原理示意图。真实的电路用的是 IC 组件而不是分离电子元件。

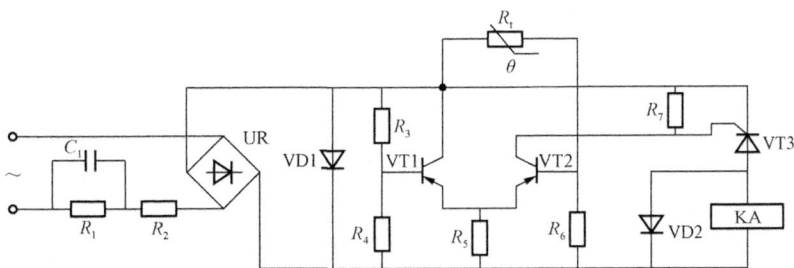

图 1-20 正温度系数热敏电阻温度继电器的电路原理示意图

图 1-20 中，R_t 代表埋设在电动机各绕组内热敏电阻串联后的总电阻值，它同电阻 R_3、R_4、R_6 构成一个电桥的四个臂。一旦电动机过热 R_t 阻值急升，将导致电桥平衡破坏。此时晶闸管 VT3 门极会接收到一个脉冲电流使晶闸管 VT3 导通，并让继电器 KA 工作，最终迫使电动机断电，实现电动机的过热保护。如想让该继电器复原，不但电动机绕组需要降温，而且需要断开外电路电源，以便使晶闸管断流。

2. 热敏电阻流量继电器

热敏电阻式继电器也可制成流量继电器。这需要把热敏电阻 R_t 装嵌在特制的流液管内壁上，如图 1-21 所示，在 R_t 的近邻还安装了一个电功率为常数的加热电阻 R_h。由于流经两电阻之间的液体是供热电阻 R_h 与热敏电阻 R_t 之间的传热媒介，所以液体流速会影响热敏电阻 R_t 的温度。流体流速越慢热敏电阻温度就越高，一旦流速超过设定值，继电器将开始动作，即可实现系统的流量自动监控功能。

3. 压阻式压力继电器

如果将电桥的四个电阻集成在一块硅膜片上，上述系统就可制成压阻式压力继电器。所谓硅膜片，实际上是在半导体硅基片上通过扩散电阻制成的。一旦膜片受压变形，它的被测点间的四个电阻就会发生变化，进而改变输出继电器状态，完成压力继电器的压力监控功能。测压探头的具体结构如图 1-22 所示。

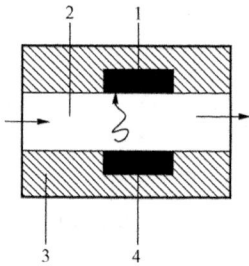

图 1-21 热敏电阻流量继电器工作原理图
1—热敏电阻 R_t；2—被测流体；
3—测量管管壁；4—发热电阻 R_h

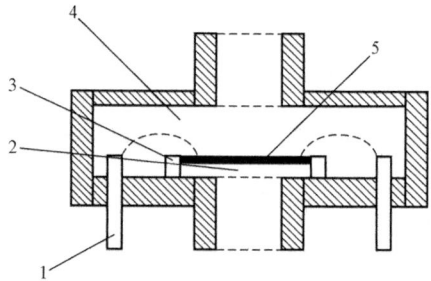

图 1-22 压阻式压力继电器结构示意图
1—引线；2—高压室；3—硅环；
4—低压室；5—硅膜片

温度继电器、压力继电器以及流量继电器因为同属外部物理量信号继电器，在电路图上只需画出它们的输出触点。标注时需将物理量代号填入方框内，具体方法可参考速度继电器、电压继电器以及电流继电器的触点标注。

（四）液位继电器

液位继电器是根据液体液面高低来使触头动作的继电器，常用于锅炉和水柜中用来控制水泵电动机的起动和停止。

图 1-23 所示为液位继电器的结构示意图。图中浮筒置于被控制的锅炉和水柜中，浮筒的一端装有一根磁钢，浮筒与其上的磁钢可绕支点 A 偏转。锅炉或水柜外壁装有两个静触头，动触头的一端也装有一磁钢，它与浮筒一端的磁钢相对应，且可绕支点 B 偏转。当锅炉或水柜中的水位降低到极限值时，浮筒下落使磁钢端绕支点 A 上翘，如图 1-23 所示浮筒磁钢端 S 极指向 C 点位置，由于磁钢同性相斥的作用，使动触头的磁钢端 S 极被斥远离 C 点位置而下落，通过支点 B 使触头 1—1 接通，触头 2—2 断开，利用触头 1—1 接通接触器线圈电路，使接触器线圈通电吸合，接通水泵电动机，向锅炉或水柜供水，使液面上升。反之，当水位

升高到上限位置 E 时，浮筒上浮使磁钢端
绕支点 A 下落而指向位置 D，同理触头
2—2 接通，触头 1—1 断开，水泵电动机
停止。显然，液位继电器的安装位置决定
了被控的液位。

（五）固态继电器

固态继电器（Solid State Relay，SSR）
为近年发展起来的一种新型电子继电器，
它是采用固态半导体元器件组装而成的一
种新颖的无触头开关，是近几年发展起来

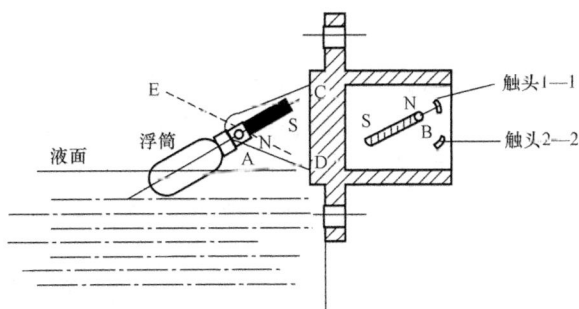

图 1-23　液位继电器结构示意图

的一种新型电子继电器，它具有开关速度快、工作频率高、使用寿命长、噪声低和动作可靠
等优点，不仅在许多自动控制装置中代替了常规电磁式继电器，而且广泛应用于数字程控装
置、调温装置、数据处理系统及计算机 I/O 接口电路。

固态继电器是一种能实现无触头通断的电器开关，当控制端无信号时，其主回路呈阻断
状态，当施加控制信号时，主回路呈导通状态。它利用信号光电耦合方式使控制回路与负载
回路之间没有任何电磁关系，实现了电隔离。

固态继电器是一种四端组件，其中两端为输入端、两端为输出端。按主电路类型分为直
流固态继电器（DC—SSR）和交流固态继电器（AC—SSR），直流固态继电器内部的开关器
件是功率晶体管，交流固态继电器内部的开关器件是晶闸管。按输入与输出端之间的隔离，
其可分为光电隔离固态继电器和磁隔离固态继电器；按控制触发信号方式分，有过零型和非
过零型、有源触发型和无源触发型。

图 1-24 所示为光耦合式交流固态继电器原理图。当无信号输入时，发光二极管 VD2 不
发光，光敏三极管 VT1 截止，此时晶体管 VT2 导通，晶闸管 VT4 控制门极被钳在低电位而
关断，双向晶闸管 VT5 无触发脉冲，固态继电器两个输出端处于断开状态。

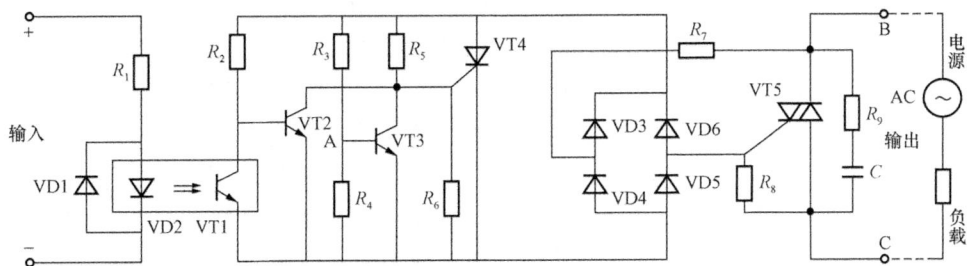

图 1-24　光耦合式交流固态继电器原理图

当在输入端输入很小的信号电压时，发光二极管 VD2 导通发光，光敏三极管 VT1 导通，
晶体管 VT2 截止，若电源电压大于过零电压（约±25V），A 点电压大于 VT3 的 V_{be3}，VT3
导通，VT4 仍关断截止，固态继电器输出端因 VT5 无触发信号而关断。若电源电压小于过零
电压，V_A 小于 V_{be3}，VT3 截止，VT4 控制极经 R_5 获触发信号，VT4 导通，VT5 控制极获得以
R_7—VD3—VT4—VD5—R_8 和 R_8—VD6—VT4—VD4—R_7 正反两个方向的触发脉冲，使 VT5
导通，接通负载电路。若输入信号消失，VT2 导通，VT4 关断，但 VT5 仍保持导通状态，直

到负载电流随电源电压的减小下降至双向晶闸管维持电流以下时才关断，从而切断负载电路。

固态继电器的输入电压、电流均不大，但能控制强电压、大电流电路，它与晶体管、TTL、CMOS 电子线路有较好的兼容性，可直接与弱电控制回路（如计算机接口电路）连接。

固态继电器用于控制直流电动机时，应在负载两端接入二极管，以阻断反电势。控制交流负载时，则必须估计过电压冲击的程度，并采取相应保护措施（如加装 RC 吸收电路或压敏电阻等）。当控制电感性负载时，固态继电器的两端还需加压敏电阻。

第四节　熔断器与热继电器

一、熔断器

（一）熔断器的结构和工作原理

熔断器主要由熔体、熔断管（座）、填料及导电部件等组成。熔体是熔断器的主要部分，常做成丝状、片状、带状或笼状。其材料有两类：一类为低熔点材料，如铅锡的合金、锑铝合金、锌等；另一类为高熔点材料，如银、铜、铝等。熔断器接入电路时，熔体串接在电路中，负载电流流经熔体，当电路发生短路或过电流时，通过熔体的电流使其发热，当达到熔体金属熔化温度时就会自行熔断，期间伴随着燃弧和熄弧过程，随之切断故障电路，起到保护作用。当电路正常工作时，熔体在额定电流下不应熔断，所以其最小熔化电流必须大于额定电流。填料目前广泛应用的是石英砂，主要有作为灭弧介质和帮助熔体散热两个作用。

（二）熔断器的保护特性

熔断器的保护特性是指流过熔体时的电流与熔体熔断时间的关系曲线，称为"时间—电

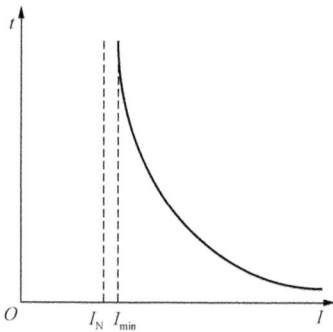

图 1-25　熔断器的保护特性

流特性"曲线，如图 1-25 所示。图中 I_{min} 为最小熔化电流或称临界电流，当熔体电流小于临界电流时，熔体不会熔断。最小熔化电流 I_{min} 与熔体额定电流 I_N 之比称为熔断器的熔化系数，即 $K=I_{min}/I_N$，当 K 小时对小倍数过载保护有利，但 K 也不宜接近于 1，当 K 为 1 时，不仅熔体在 I_N 下工作温度会很高，而且还有可能因保护特性本身的误差而发生熔体在 I_N 下也熔断的现象，影响熔断器工作的可靠性。

当熔体采用低熔点的金属材料时，熔化时所需热量少，故熔化系数小，有利于过载保护；但材料电阻率较大，熔体截面积大，熔断时产生的金属蒸气较多，不利于熄弧，故分断能力较低。当熔体采用高熔点的金属材料时，熔化时所需热量大，故熔化系数大，不利于过载保护，而且可能使熔断器过热；但这些材料的电阻率低，熔体截面积小，有利于熄弧，故分断能力高。所以，不同熔体材料的熔断器在电路中保护作用的侧重点是不同的。

（三）熔断器的主要技术参数及典型产品

1. 熔断器的主要技术参数

（1）额定电压。这是从灭弧角度出发，熔断器长期工作时和分断后能承受的电压。其值一般大于或等于所接电路的额定电压。

（2）额定电流。熔断器长期工作时，各部件温升不超过允许温升的最大工作电流。熔断器的额定电流有两种：一种是熔管额定电流，也称为熔断器额定电流；另一种是熔体的额定电流。厂家为减少熔管额定电流的规格，熔管额定电流等级较少，而熔体额定电流等级较多，在一种电流规格的熔管内可安装几种电流规格的熔体，但熔体的额定电流最大不能超过熔管的额定电流。

（3）极限分断能力。熔断器在规定的额定电压和功率因数（或时间常数）条件下，能可靠分断的最大短路电流。

（4）熔断电流。它为通过熔体并使其熔化的最小电流。

2. 熔断器的典型产品

熔断器的种类很多，按结构来分有半封闭瓷插式、螺旋式、无填料密封管式和有填料密封管式，它们的外形和结构如图 1-26～图 1-29 所示。其按用途分有一般工业用熔断器、半导体保护用快速熔断器和特殊熔断器。典型产品有 RL6、RL7、RL96、RLS2 系列螺旋式熔断器，RL1B 系列带断相保护螺旋式熔断器，RT18、RT18-□X 系列熔断器以及 RT14 系列有填料密封管式熔断器。此外，还有引进国外技术生产的 NT 系列有填料封闭式刀形触头熔断器与 NGT 系列半导体器件保护用熔断器等。

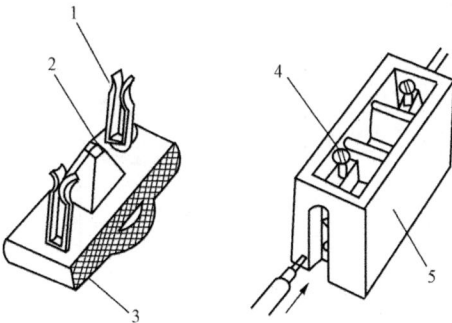

图 1-26 瓷插式熔断器的外形和结构
1—动触头；2—熔丝；3—瓷盖；4—静触头；5—瓷底

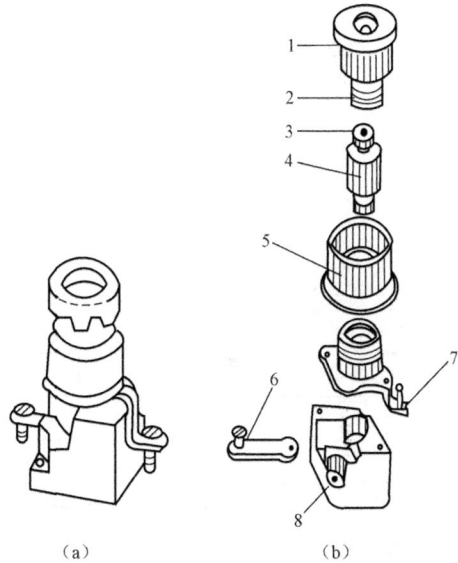

图 1-27 螺旋式熔断棒的外形和结构
（a）外形；（b）结构
1—瓷帽；2—金属螺管；3—指示器；4—熔管；5—瓷套；6—下接线端；7—上接线端；8—瓷座

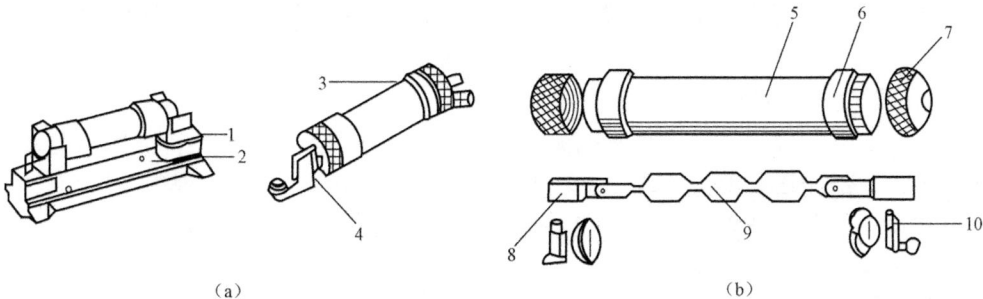

图 1-28 无填料密封管式熔断器的外形和结构
（a）外形；（b）结构
1、4—夹座；2—底座；3—熔断器；5—硬质绝缘管；6—黄铜套管；7—黄铜帽；8—插刀；9—熔体；10—夹座

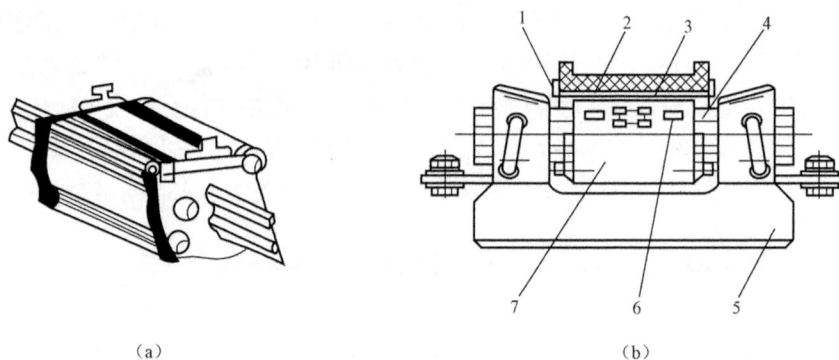

图 1-29　有填料密封管式熔断器的外形和结构

（a）外形；（b）结构

1—熔断指示器；2—石英砂填料；3—熔丝；4—插刀；5—底座；6—熔体；7—熔管

RL6、RL7、RL96、RLS2 系列熔断器技术数据见表 1-7。

表 1-7　　　　　　　　　RL6、RL7、RL96、RLS2 系列熔断器技术数据

型　　号	额定电压 /V	额定电流/A		额定分断电流/kA	cosφ
		熔断器	熔　体		
RL6-25，RL96-25Ⅱ	500	25	2，4，6，10，16，20，25	50	0.1～0.2
RL6-63，RL96-63Ⅱ		63	35，50，63		
RL6-100		100	80，100		
RL6-200		200	125，160，200		
RL7-25	600	25	2，4，6，10，16，20，25	25	
RL7-63		63	35，50，63		
RL7-100		100	80，100		
RLS2-30	500	(30)	16，20，25，(30)	50	
RLS2-63		63	35，(45)，50，63		
RLS2-100		100	(75)，80，(90) 100		

（四）熔断器的选用

熔断器的选择主要包括熔断器类型、熔断器额定电压、额定电流和熔体额定电流的选择等。

1. 熔断器类型的选择

主要根据负载的保护特性和短路电流大小来选择熔断器类型。用于保护照明电路和电动机的熔断器，一般考虑它们的过载保护，要求熔断器的熔化系数适当小些。对于大容量的照明线路和电动机，除过载保护外，还应考虑短路时的分断短路电流能力。

2. 熔断器额定电压的选择

熔断器的额定电压应大于或等于所接电路的额定电压。

3. 熔体额定电流的选择

熔体额定电流的大小与负载大小、负载性质有关。

对于负载平稳无冲击电流的照明电路、电热电路等，可按负载电流大小来确定熔体的额定电流；对于有冲击电流的电动机负载，为起到短路保护作用，又保证电动机的正常起动，对三相笼型电动机其熔断器熔体的额定电流为

单台长期工作电动机

$$I_{Np} = (1.5 \sim 2.5)I_{NM} \qquad (1-11)$$

式中 I_{Np}——熔体额定电流，A；

I_{NM}——电动机额定电流，A。

单台频繁起动电动机

$$I_{Np} = (3 \sim 3.5)I_{NM} \qquad (1-12)$$

多台电动机共用一台熔断器保护

$$I_{Np} = (1.5 \sim 2.5)I_{NM\,max} + \Sigma I_{NM} \qquad (1-13)$$

式中 $I_{NM\,max}$——多台电动机中容量最大一台电动机的额定电流，A；

ΣI_{NM}——其余各台电动机额定电流之和，A。

在式（1-11）与式（1-13）中，对轻载起动或起动时间较短时，式中系数取 1.5；重载起动或起动时间较长时，系数取 2.5。

当熔体额定电流确定后，根据熔断器额定电流大于或等于熔体额定电流来确定熔断器额定电流。

4. 熔断器额定电流的校验

对上述选定的熔断器类型及熔体额定电流，还需校验熔断器的保护特性，看其与保护对象的过载特性是否有良好的配合。同时，熔断器的极限分断能力是否大于或等于保护电路可能出现的短路电流值，这样才可获得可靠的短路保护对于供电电路上的熔断器，为防止越级熔断，上、下级（即供电干、支线）熔断器间应按保护特性有良好的协调配合。

二、热继电器

热继电器是专门用来对连续运行的电动机进行过载及断相保护，以防止电动机过热而烧毁的保护电器。

（一）热继电器的结构及工作原理

由图 1-30 热继电器结构原理图可知，它主要由双金属片、加热元件、动作机构、触点系统、整定调整装置及手动复位装置等组成。

双金属片作为温度检测元件，由两种膨胀系数不同的金属片压焊而成，由加热元件加热后，因两层金属片伸长率不同而弯曲。加热元件串接在电动机定子绕组中，在电动机正常运行时，热元件产生的热量不会使触点系统动作；当电动机过载，流过热元件的电流加大，经过一定的时间，

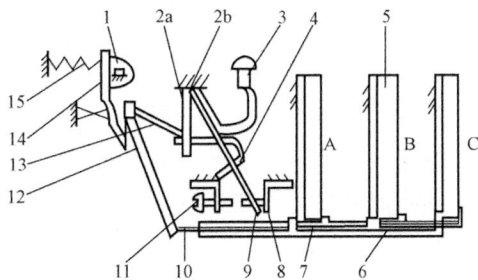

图 1-30 JR16 型系列热继电器结构原理图

1—电流调节凸轮；2a、2b—簧片；3—手动复位按钮；4—弓簧；5—主双金属片；6—外导板；7—内导板；8—动断静触点；9—动触点；10—杠杆；11—复位调节螺钉；12—补偿双金属片；13—推杆；14—连杆；15—压簧

热元件产生的热量使双金属片的弯曲程度超过一定值,通过导板推动热继电器的触点动作(动

合触点闭合，动断触点断开）。通常用其串接在接触器线圈电路的动断触点来切断线圈电流，使电动机主电路失电。故障排除后，按手动复位按钮，热继电器触点复位，可以重新接通控制电路。

（二）具有断相保护的热继电器

三相异步电动机运行时，若发生一相断路，流过电动机各相绕组的电流将发生变化，其变化情况将与电动机三相绕组的接法有关。如果热继电器保护的三相电动机是星形连接，当

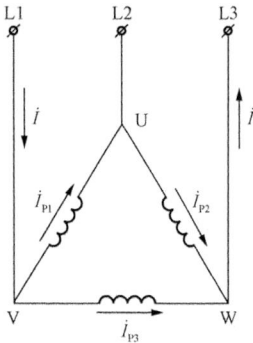

图 1-31 电动机三角形连接当 U 相断路时的电流分析

发生一相断路时，另外两相线电流增加很多，由于此时线电流相当于相电流，而使流过电动机绕组的电流就是流过热继电器热元件的电流，因此，采用普通的两相或三相热继电器就可对此做出保护。如果电动机是三角形连接，在正常情况下，线电流是相电流的 $\sqrt{3}$ 倍，串接在电动机电源进线中的热元件按电动机额定电流即线电流来整定。图 1-31 所示为电动机三角形连接当 U 相断路时的电流分析，当发生一相断路，且电动机仅为 0.58 倍的额定负载时，流过跨接于全电压下的一相绕组的相电流 I_{P3} 等于 1.15 倍的额定相电流，而流过两相绕组串联的电流 $I_{P1} = I_{P2}$ 仅为 0.58 倍的额定相电流。此时未断相的那两相线电流正好为额定线电流，接在电动机进线

中的热元件因流过额定线电流，热继电器不动作，但流过全压下的一相绕组已流过1.15倍额定相电流，时间一长便有过热烧毁的危险。所以三角形连接的电动机必须采用带断相保护的热继电器来对电动机进行长期过载保护。

带有断相保护的热继电器是将热继电器的导板改成差动机构，图 1-32 所示为差动式断相保护机构及工作原理图。差动机构有上导板 1、下导板 2 及装有顶头 4 的杠杆 3 组成，它们之间均用转轴连接。其中，图 1-32（a）为未通电时导板的位置；图 1-32（b）为热元件流过正常电流时的位置，此时三相双金属片都受热向左弯曲，但弯曲的挠度不够，所以下导板向左移动一小段距离，顶头 4 尚未碰到补偿双金属片 5，继电器不动作；图 1-32（c）是电动机三相同时过载的情况，三相金属片同时向左弯曲，推动下导板向左移动，通过杠杆 3 使顶头 4 碰到补偿双金属片端部，使继电器动作；图 1-32（d）为 W 相断路时的情况，这时 W 相双金属片将冷却，端部向右弯曲，推动上导板向右移，而另外两相双金属片仍受热，端部向左弯曲推动下导板继续向左移动。这样上、下导板的一左一右移动，产生了差动作

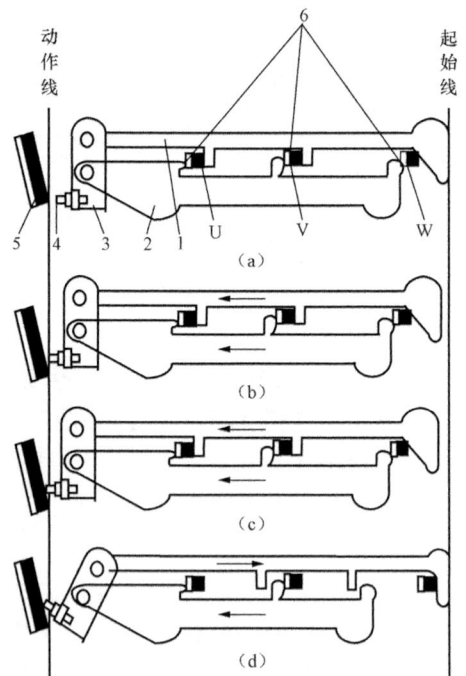

图 1-32 差动式断相保护机构及工作原理

（a）通电前；（b）三相正常电流；
（c）三相均匀过载；（d）W 相断路

1—上导板；2—下导板；3—杠杆；4—顶头；
5—补偿双金属片；6—主双金属片

用，通过杠杆的放大作用，迅速推动补偿双金属片，使继电器动作。由于差动作用，使继电器在断相故障时加速动作，保护电动机。带断相保护热继电器的保护特性见表1-8。

表1-8　　　　　　　　　　　　　带断相保护热继电器保护特性

项　号	电　流　倍　数		动作时间	试验条件
	任意两项	第三项		
1	1	0.9	2h 不动作	冷态
2	1.15	0	<2h	从项1电流加热到稳定后开始

（三）电子式热过载继电器

NRE8-40 型电子式热过载继电器是一种应用微控制器的新型节能、高科技电器。它利用微控制器检测主电路的电流波形和电流大小，判断电动机是否过载和断相。过载时，微控制器通过计算过载电流倍数决定延时时间的长短，延时时间到时，通过脱扣机构使动断触点断开，动合触点闭合。断相时，微控制器缩短延时时间。它相对于 40A 规格的双金属片热继电器可节能95%，适用于交流 50/60Hz、额定工作电压 690V 及以下、电流 20～40A 的电路中，作三相交流电动机过载和断相保护。

（四）热继电器主要参数及常用型号

热继电器主要参数有热继电器额定电流、相数、热元件额定电流、整定电流及调节范围等。热继电器的额定电流是指热继电器中，可以安装的热元件的最大整定电流值。

热继电器的整定电流是指热元件能够长期通过而不致引起热继电器动作的最大电流值。通常热继电器的整定电流是按电动机的额定电流整定的。对于某一热元件的热继电器，可手动调节整定电流旋钮，通过偏心轮机构，调整双金属片与导板的距离，能在一定范围内调节其电流的整定值，使热继电器更好地保护电动机。

JR16、JR20 系列是目前广泛应用的热继电器，其型号意义如图1-33所示。

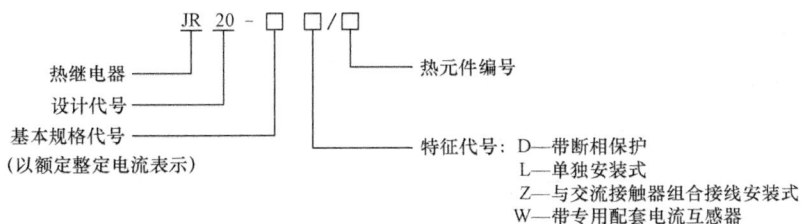

图 1-33　JR20 系列型号意义

表1-9 为 JR16 系列热继电器的主要规格参数。

表1-9　　　　　　　　　　　　　　**JR16 系列热继电器的主要规格参数**

型　号	额定电流/A	热元件规格	
		额定电流/A	电流调节范围/A
JR16-20/3	20	0.35	0.25～0.35
		0.5	0.32～0.5

型　号	额定电流/A	热元件规格	
		额定电流/A	电流调节范围/A
JR16-20/3D	20	0.72	0.45～0.72
		1.1	0.68～1.1
		1.6	1.0～1.6
		2.4	1.5～2.4
		3.5	2.2～3.5
		5.0	3.2～5.0
		7.2	4.5～7.2
		11.0	6.8～11
		16.0	10.0～16
		22	14～22
JR16-60/3 JR16-60/3D	60 100	22	14～22
		32	20～32
		45	28～45
		63	45～63
JR16-150/3 JR16-150/3D	150	63	40～63
		85	53～85
		120	75～120
		160	100～160

（五）热继电器的选用

热继电器主要用于电动机的过载保护，热继电器选用应根据使用条件、工作环境、电动机型式及其运行条件及要求，电动机起动情况及负荷情况综合考虑。

（1）热继电器有独立安装式（通过螺钉固定）、导轨安装式（在标准导轨上安装）和插接安装式（直接挂接在与其配套的接触器上）三种安装型式。应按实际安装情况选择其安装型式。

（2）原则上热继电器的额定电流应按电动机的额定电流选择。但对于过载能力较差的电动机，其配用的热继电器的额定电流应适当小些，通常选取热继电器的额定电流（实际上是选取热元件的额定电流）为电动机额定电流的 60%～80%。

（3）在不频繁起动的场合，要保证热继电器在电动机起动过程中不产生误动作。当电动机起动电流为其额定电流 6 倍及以下，起动时间不超过 5s 时，若很少连续起动，可按电动机额定电流选用热继电器。当电动机起动时间较长时，就不宜采用热继电器，而采用电流继电器作保护。

（4）当电动机工作于重复短时工作制时，要注意确定热继电器的允许操作频率。因为热继电器的操作频率是很有限的，操作频率较高时，热继电器的动作特性会变差，甚至不能正常工作。对于正反转和频繁通断的电动机，不宜采用热继电器作保护，可选用埋入电动机绕组的温度继电器或热敏电阻来保护。

<h2 style="text-align:center">第五节 开 关 电 器</h2>

一、隔离开关电器

低压隔离器是低压电器中结构比较简单，应用十分广泛的一类手动操作电器，品种很多，主要有低压刀开关、熔断器式刀开关和组合开关三种。

隔离器主要是在电源切除后，将线路与电源明显地隔开，以保障检修人员的安全。熔断器式刀开关由刀开关和熔断器组合而成，故兼有两者的功能，即电源隔离和电路保护功能，并可分断一定的负载电流。

（一）刀开关

1. 刀开关的结构

低压刀开关由操纵手柄、触刀、触刀插座和绝缘底板等组成，图 1-34 为其结构简图。

2. 刀开关的主要参数与型号

刀开关的主要类型有：带灭弧装置的大容量刀开关、带熔断器的开启式负荷开关（胶盖开关）、带灭弧装置和熔断器的封闭式负荷开关（铁壳开关）等。常用的产品有 HD11-HD14 和 HS11-HS13 系列刀开关，HK1、HK2 系列胶盖开关，HH3、HH4 系列铁壳开关。

刀开关型号含义如图 1-35 所示。

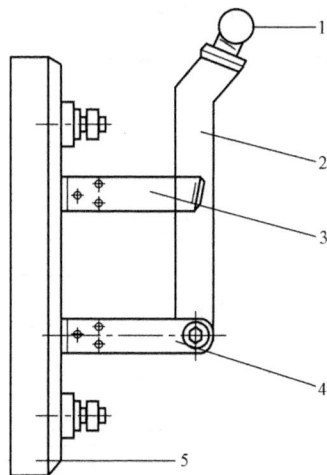

图 1-34　低压隔离器结构
1—操纵手柄；2—触刀；3—静插座；
4—支座；5—绝缘底板

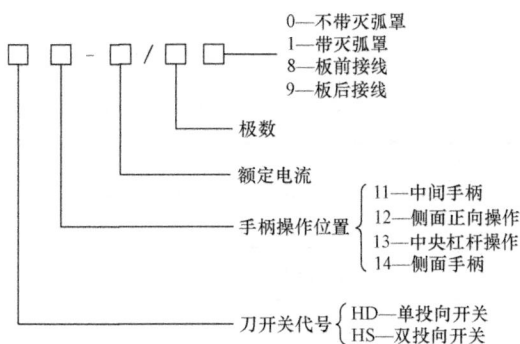

图 1-35　刀开关型号含义

例如，HD13-400/31 为带灭弧罩中央杠杆操作的三极单投向刀开关，其额定电流为 400A。

刀开关的主要技术参数有长期工作所承受的最大电压——额定电压，长期通过的最大允许电流——额定电流，以及分断能力等。

近年来我国研制的新产品有 HD18、HD17、HS17 等系列刀形隔离器。HD/HS17 系列型号含义如图 1-36 所示。HG1、HG5 系列熔断器式隔离器等，其型号含义如图 1-37 所示，其技术参数见表 1-10。

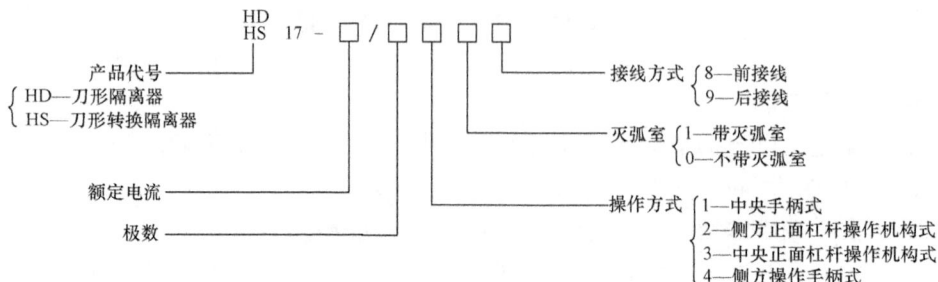

图 1-36　HD/HS17 系列型号含义

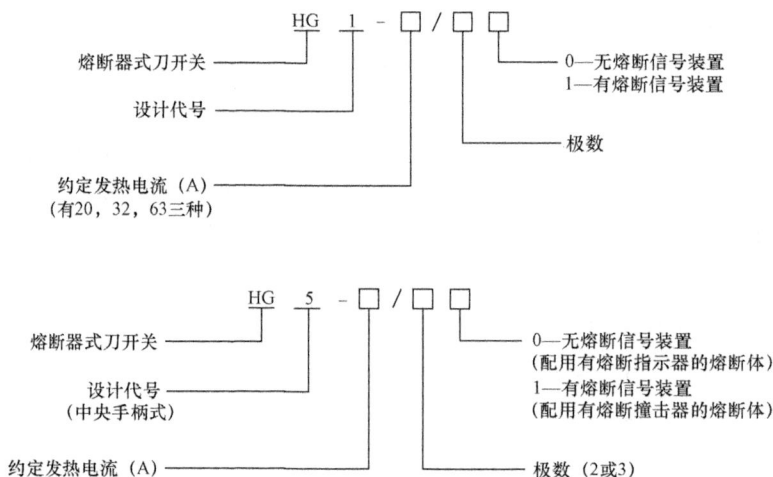

图 1-37　HG1、HG5 系列型号意义

表 1-10　　　　　　　　　　　　　　　　　HG1 系列技术参数

额定绝缘电压/V	～660			
额定工作电压/V	～380　　～660			
约定发热电流/A	100	200	400	630
配用熔体电流/A （德国 AEG 公司 NT 型）	4～160	80～200	125～400	315～630

3. 刀开关的选用

在选择刀开关时，其额定电压应大于或等于电路的额定电压，额定电流应稍大于或等于电路中的额定电流，刀开关的极数、位置数和操作方式可根据实际需要选定。当刀开关直接通断小型负载时，应注意选择相应的通断能力。

（二）低压断路器

低压断路器也叫自动开关，常用于不频繁通断的低压线路中。在电路发生短路、过载、欠电压和漏电故障时能自动分断故障电路，是一种具有多种保护功能的开关电器。

1. 低压断路器的结构及工作原理

低压断路器的结构原理图如图 1-38 所示。断路器主要由触点、灭弧系统和各种脱扣器三部分组成。脱扣器包括有电流脱扣器、欠电压脱扣器、热脱扣器和自由脱扣器等。

低压断路器在使用时，电源线接图中的 A、B、C 端，负载线接触点端。手动合闸后，动、静触点闭合，脱扣连杆 9 被锁扣 7 的锁钩钩住，它又将合闸连杆 5 钩住，将触点保持在闭合状态。发热元件 14 与主电路串联，有电流流过时发出热量，使热脱扣器 6 的一端向左弯曲，发生过载时热脱扣器 6 弯曲到将脱钩锁推离脱扣连杆，从而松开合闸连杆，动、静触点受脱扣弹簧 3 的作用而迅速分开。电磁脱扣器 8 有一个匝数很少的线圈与主电路串联，发生短路时，它使铁心脱扣器上部的吸力大于弹簧的反力，脱扣锁钩向左转动，最后也使触点断开。同时电磁脱扣器兼有欠电压保护功能，这样断路器在电路发生过载、短路和欠电压时起到保护作用。如果要求手动脱扣时按下手动脱扣按钮 2 就可使触点断开。脱扣器的脱扣量值都可以进行整定，只要改变热脱扣器所需的弯曲程度和电磁脱扣器铁心机构的气隙大小就可以了。

当低压断路器由于过载而断开后，应等待 2～3min 才能重新合闸，以使热脱扣器回复原位。

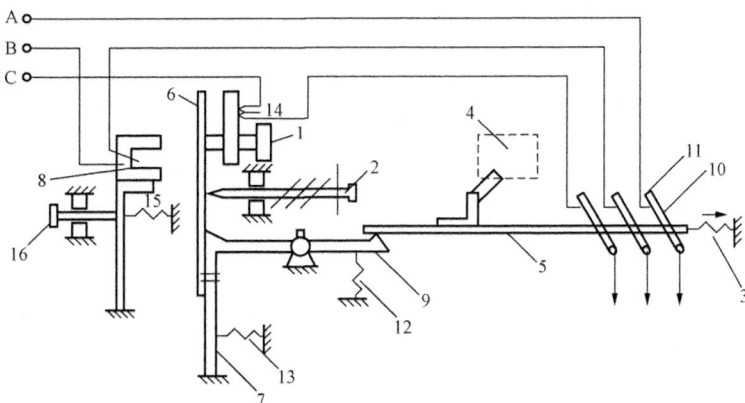

图 1-38　低压断路器的结构原理图

1—热脱扣器的整定按钮；2—手动脱扣按钮；3—脱扣弹簧；4—手动合闸机构；5—合闸连杆；
6—热脱扣器；7—锁扣；8—电磁脱扣器；9—脱扣连杆；10、11—动、静触点；
12、13—弹簧；14—发热元件；15—电磁脱扣弹簧；16—调节旋钮

2. 低压断路器的类型及其主要参数

低压断路器的类型分为四种，主要如下：

（1）万能式低压断路器：又称敞开式低压断路器，具有绝缘衬底的框架结构底座，所有的构件组装在一起，用作配电网络的保护。主要型号有 DW10 和 DW15 系列。

（2）装置式低压断路器：又称塑料外壳式低压断路器，用绝缘材料制成的封闭型外壳将所有构件组装在一起，用作配电网络的保护和电动机、照明电路及电热器等的控制开关。主要型号有 DZ5、DZ10、DZ20 等系列。

（3）快速断路器：具有快速电磁铁和强有力的灭弧装置，最快动作时间在 0.02s 以内，

用于半导体整流元件和整流装置的保护。主要型号有 DS 系列。

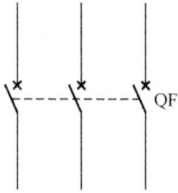

图 1-39　低压断路器的
图形文字符号

（4）限流断路器：利用短路电流产生的巨大吸力，使触点快速断开，能在短路电流尚未达到峰值之前就把障碍电路切断，用于短路电流相当大（高达 70kA）的电路中。主要型号有 DWX15 和 DZX10 系列。

另外，中国引进的国外断路器产品有德国的 ME 系列，SIEMENS 的 3WE 系列，日本的 AE、AH、TG 系列，法国的 C45、S060 系列，美国的 H 系列等，这些引进产品都有较高的技术经济指标。低压断路器的图形文字符号如图 1-39 所示。

国产低压断路器 DW15 系列断路器的技术参数见表 1-11。

表 1-11　　　　　　　　　　　　DW15 系列断路器的技术参数

| 型　号 | 额定短路接通分断能力/kA | | | | | | | 外形尺寸 |
	额定电压/V	额定电流/A	电压/V	接通最大值	分断有效值	$\cos\varphi$	短路时最大延时/s	宽×高×深/（mm×mm×mm）
DW15-200	380	200	380	40	20			242×420×341（正面）386×420×316（侧面）
DW15-400	380	400	380	52.5	25			242×420×341，386×420×316
DW15-630	380	630	380	63	30			242×420×341，386×420×316
DW15-1000	380	1000	380	84	40	0.2		441×531×508
DW15-1600	380	1600	380	84	40	0.2		441×531×508
DW15-2500	380	2500	380	132	60	0.2	0.4	687×571×631，897×571×631
DW15-4000	380	4000	380	196	80	0.2	0.4	687×571×631，897×571×631

断路器的型号含义如图 1-40 所示。

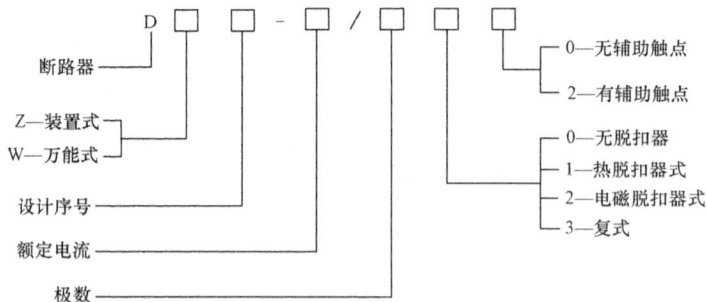

图 1-40　断路器的型号含义

3. 低压断路器的选用原则

当额定电流在 600A 以下，且短路电流不大时，可选用塑壳断路器；当额定电流较大，短路电流也较大时，应选用框架式断路器。一般选用原则为：

（1）断路器的额定电压、额定电流应大于或等于被保护的线路或设备的额定电压和工作电流。

（2）热脱扣整定电流与所控制负载的额定电流一致。

（3）断路器的额定通断能力应大于或等于电路的最大短路电流。

（4）断路器欠压脱扣器额定电压应等于被保护线路的额定电压。

（5）断路器的类型选择，应根据电路的额定电流以及保护的要求来选用。

（6）过电流脱扣器的额定电流 I_z 应大于或等于线路的最大负载电流。

二、主令开关电器

主令开关电器是用来发布命令、改变控制系统工作状态的电器，它可以直接作用于控制电路也可以通过电磁式电器的转换对电路实现控制，其主要类型有控制按钮、行程开关、万能转换开关、主令控制器、脚踏开关等。

（一）控制按钮

按钮是最常用的主令电器，其典型结构示意如图1-41所示。它既有动合触头，也有动断触头。常态时在复位弹簧的作用下，由桥式动触头将静触头1、2闭合，静触头3、4断开；当按下按钮时，桥式动触头将1、2分断，3、4闭合。1、2被称为动断触头或常闭触头，3、4被称为动合触头或常开触头。

为了适应控制系统的要求，按钮的结构型式很多，见表1-12。

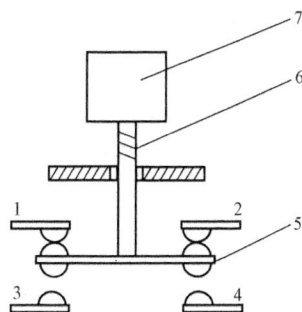

图 1-41 按钮开关典型结构示意图

1、2—动断触头；3、4—动合触头；5—桥式触头；6—复位弹簧；7—按钮帽

常用的按钮型号有 LA2、LA18、LA19、LA20 及新型号 LA25 等系列。引进生产的有瑞士 EAO 系列、德国 LAZ 系列等产品。其中，LA2 系列有一对动合和一对动断触头，具有结构简单、动作可靠、坚固耐用的优点。LA18 系列按钮采用积木式结构，触头数量可按需要进行拼装。LA19 系列为按钮开关与信号灯的组合，按钮兼作信号灯灯罩，用透明塑料制成。

为标明按钮的作用，避免误操作，通常将按钮帽做成红、绿、黑、黄、蓝、白、灰等颜色。GB 5226—1985《机床电器设备通用技术条件》对按钮颜色作了如下规定：

（1）"停止"和"急停"按钮必须是红色。当按下红色按钮时，必须使设备停止工作或断电。

（2）"起动"按钮的颜色是绿色。

（3）"起动"与"停止"交替动作的按钮必须是黑白、白色或灰色，不得用红色和绿色。

（4）"点动"按钮必须是黑色。

（5）"复位"（如保护继电器的复位按钮）必须是蓝色。当复位按钮还有停止的作用时，则必须是红色。

表 1-12 控制按钮主要结构型式

	分　类	代号	特　点
安装方式	面板安装按钮		供开关板、控制台上安装固定用
	固定安装按钮		底部有安装固定孔
防护式	开启式按钮	K	无防护外壳，适用于嵌装在柜、台面板上

续表

分　类		代号	特　点
防护式	保护式按钮	H	有防护外壳，可防止偶然触及带电部分
	防水式按钮	S	具有密封外壳，可防止雨水的侵入
	防腐式按钮	F	具有密封外壳，可防止腐蚀性气体侵入
操作方式	按压操作		按压操作
	旋转操作　手柄式	X	用手柄操作按钮，有两位置或三位置
	旋转操作　钥匙式	Y	用钥匙插入旋钮进行操作，可防止误操作
	拉式	L	用拉杆进行操作，有自锁和自动复位两种
	万向操纵杆式	W	操纵杆能以任何方向进行操作
复位性	自复按钮		外力释放后，按钮依靠弹簧作用恢复原位
	自持按钮		按钮内装有自持用电磁机构或机械机构，主要用作互通信号，一般为面板安装式
结构特性	一般式按钮		一般结构
	带灯按钮	D	按钮内装有信号灯，兼作信号指示用
	紧急式按钮	J	一般有蘑菇头突出于外面，作紧急时切断电源用

（二）位置开关

1. 行程开关

行程开关主要用于检测工作机械的位置、发出命令以控制其运动方向或行程长短，行程开关也称限位开关。行程开关按机械结构的接触方式有接触式行程开关和非接触式行程开关。接触式行程开关靠移动物体碰撞行程开关的操动头而使行程开关的动合（常开）接触点接通和动断（常闭）触点分断，从而实现对电路的控制作用。

行程开关按外壳防护形式分为开启式、防护式和防尘式；按动作速度分为瞬动和慢动（蠕动）；按复位方式分为自动复位和非自动复位；按接线方式分为螺钉式、焊接式及插入式；按操作形式分为直杆式（柱塞式）、直杆滚轮式（滚轮柱塞式）、转臂式、方向式、叉式、铰链杠杆式等；按用途分为一般用途行程开关、起重设备用行程开关及微动开关等多种。

2. 接近开关

接近开关是非接触式的检测装置，当运动着的物体接近它到一定距离时，它就能发出信号，从而进行相应的操作。按工作原理分，接近开关有高频振荡型、霍尔效应型、电容型、超声波型等，其中以高频振荡型最为常用。接近开关的主要技术参数有动作距离、重复精度、操作频率及复位行程等。

3. 光电开关

光电开关是另一种类型的非接触式检测装置，它有一对光的发射和接收部件，根据两者的安装位置和光的接收方式的不同可分为对射式和反射式，作用距离从几厘米到几十米不等。

（三）转换开关

转换开关主要应用于低压断路操作机构的合闸与分闸控制、各种控制线路的转换、电压和电流表的换相测量控制、配电装置线路的转换和遥控等，是一种多挡式、控制多回路的主令电器。

目前常用的转换开关类型主要有万能转换开关和组合开关两大类。两者的结构和工作原理基本相似，在某些应用场合两者可相互替代。

转换开关按结构类型可分普通型、开启组合型和防护组合型等；按用途又分为主令控制用和控制电动机用两种；按操作方式可分为定位型、自复型和定位自复型三大类；按操动器外形分有 T 型、手枪型、鱼尾型、旋钮型和钥匙型五种。图 1-42 所示为 LW5 系列万能转换开关结构原理和外形图，图 1-42（a）为其某一层的结构原理图，图 1-42（b）为其外形图。

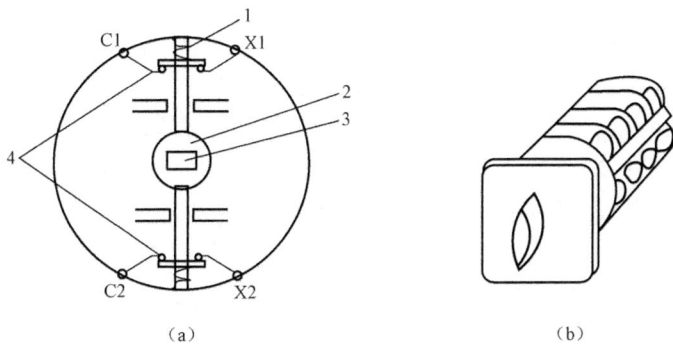

图 1-42 LW5 系列万能转换开关结构原理和外形图
（a）结构原理图；（b）外形图
1—触点弹簧；2—凸轮；3—转轴；4—触点

转换开关一般采用组合式结构设计，由操作机构、定位装置、限位系统、触点装置、面板及手柄等组成。触点装置通常采用桥式双断点结构，并由各自的凸轮控制其通断。定位系统采用滚轮卡棘轮辐射形结构，不同的棘轮和凸轮可组成不同的定位模式，从而得到不同的输出开关状态，即手柄在不同的转换角度时，触点的状态是不同的。不同型号的万能转换开关，其手柄有不同的操作位置，具体可从万能开关的"定位特征表"中查取。

万能转换开关的触点在电路图中的图形符号如图 1-43 所示。由于触点的分合状态与操作手柄的位置有关，因此，在电路图中除要画出触点图形符号外，还应有操作手柄位置与触点分合状态的表示方法。其表示方法有两种：一种是在电路图中画虚线和画"·"的方法，如图 1-43（a）所示，即用虚线表示操作手柄的位置，用有无"·"表示触点的闭合断开状态，如在触点图形符号的下面虚线位置上画"·"，就表示该触点是处于打开状态；另一种方法是在触点图形符号上标出触点编号，再用接通表来表示操作手柄处于不同位置时触点的分合状态，如图 1-43（b）所示。表中用有无"×"来表示手柄处于不同位置时触点的闭合和断开状态。

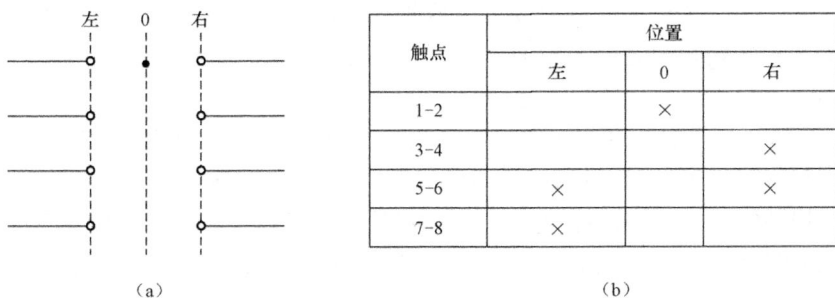

触点	位置		
	左	0	右
1-2		×	
3-4			×
5-6	×		×
7-8	×		

（a）　　　　　　　　　　　　　　　　（b）

图 1-43 万能转换开关的图形符号
（a）画"·"标记表示；（b）接通表表示

　　常用的转换开关有 LW5、LW6、LW8、LW9、LW12、LW16、VK、3LB、HZ 等系列，其中，3LB 系列是引进西门子公司技术生产的，另外还有许多品牌的进口产品也在国内得到广泛应用。LW39 系列万能转换开关分 A、B 两大系列，其中 A 系列造型美观、接线方便、内部所有动作部位均设置滚动轴承结构，动作时手感非常柔和、开关寿命长。其中带钥匙开关采用全金属结构，内部采用放大锁定结构，避开传统的直接采用锁片锁定的做法，使开关锁定后非常牢固。LW39B 系列是进行小型化设计的产品，具有结构可靠、美观新颖、外形尺寸小的优点。它的接线采用内置接法，使之更加安全可靠；它的另一大特点是定位角度可以是 30°、60°和 90°，面板一周最多可做 12 挡。LW39 系列万能转换开关适用于交流 50Hz、电压至 380V 和直流电压 220V 及以下的电路中，用于配电设备的远距离控制，电气测量仪表的转换和伺服电机、微电机的控制，也可用于小容量鼠笼型异步电动机的控制。

　　LW5D 系列万能转换开关适用于交流 50Hz、额定电压至 500V 及以下，直流电压至 440V 的电路中转换电气控制线路(电磁线圈、电气测量仪表和伺服电动机等)，也可直接控制 5.5kW 三相鼠笼型异步电动机、可逆转换、变速等。

　　LW12、LW9 系列小型万能转换开关（简称转换开关），约定发热电流为 16A，可用于交流 50Hz、电压至 500V 及直流电压至 440V 的电路中，作电气控制线路的转换之用和作电压为 380V 的 5.5kW 及以下的三相电动机的直接控制之用。其技术参数符合国家有关标准和国际 IEC 有关标准，采用一系列新工艺、新材料，性能可靠，功能齐全，体积小，结构合理，能替代目前全部同类型产品，品种有普通型基本式、开启型组合式和防护型组合式。

三、漏电保护开关

　　漏电保护开关是一种具有漏电保护功能的低压电器，主要用于防止人身触电事故，并有防止因漏电引起的电气火灾和保护电气设备的安全运行等功能。

　　（一）触电及电流对人体的伤害

　　触电是指人体触及带电体，当人体通有电流（特别是心脏通有电流）时，会对人体造成伤害，这就是触电事故。

　　触电可分为直接接触触电和间接接触触电两种情况。在电气设备正常运行状态下，人体触及电气设备的带电部位而构成的触电为直接接触触电，此时触电者接触的电压为电网工作电压，其危害性较大；当电气设备因绝缘损坏使其外露可导电部位（如电气设备的金属外壳）可能带有危险电压时，人体触及到此外露导电部分而构成的触电为间接接触触电。为防止间接接触触电事故，技术上多采取电气设备外壳接地以降低接触电压。

　　电流对人体伤害的大小与电流流径、电流种类、电流强度和通电持续时间等有关。通过人体的电流越大，持续时间越长，对人身的伤害就越大。图 1-44 给出了交流（15～100Hz）电流通过人体时，电流—时间与人体生理效应的关系。

　　图 1-44 分为四个区域：1 区是无效应区，在该区域内人对电流没有感觉；2 区为无有害生理效应区，在该区内人可自行摆脱触电体；3 区为有病态生理效应区，但无器质性损伤；4 区为有器质性损伤区，其可能产生室颤、心脏停跳、呼吸停止、脑死亡等严重伤害。

　　上述电流—时间与人体生理效应的关系，是漏电保护特性设计和正确选用漏电保护开关的理论依据。

　　（二）漏电保护开关的组成和漏电保护原理

　　漏电保护开关在这里实际上指的是漏电电流动作保护开关，IEC 称为剩余电流动作保护装置。这里的漏电电流和剩余电流有同一物理含义,即被保护主电路(包括相线和工作中性线)电流的相量和(以有效值表示)。

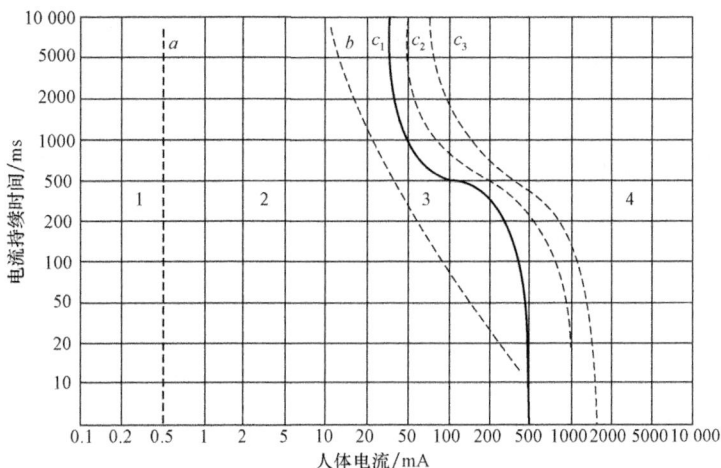

图1-44 人体通过15~100Hz交流电流的电流—时间反应区域

1. 漏电保护开关的组成

漏电保护开关主要由三个基本环节组成,即检测元件、中间环节和执行机构,其组成方框图如图1-45所示。

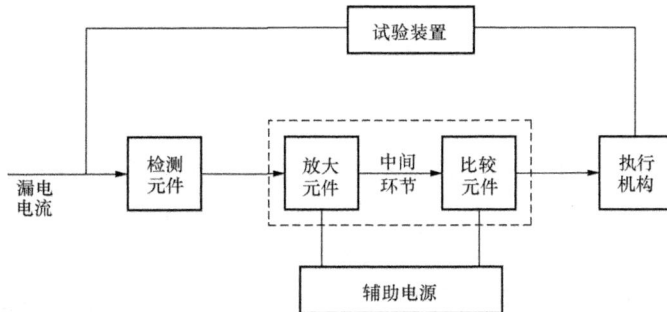

图1-45 漏电保护开关组成方框图

(1)检测元件。检测元件为漏电电流互感器。它由封闭的环形铁心和一次、二次绕组构成,一次绕组有被保护电路的相、线电流流过,二次绕组由漆包线均匀绕制而成。互感器的作用是把检测到的漏电电流信号(包括触电电流信号)变换为中间环节可以接收的电压或功率信号。

(2)中间环节。中间环节的功能主要是对漏电信号进行处理,包括变换和比较,有时还需要经过放大。因此,中间环节通常包括放大器、比较器及脱扣器等,某一具体形式的漏电保护开关的中间环节是不同的。

(3)执行机构。执行机构为一触点系统,为带有分励脱扣器的低压断路器。其功能是受中间环节的指令控制,用以切断被保护电路的电源。

2. 漏电保护开关原理

漏电保护开关工作原理如图1-46所示。

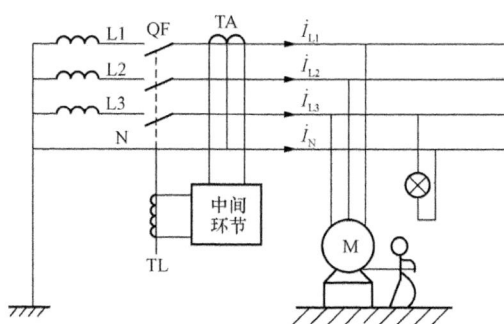

图 1-46　漏电保护开关工作原理图

当被保护电路无触电、漏电故障时，由克希荷夫电流定律可知，正常情况下通过漏电电流互感器 TA 的一次侧电流的相量和等于零，即

$$\dot{I}_{L1} + \dot{I}_{L2} + \dot{I}_{L3} + \dot{I}_N = 0 \qquad (1\text{-}14)$$

这样，各相线工作电流在电流互感器环形铁心中所产生的磁通相量和也为零，即

$$\dot{\phi}_{L1} + \dot{\phi}_{L2} + \dot{\phi}_{L3} + \dot{\phi}_N = 0 \qquad (1\text{-}15)$$

因此，电流互感器的二次侧线圈没有感应电动势产生，漏电保护开关不动作，系统保持正常供电。

当被保护电路有人触电或出现漏电故障时，由于漏电流的存在，使得通过电流互感器一次侧的各相负荷电流（包括中性线电流）的相量不再为零，即

$$\dot{I}_\Delta = \dot{I}_{L1} + \dot{I}_{L2} + \dot{I}_{L3} + \dot{I}_N \qquad (1\text{-}16)$$

我们称各项负荷电流的相量和 $\dot{I}_\Delta$ 为漏电电流（或剩余电流）。此时，在电流互感器的环形铁心上将有励磁势存在，所产生的磁通的相量和为

$$\dot{\phi}_\Delta = \dot{\phi}_{L1} + \dot{\phi}_{L2} + \dot{\phi}_{L3} + \dot{\phi}_N \qquad (1\text{-}17)$$

因此，电流互感器的二次侧线圈在交变磁通 $\dot{\phi}_\Delta$ 的作用下，就有感应电动势 $\dot{E}_2$ 产生，此信号电压经过中间环节的处理和比较，当达到预期值时，使主开关的励磁线圈 TL 通电，驱动主开关动作，迅速切断被保护电路的供电电源，从而达到防止触电事故的目的。

（三）漏电保护开关的性能参数

1. 漏电动作性能

漏电保护开关的漏电动作性能由漏电动作电流和漏电动作时间来表示。

（1）额定漏电动作电流（$I_{\Delta n}$）：指在规定条件下，漏电保护开关必须动作的漏电动作电流值。该值由制造厂家指定，它反映了漏电保护开关的漏电动作灵敏度。国家标准 GB 6829—1986《漏电电流动作保护器》规定额定漏电动作电流系列为 0.006、0.01、（0.015）、0.03、（0.05）、（0.075）、0.1、（0.2）、0.3、0.5、1、3、5、10、20A，共 15 个等级供制造厂家选取（带括号的值不推荐优先采用）。

（2）额定漏电不动作电流（$I_{\Delta no}$）：在规定条件下，漏电保护开关必须不动作的漏电不动作电流值。这是防止漏电保护开关误动作，使其能在线网投入运行所必需的技术参数。GB 6829—1986 规定额定漏电不动作电流不低于额定漏电动作电流的 1/2。

（3）漏电动作分断时间：漏电保护开关的动作时间是从突然施加漏电动作电流起到被保护主电路完全被切断止的全部时间（包括拉断电弧的时间）。

2. 其他额定值

（1）额定频率：与主电路电源相适应的频率。电源频率不同，将会直接影响漏电保护的性能。对于低压漏电保护开关，其额定频率为 50/60Hz。

（2）额定电压（U_N）：漏电保护开关装设在电网线间电压的相应值。对于低压漏电保护开关，其额定电压值为 220/380V。

（3）额定电流（I_N）：主电路允许长期通过的最大电流值。它受两方面的制约，一是主开

关触头系统的通断容量，二是漏电电流互感器铁心的内孔尺寸。

（四）漏电保护开关的选择

漏电保护开关的正确选择应当根据其用于保护的目的、电网状况、使用条件等，合理选取漏电保护开关的结构形式、保护功能和漏电保护性能参数，以期最大限度地利用漏电保护开关的所有功能，谋求总体配合，在经济合理、技术有效的原则下，确保电网供电的可靠性。

以下着重介绍漏电保护开关的漏电动作性能参数的选择。

1. 从保护人的观点

用于直接接触触电防护的漏电保护开关，为确保人身安全，漏电保护开关的额定漏电动作电流应不大于 30mA，漏电动作时间应小于 0.2s。

用于间接接触触电防护的漏电保护开关，其额定漏电动作电流计算式为

$$I_{\Delta n} \leqslant \frac{U_0}{R_d} \tag{1-18}$$

式中　$I_{\Delta n}$——额定漏电动作电流，A；

　　　R_d——被保护电气设备的接地电阻，Ω；

　　　U_0——分断时间内允许的预期接触电压，V。

分断时间内允许的预期电压，一般环境下可按表 1-13 选取，在潮湿场合取表 1-13 所示值的 1/2，当人体浸在水中时，取表 1-13 所示值的 1/25。

表 1-13　　　　　　　　　　　不同分断时间内允许的预期电压

最大分断时间 /s	工频预期接触电压 /V	最大分断时间 /s	工频预期接触电压 /V
∞	150	0.2	110
5	50	0.1	150
1	75	0.05	220
0.5	90	0.03	280

2. 从防止电气火灾的观点

应根据配电网和建筑物的不同，选取合适的额定漏电动作电流。一般情况下，住宅和规模较小的建筑物，因其供电量较小，线网泄漏电流小，考虑兼顾防止人身触电事故，可选择额定漏电动作电流为 30mA 的漏电保护开关。中等规模的建筑物，分支回路选用额定漏电动作电流为 30mA，主干线选用额定漏电动作电流为 200mA 以下的漏电保护开关，形成一个合理的漏电保护配合。

（五）漏电保护开关的正确接线

为使漏电保护开关能在线可靠运行，并起到有效的漏电保护作用，漏电保护开关在配电网中接线一定要正确无误。正确接线的基本原则是：系统中的工作相线和工作中性线必须穿过漏电保护开关的漏电电流互感器，系统中的保护（包括保护接零和保护接地）线绝不能穿过漏电保护开关的漏电电流互感器。

为方便接线，漏电保护开关有单极二线、二极、二极三线、三极、三极四线和四极共六种不同的极数和线数，其中极数是指开关的触头对数，用来接通或切断主电路。而单极二线、二极三线和三极四线形式的漏电保护开关均有一相不经过主触头而直接穿过漏电电流互感器的引线，以供不能断开中性线的系统使用。

在 TT 系统和 TN 系统中，常见的几种漏电保护开关的正确接线方式如图 1-47 所示。

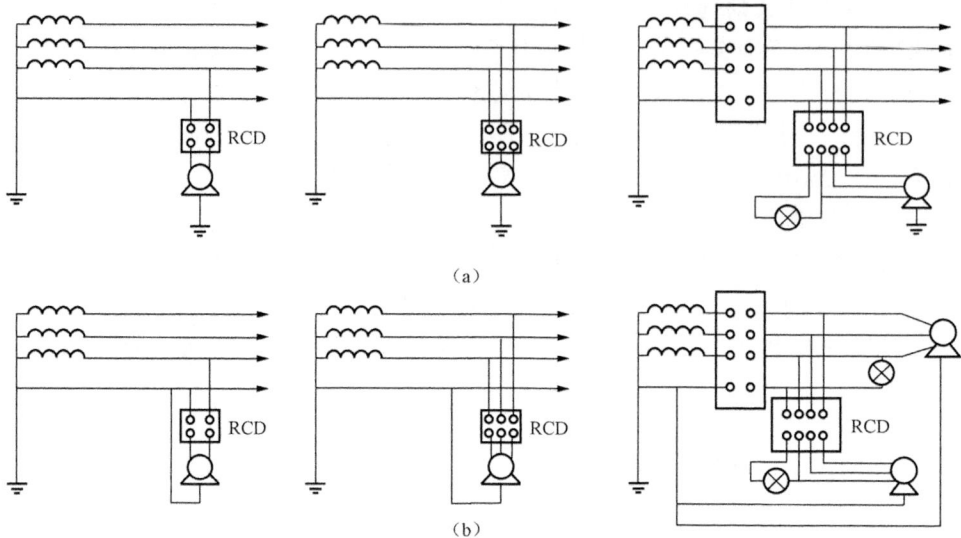

（a）

（b）

图 1-47　TT 系统和 TN 系统中几种漏电保护开关的正确接线方式

（a）TT 系统；（b）TN 系统

第六节　电气控制线路的绘制原则

一、电气制图及电路图

电气控制系统是由电气设备及电气元件按照一定的控制要求连接而成。为了表达设备电气控制系统的组成结构，工作原理及安装、调试、维修等技术要求，需要用统一的工程语言即用工程图的形式来表达，这种工程图即是电气图。常用于机械设备的电气工程图有电路图、接线图、元件布置图三种。电气工程图是根据国家电气制图标准，用规定的图形符号、文字符号以及规定的画法绘制。

　　1. 电气图中的图形符号和文字符号

国家电气图用符号标准 GB 4728 规定了电气图中图形符号的画法，该标准与国家电气制图标准 GB 6980 于 1990 年 1 月 1 日正式贯彻执行。国家标准中规定的图形符号基本与国际电工委员会（IEC）发布的有关标准相同。图形符号由符号要素、限定符号、一般符号以及常用的非电操作控制的动作符号（如机械控制符号等），根据不同的具体器件情况组合构成，表 1-14 所示为限定符号或操作符号与一般符号组合成各种类型开关图形符号的例子。国家标准除给出各类电气元件的符号要素、限定符号和一般符号以外，也给出了部分常用图形符号及组合图形符号示例。因为国家标准中给出的图形符号例子有限，实际使用中可通过已规定的图形符号适当组合进行派生。

国家标准 GB 7159—1987《电气技术中的文字符号制订通则》规定了电气工程图中的文字符号，它分为基本文字符号和辅助文字符号。基本文字符号有单字母符号和双字母符号，单字母符号表示电气设备、装置和元器件的大类，例如 K 为继电器类元件这一大类；双字母符号由一个表示大类的单字母与另一表示器件某些特性的字母组成，例如 KA 表示继电器类器件中的中间继电器（或电流继电器），KM 表示继电器类元件中控制电动机的接触器。辅助文字符号用来进一步表示电气设备、装置和元器件的功能、状态和特征。

表 1-14 图形符号组合示例

限定符号及操作方法符号		组合符号举例	
图形符号	说　　明	图形符号	说　　明
	接触器功能	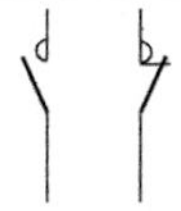	接触器触点
	限位开关、位置开关功能	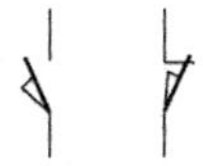	限位开关触点
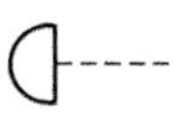	紧急开关（蘑菇头按钮）	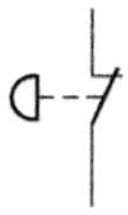	急停开关
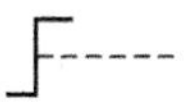	旋转操作	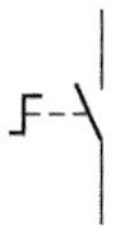	旋转开关
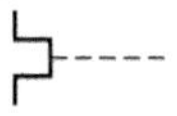	热执行操作		热继电器触点
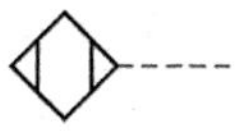	接近效应操作	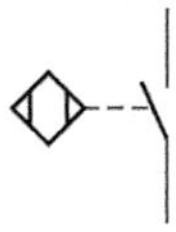	接近开关
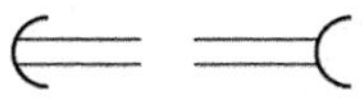	延时动作	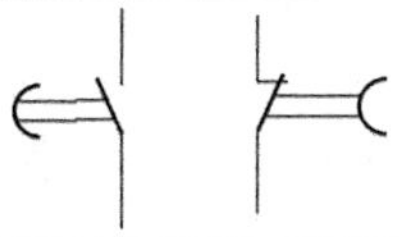	时间继电器触点

2. 电路图

电路图用于表达电路、设备电控系统的组成部分和连接关系。通过电路图，可详细地了解电路、设备电气控制系统的组成和工作原理，并可在测试和故障寻找时提供足够的信息。同时电路图也是编制接线图的重要依据，电路图习惯上也称为电气原理图。电路图的绘制规则由国家标准 GB 6988.4 给出。图 1-49 给出一设备电路图绘制的具体实例。一般工厂设备的电路图绘制规则可简述如下：

（1）电路绘制。电路图中，一般主电路和控制电路分为两部分画出。主电路是设备的驱动电路，在控制电路的控制下，根据控制要求由电源向用电设备供电。控制电路由接触器和继电器线圈，各种电器的动合、动断触点组合构成控制逻辑，实现需要的控制功能。主电路、控制电路和其他辅助的信号照明电路，保护电路一起构成电控系统。

电路图中的电路可水平布置或者垂直布置。水平布置时，电源线垂直画，其他电路水平画，控制电路中的耗能元件画在电路的最右端。垂直布置时，电源线水平画，其他电路垂直画，控制电路中的耗能元件画在电路的最下端。

（2）元器件绘制和器件状态。电路图中的所有电器元件不画出实际外形图，而采用国家标准规定的图形符号和文字符号表示，同一电器的各个部件可根据需要画在不同的地方，但必须用相同的文字符号标注。电路图中所有电器元件的可动部分通常表示在电器非激励或不工作的状态和位置，其中常见的器件状态有：

1）继电器和接触器的线圈处在非激励状态。

2）断路器和隔离开关在断开位置。

3）零位操作的手动控制开关在零位状态，不带零位的手动控制开关在图中规定的位置。

4）机械操作开关和按钮在非工作状态或不受力状态。

5）保护类元器件处在设备正常工作状态，特别情况在图样上说明。

（3）图区和触点位置索引。工程图样通常采用分区的方式建立坐标，以便于阅读查找，电路图常采用在图的下方沿横坐标方向划分的方式，并用数字标明图区，如图 1-48 所示，同时在图的上方沿横坐标方向划区，分别标明该区电路的功能。

元件的相关触点位置的索引用图号、页次和区号组合表示，如图 1-48 所示。

当某图号仅有一页图样时，只写图号和图区的行、列号（无行号时，只写列号）。在只有一个图号多页图样时，则图号可省略，而元件的相关触点只出现在一张图样上时，只标出图区号（或列号）。

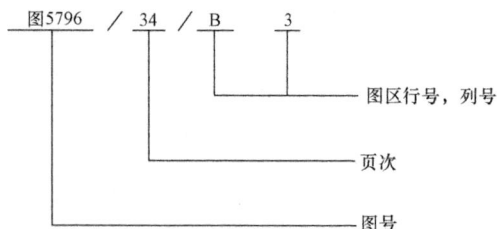

图 1-48　图号、页次和区号组合表示的触点位置索引

继电器和接触器的触点位置采用附图的方式表示，附图可画在电路图中相应线圈的下方，此时，可只标出触点的位置索引，也可画在电路图上其他地方。附图上的触点表示方法如图 1-49（b）所示，其中触点图形符号可省略不画。

（4）电路图中技术数据的标注。电路图中元器件的数据和型号，一般用小号字体标注在电器代号的下面，如图 1-49 中热继电器动作电流和整定值的标注。电路图中导线截面积也可如图 1-49 中标注。

3. 电器元件布置图

电器布置图中绘出机械设备上所有电气设备和电器元件的实际位置，是生产机械电气控制设备制造、安装和维修必不可少的技术文件。布置图根据设备的复杂程度或集中绘制在一张图上，或控制柜、操作台的电器元件布置图分别绘出。绘制布置图时机械设备轮廓用双点划线画出，所有可见的和需要表达清楚的电器元件及设备，用粗实线绘出其简单的外形轮廓。

4. 接线图

接线图主要用于安装接线、线路检查、线路维修和故障处理，它表示了设备电控系统各单元和各元器件间的接线关系，并标注出所需数据，如接线端子号、连接导线参数等。实际应用中通常与电路图和位置图一起使用。图 1-50 是根据图 1-49 机床电控系统电路图绘制的接线图。

图 1-50 中标明了该机床电气控制系统的电源进线、用电设备和各电器元件之间的接线关系，并用虚线分别框出电气柜、操作台等接线板上的电气元件，画出虚线框之间的连接关系，同时还标出了连接导线的根数、截面积和颜色，以及导线保护外管的直径和长度。

电源开关	主电动机	冷却泵电动机	控制变压器	主电动机控制	冷却泵电动机控制	照明灯

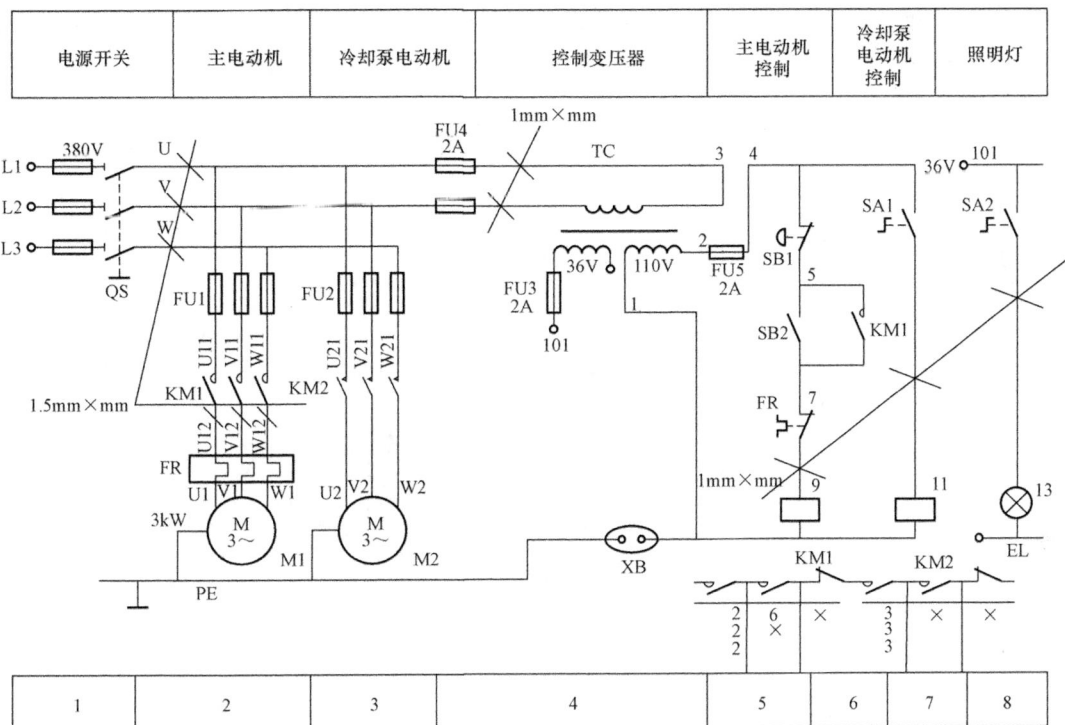

（a）

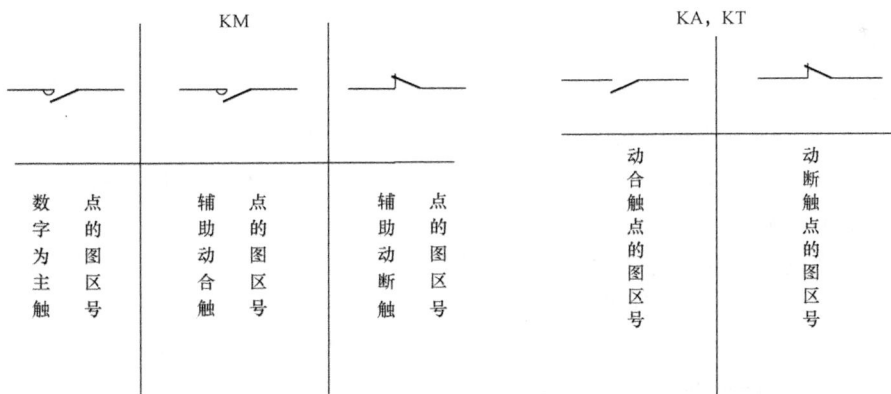

（b）

图 1-49　某机床电控系统电路图

（a）控制电路图；（b）触点位置表示

二、电气控制线路的逻辑代数分析方法

逻辑代数又叫做布尔代数，开关代数。逻辑代数的变量都只有"1"和"0"两种取值，"0"和"1"分别代表两种对立的、非此即彼的概念，如果"1"代表"真"，"0"即为"假"；若"1"代表"有"，"0"即为"无"、若"1"代表"高"，"0"即为"低"。在电气控制线路中的开关触点只有"闭合"和"断开"两种截然不同的状态；电路中的执行元件如继电器、接触器、电磁阀的线圈也只有"得电"和"失电"两种状态；在数字电路中某点的电平只

有"高"和"低"两种状态等。由此可见，这种对应关系使得逻辑代数在 50 多年前就被用来描述、分析和设计电气控制线路，随着科学技术的发展，逻辑代数已成为分析电路的重要数学工具。

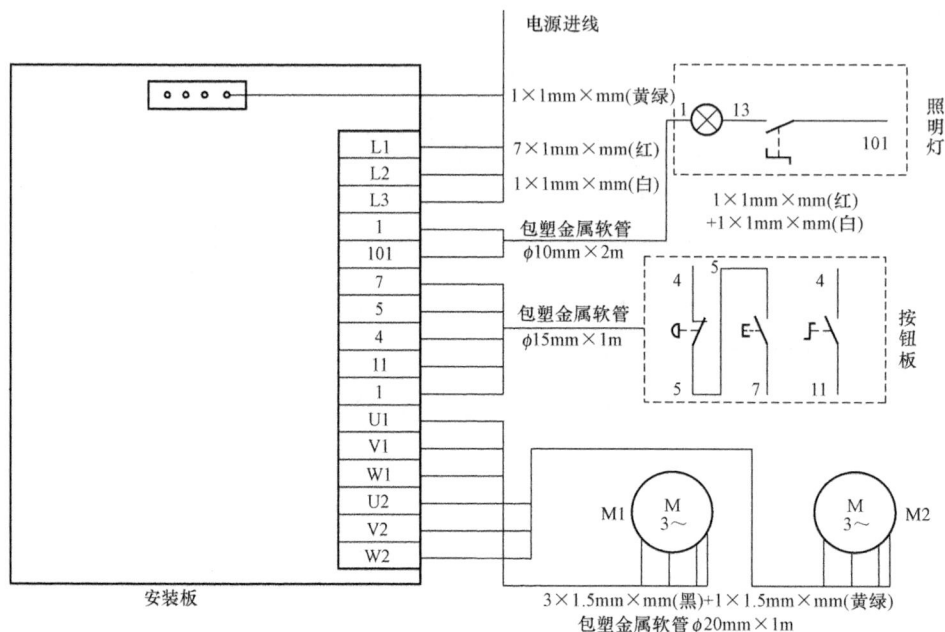

图 1-50　某机床电控系统接线图

1. 电器元件的逻辑表示

电气控制系统由开关量构成控制时，电路状态与逻辑函数式之间存在对应关系，为将电路状态用逻辑函数式的方式描述出来，通常对电器作出如下规定：

（1）用 KM、KA、SQ、…等分别表示接触器、继电器、行程开关等电器的动合（常开）触点；$\overline{KM}$、$\overline{KA}$、$\overline{SQ}$、…等表示动断（常闭）触点。

（2）触点闭合时，逻辑状态为"1"；触点断开时，逻辑状态为"0"。线圈通电时为"1"状态；断电时为"0"状态。表达方式如下：

1）线圈状态。KM＝1 继电器线圈处于通电状态；KA＝0 时继电器线圈处于断电状态。

2）触点处于非激励或非工作的原始状态。KA＝0 时继电器动合触点状态；$\overline{KA}$＝1 时继电器动断触点状态。SB＝0 时按钮动合触点状态；$\overline{SB}$＝1 时按钮动断触点状态。

3）触点处于激励或工作状态。KA＝1 时继电器动合触点状态；$\overline{KA}$＝0 时继电器动断触点状态。SB＝1 时按钮动合触点状态；$\overline{SB}$＝0 时按钮动断触点状态。

2. 电路状态的逻辑表示

电路中触点的串联关系可用逻辑"与"即逻辑乘（·）的关系表达，触点的并联关系可用逻辑"或"即逻辑加（+）的关系表达。图 1-51 所示起动控制电路中，接触器 KM 线圈的逻辑函数式可写为

$$f(KM) = \overline{SB1} \cdot (SB2 + KM)$$

线圈 KM 通断电控制由停止按钮 SB1、起动按钮 SB2 和自锁触点 KM 控制，SB1 为线圈

KM 的停止条件，SB2 为起动条件，触点 KM 则具有记忆保持功能。

3. 电路化简的逻辑法

用逻辑函数表达的电路可用逻辑代数的基本定律和运算法则进行化简。图 1-52（a）的逻辑式为

$$f(\text{KM}) = \text{KA1} \cdot \text{KA2} + \overline{\text{KA1}} \cdot \text{KA3} + \text{KA2} \cdot \text{KA3}$$

函数式化简为

$$\begin{aligned}
f(\text{KM}) &= \text{KA1} \cdot \text{KA2} + \overline{\text{KA1}} \cdot \text{KA3} + \text{KA2} \cdot \text{KA3}\\
&= \text{KA1} \cdot \text{KA2} + \overline{\text{KA1}} \cdot \text{KA3} + \text{KA2} \cdot \text{KA3} \cdot (\text{KA1} + \overline{\text{KA1}})\\
&= \text{KA1} \cdot \text{KA2} + \overline{\text{KA1}} \cdot \text{KA3} + \text{KA2} \cdot \text{KA3} \cdot \text{KA1} + \text{KA2} \cdot \text{KA3} \cdot \overline{\text{KA1}}\\
&= \text{KA1} \cdot \text{KA2} \cdot (1 + \text{KA3}) + \overline{\text{KA1}} \cdot \text{KA3} \cdot (1 + \text{KA2})\\
&= \text{KA1} \cdot \text{KA2} + \overline{\text{KA1}} \cdot \text{KA3}
\end{aligned}$$

因此，1-52（a）化简后得到图 1-52（b）所示电路，并且两电路在功能上等效。

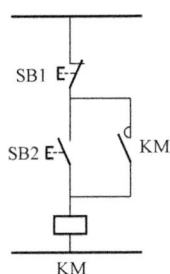

图 1-51 起动控制电路图

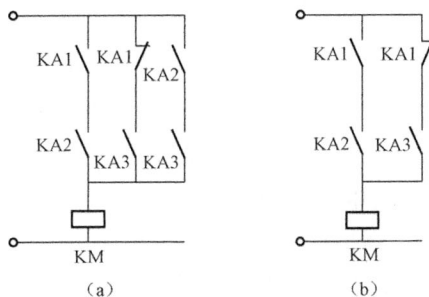

图 1-52 两个相等的函数及其等效电路

第二章　基本电气控制电路

第一节　异步电动机的起动控制电路

一、笼型异步电动机的起动控制电路

电动机起动是指电动机的转子由静止状态变为正常运转状态的过程。笼型异步电动机有两种起动方式，即直接起动和减压起动。电动机起动时的起动电流很大，为额定值的 4～7 倍，过大的起动电流一方面会引起供电线路上很大的压降，影响线路上其他用电设备的正常运行，另一方面电动机频繁起动会严重发热，加速线圈老化，缩短电动机的寿命。因而对容量较大的电动机，采用减压起动，以减小起动电流。采用何种起动方式，可由经验公式判别，若满足式（2-1）即可直接起动。

$$\frac{I_{st}}{I_N} \leqslant \frac{3}{4} + \frac{P_s}{4P_N} \qquad (2\text{-}1)$$

式中　I_{st}——电动机起动电流，A；

　　　I_N——电动机额定电流，A；

　　　P_s——电源容量，kVA；

　　　P_N——电动机额定功率，kW。

1. 笼型异步电动机直接起动控制

对容量较小，满足式（2-1）给出的条件，并且工作要求简单的电动机，如小型台钻、砂轮机、冷却泵的电动机，可用手动开关在动力电路中接通电源直接起动，如图 2-1 所示的控制电路。

一般中小型机床的主电机采用接触器直接起动，如图 2-2 所示控制电路。接触器直接起动电路分为两部分，主电路（即动力电路）由接触器的主触点接通与断开，控制电路由按钮触点组成，控制接触器线圈的通断电，实现对主电路的通断控制，接触器 KM 的辅助动合触点称为自锁触点，当松开可复位的按钮 SB2 时，该触点能保证 KM 线圈不失电，电动机得以持续运行。

2. 笼型异步电动机减压起动控制

减压起动是指在起动时，通过某种方法，降低加在电动机定子绕组上的电压，待电动机起动后，再将电压恢复到额定值。因为电动机的起动电流与电压成正比，所以降低起动电压可以减小起动电流。但电动机的转矩与电压的平方成正比，所以起动转矩也大为降低，因而减压起动只适用于对起动转矩要求不高或空载、轻载下起动的设备。常用的减压起动方式有丫—△（星形—三角形）降压起动、串电阻降压起动和自耦变压器降压起动。

（1）星形—三角形减压起动控制电路。星形—三角形减压起动用于定子绕组在正常运行时接为三角形的电动机。在电动机正常运行时，绕组接成三角形；在电动机起动时，定子绕组首先接成星形，至起动即将完成时再换接成三角形。图 2-3 所示为星形—三角形减压起动

的控制电路，图中主电路由三组接触器主触点分别将电动机的定子绕组接成三角形和星形，即 KM1、KM3 线圈得电，主触点闭合时，绕组接成星形；KM1、KM2 主触点闭合时，接为三角形。两种接线方式的切换须在极短的时间内完成，在控制电路中是采用时间继电器按时间原则，定时自动切换。

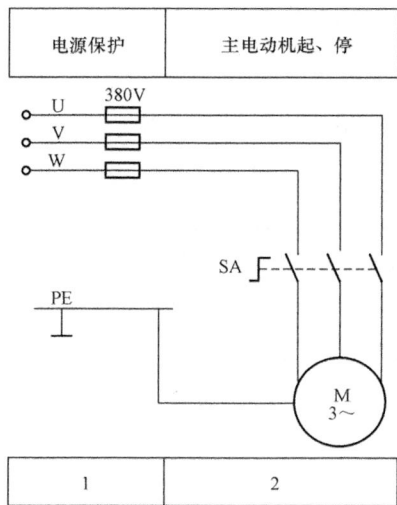

图 2-1 开关直接起动控制电路图

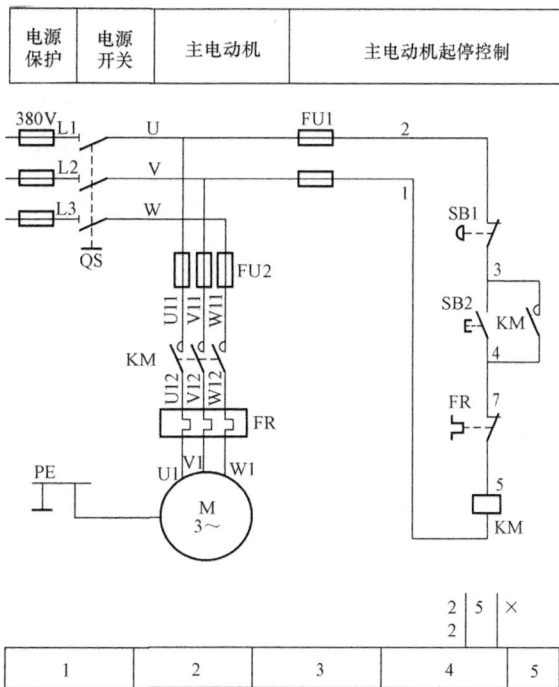

图 2-2 接触器直接起动控制电路

控制电路的逻辑表达式为

$$KM1 = \overline{FR} \cdot \overline{SB1} \cdot (SB2 + KM1)$$

$$KM2 = \overline{FR} \cdot \overline{SB1} \cdot (SB2 + KM1) \cdot \overline{KM3} \cdot (KT + KM2)$$

$$KM3 = \overline{FR} \cdot \overline{SB1} \cdot (SB2 + KM1) \cdot \overline{KM2} \cdot KT$$

$$KT = \overline{FR} \cdot \overline{SB1} \cdot (SB2 + KM1) \cdot \overline{KM2}$$

由逻辑函数表达式可看出各个线圈通断电的控制条件，例如 KM1 线圈的切断条件有两个，即当电动机超载时热继电器的动断触点断开切断电路或者是停车时按下停车按钮 SB1，接通条件是起动按钮 SB2 压下，或者自锁触点 KM1 闭合。

控制电路的逻辑表达式用于分析电路的控制条件，电路的 Y 工作过程可通过电器动作顺序表来描述。表 2-1 描述了星形—三角形减压起动控制电路的工作过程，当起动按钮 SB2 压下时，电器的动作顺序如表 2-1 所示。

图 2-3 中动断触点 KM2 和 KM3 构成互锁，保证电动机绕组只能连接成一种形式，即星形或三角形，以防止同时连接成星形和三角形而造成电源短路，使电路能可靠工作。

表 2-1　　　　　　　　　　　　电 器 动 作 顺 序 表

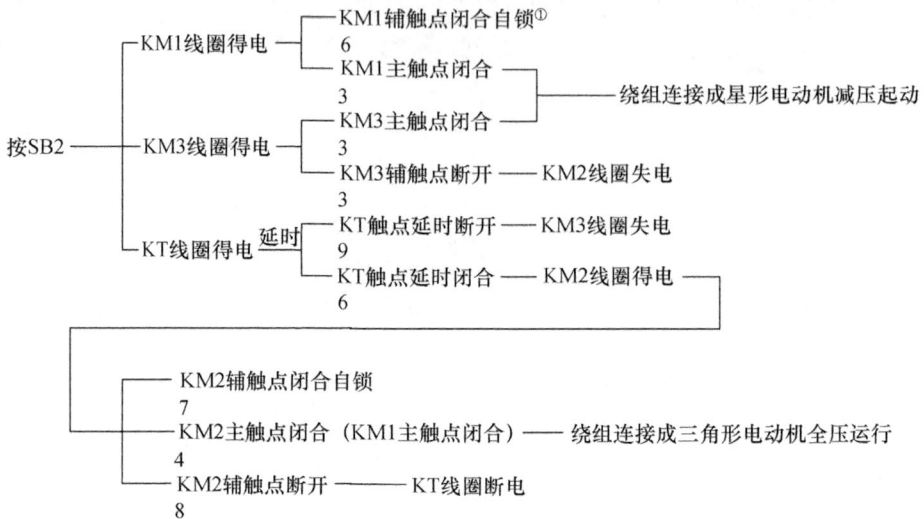

① 触点下的数字为图区号。

电源保护	隔离开关	主电动机 Y 接线	主电动机 △接线	主电动机起动、停止	主电动机Y-△转换控制

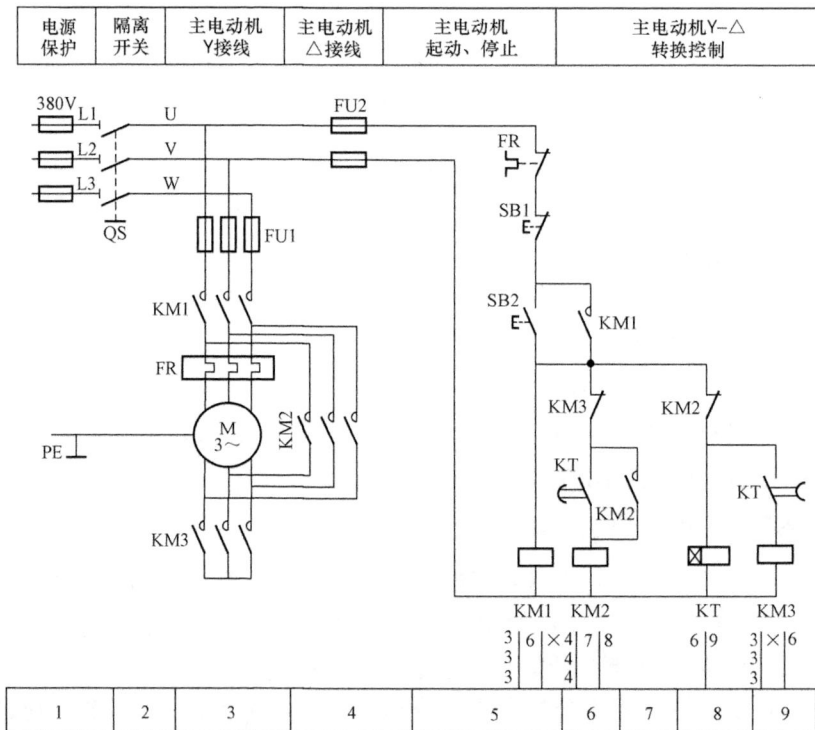

图 2-3　星形—三角形减压起动控制电路

（2）定子串电阻减压起动控制电路。电动机串电阻减压起动是电动机起动时，在三相定子绕组中串接电阻分压，使定子绕组上的压降降低，起动后再将电阻短接，电动机即可在全压下运行。这种起动方式不受接线方式的限制，设备简单，常用于中小型设备和用于限制机床点动调整时的起动电流。图 2-4 给出了定子串电阻减压起动的控制电路。图 2-4 中，主电路由 KM1、KM2 两组接触器主触点构成串电阻接线和短接电阻接线，并由控制电路按时间原则实现从起动状态到正常工作状态的自动切换。其工作过程如电器动作顺序表 2-2 所示。

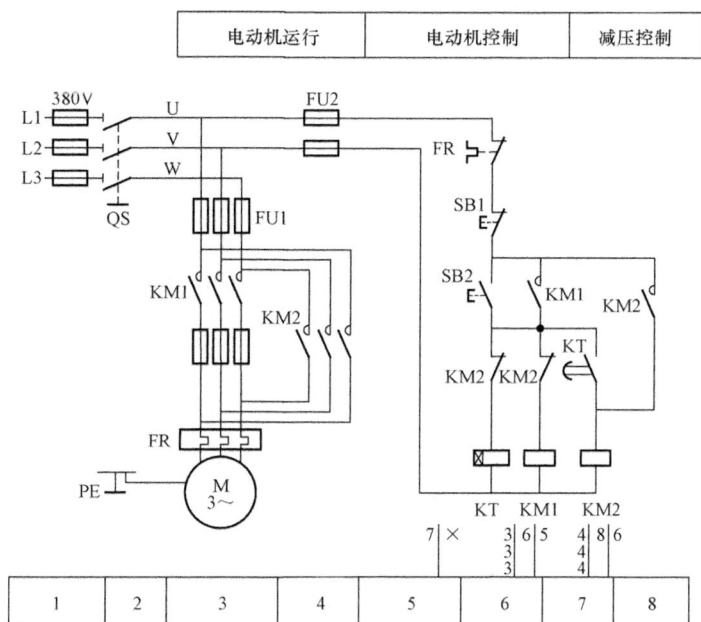

图 2-4　定子串电阻降压起动控制电路

表 2-2　　　　　　　　　　　　电 器 动 作 顺 序 表

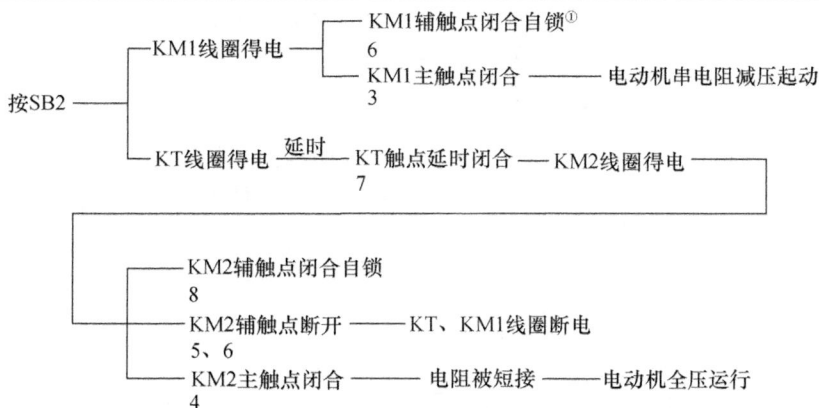

① 触点下的数字为图区号。

　　（3）自耦变压器（补偿器）减压起动控制电路。补偿器减压起动是利用自耦变压器来降低起动时的电压，达到限制起动电流的目的。起动时，电源电压加在自耦变压器的高压绕组上，电动机的定子绕组与自耦变压器的低压绕组连接，当电动机的转速达到一定值时，将自耦变压器切除，电动机直接与电源相接，在正常电压下运行。

　　自耦变压器减压起动分为手动控制和自动控制两种。工厂常采用 XJ01 系列自动补偿器实现减压起动的自动控制，其控制电路如图 2-5 所示。

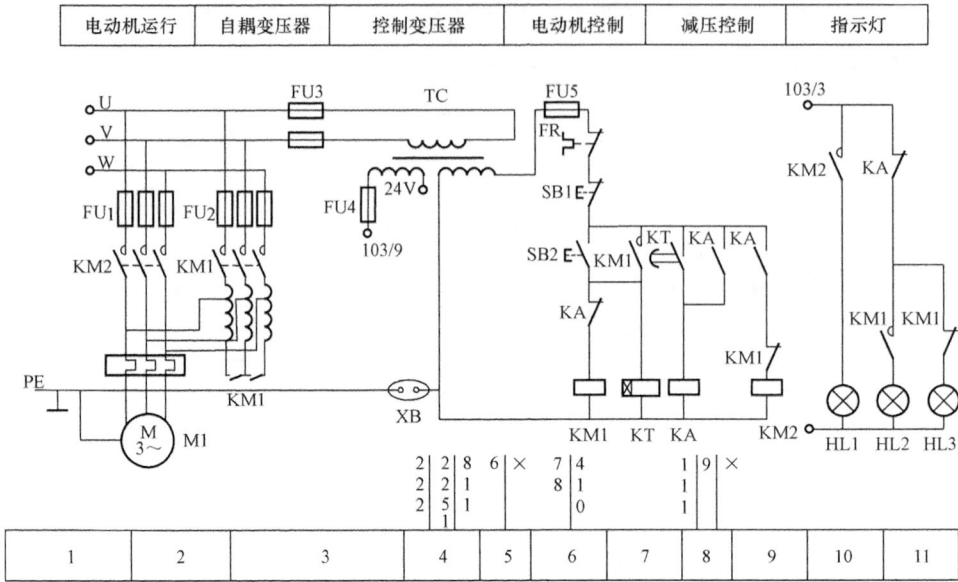

图 2-5　自动起动补偿器减压起动控制电路

控制电路可分为主电路、控制电路和指示灯电路三个部分。电动机起动过程见电器动作顺序表 2-3。

表 2-3　　　　　　　　　　　　电 器 动 作 顺 序 表

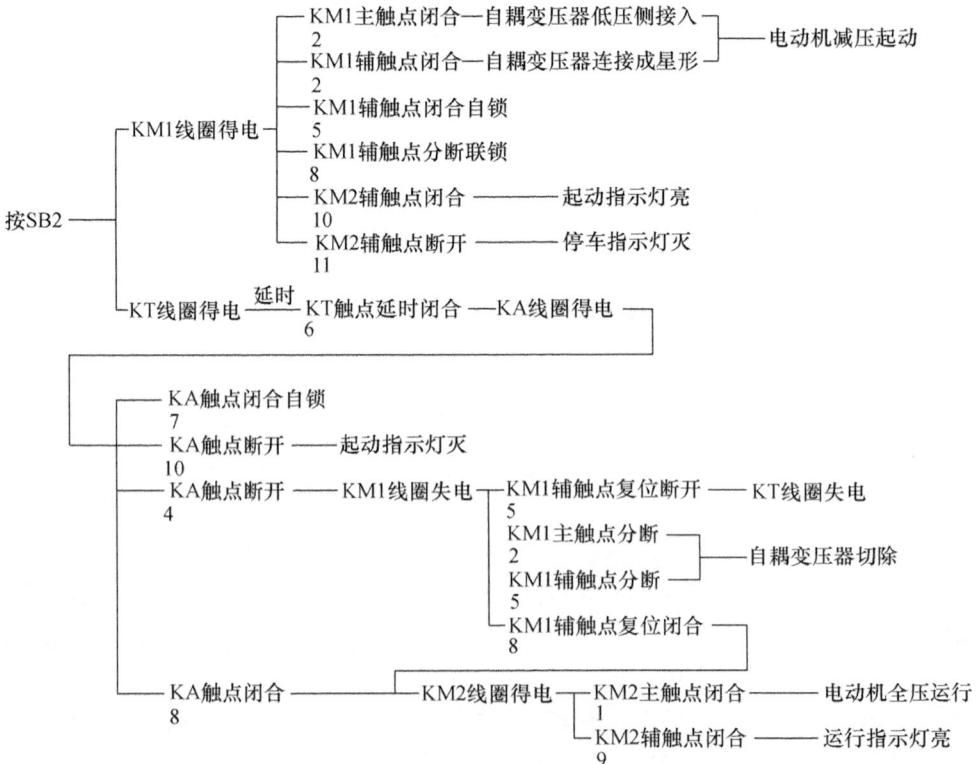

补偿器减压起动适用于负载容量较大，正常运行时定子绕组连接成丫形而不能采用星形—三角形起动方式的笼型异步电动机。但这种起动方式设备费用大，通常用于起动大型的和特殊用途的电动机。

二、绕线转子异步电动机的起动控制电路

异步电动机的转子绕组，除了笼型还有绕线转子式，故称绕线转子异步电动机。绕线转子线圈可连接成星形或三角形，转子上装有集电环，通过电刷装置将内部和外部联系起来，绕线转子的特点即是通过集电环和电刷，在转子电路中串接几级起动电阻，用于限制起动电流，提高起动转矩。绕线转子异步电动机起动有电阻分级起动和频敏变阻器起动两种方式。

1. 转子电路串电阻起动控制

转子回路串电阻起动控制是在三相转子绕组中分别串接几级电阻，并按星形方式连线。起动前，起动电阻全部接入电路限流起动，起动过程中，随转速升高起动电流下降，起动电阻逐级短接，至起动完成时，全部电阻短接，电动机在正常全压下工作。

起动电阻短接方式有三相电阻不平衡短接法和三相电阻平衡短接法两种。不平衡短接法是由凸轮控制器控制，每相电阻顺序被短接；平衡短接法是由接触器控制，三相电阻同时被短接。

图 2-6 所示为按时间原则控制的转子电路串电阻减压起动控制电路。图中转子回路上的三组起动电阻由接触器 KM2、KM3、KM4 在时间继电器 KT1、KT2、KT3 的控制下顺序被短接，正常工作时，只有 KM1 和 KM2 两接触器的主触点闭合。控制电路电器的动作顺序如表 2-4 所示。

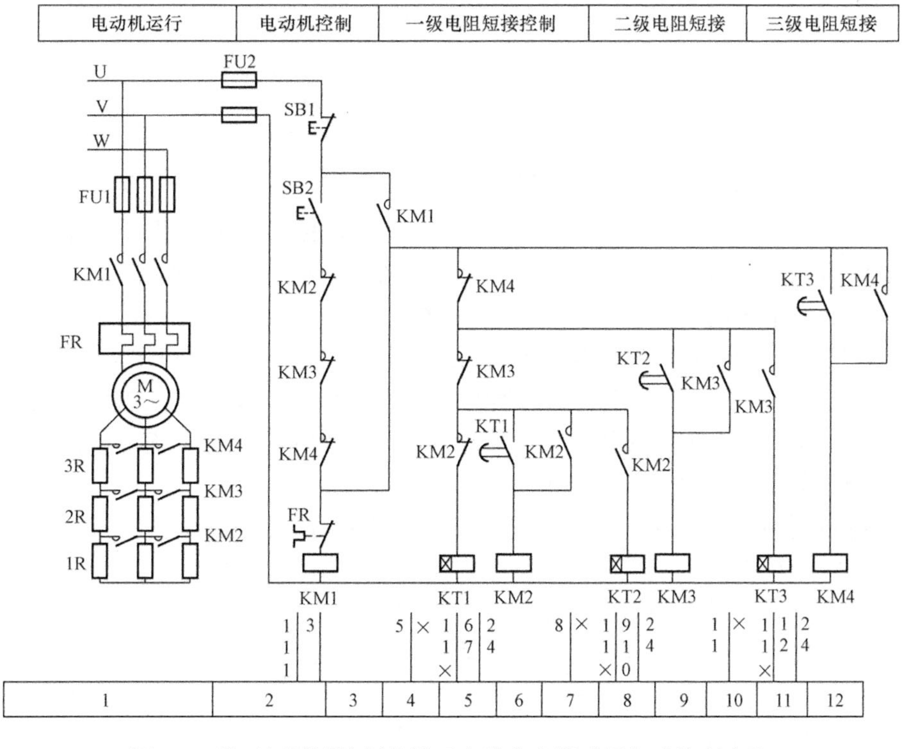

图 2-6 按时间原则控制的转子电路串电阻减压起动控制电路

表 2-4　　　　　　　　　　　　　**电 器 动 作 顺 序 表**

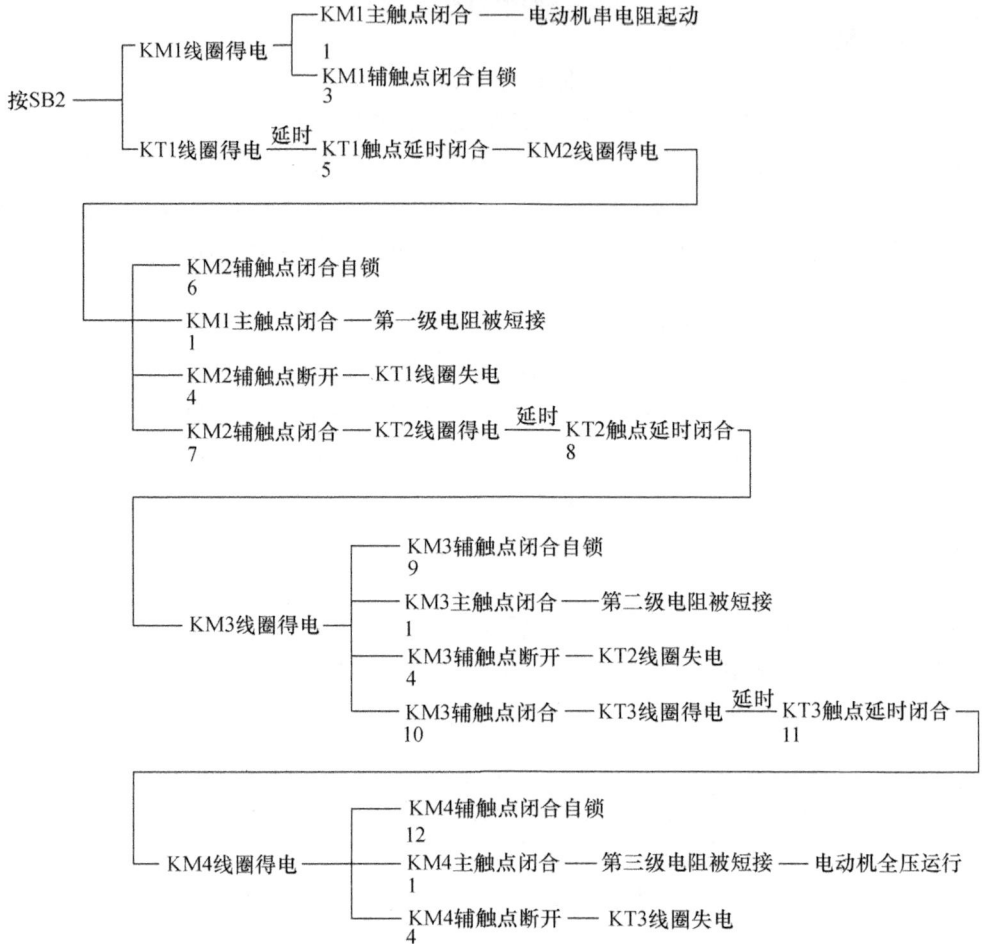

```
                          ┌─ KM1主触点闭合 ── 电动机串电阻起动
            ┌─ KM1线圈得电 ┤   1
            │              └─ KM1辅触点闭合自锁
按SB2 ──────┤                   3
            │                        延时
            └─ KT1线圈得电 ──── KT1触点延时闭合 ── KM2线圈得电 ─┐
                   5                                            │
   ┌────────────────────────────────────────────────────────────┘
   │
   ├─ KM2辅触点闭合自锁
   │       6
   ├─ KM1主触点闭合 ── 第一级电阻被短接
   │       1
   ├─ KM2辅触点断开 ── KT1线圈失电
   │       4
   │                              延时
   └─ KM2辅触点闭合 ── KT2线圈得电 ── KT2触点延时闭合 ─┐
           7                                            │
   ┌────────────────────────────────────────────────────┘
   │
   │              ┌─ KM3辅触点闭合自锁
   │              │       9
   │              ├─ KM3主触点闭合 ── 第二级电阻被短接
   └─ KM3线圈得电 ┤       1
                  ├─ KM3辅触点断开 ── KT2线圈失电
                  │       4
                  │                              延时
                  └─ KM3辅触点闭合 ── KT3线圈得电 ── KT3触点延时闭合 ─┐
                          10                                          │
   ┌──────────────────────────────────────────────────────────────────┘
   │
   │              ┌─ KM4辅触点闭合自锁
   │              │       12
   │              ├─ KM4主触点闭合 ── 第三级电阻被短接 ── 电动机全压运行
   └─ KM4线圈得电 ┤       1
                  └─ KM4辅触点断开 ── KT3线圈失电
                          4
```

　　图 2-7 所示为按电流原则控制的转子串电阻减压起动控制电路，图中主电路转子绕组中除串接起动电阻外，还串接有电流继电器 KA2、KA3 和 KA4 的线圈，三个电流继电器的吸合电流都一样，但是释放电流不同，KA2 释放电流最大，KA3 次之，KA4 最小。当刚起动时，起动电流很大，电流继电器全部吸合，控制电路中的动断触点打开，接触器 KM2、KM3、KM4 的线圈不能得电吸合，因此全部起动电阻接入，随着电动机转速升高，电流变小，电流继电器根据释放电流的大小等级依次释放，使接触器线圈依次得电，主触点闭合，逐级短接电阻，直到全部电阻都被短接，电动机起动完毕，进入正常运行。

　　转子串电阻起动控制电路的控制方式是在电动机起动的过程中分级切除起动电阻，其结果造成电流和转矩存在突然变化，因而将会产生机械冲击。

　　2. 转子电路串频敏变阻器起动控制

　　转子电路串电阻起动时，因为电流及转矩的突然变化存在机械冲击，并且其控制电路较复杂，起动电阻本身较笨重，能耗大，维修麻烦，故实际生产中，常采用其他的起动方式，但是串电阻起动具有起动转矩大的优点，因而有低速运行要求，并且初始起动转矩大的传动装置仍是一常用的起动方式。

绕线转子异步电动机起动的另一方法是转子电路串频敏变阻器起动，这种起动方法具有恒转矩的起、制动特性，又是静止元件，很少需要维修，因而常用于绕线转子异步电动机的起动，特别是大容量绕线转子异步电动机的起动控制。

频敏变阻器是一种由铸铁片或钢板叠成铁心，外面再套上绕组的三相电抗器，接在转子绕组的电路中，其绕组电抗和铁心损耗决定的等效阻抗随着转子电流的频率而变化。在电动机的起动过程中，当电动机的转速增高时，阻抗值自动地平滑减小，这一方面限制了起动电流，另一方面又可得到大致恒定的起动转矩。图 2-8 所示为采用频敏变阻器的起动控制电路，该电路可用开关 SA 选择手动或自动控制，当选择自动控制时，按下起动按钮 SB2，其工作过程如电器动作顺序如表 2-5 所示。选择手动控制时，时间继电器不起作用，手动控制按钮 SB2 控制中间继电器 KA 和接触器 KM2 通电工作。

起动过程中，KA 的动断点将继电器发热元件短接，以免起动时间过长而使热继电器产生误动作。

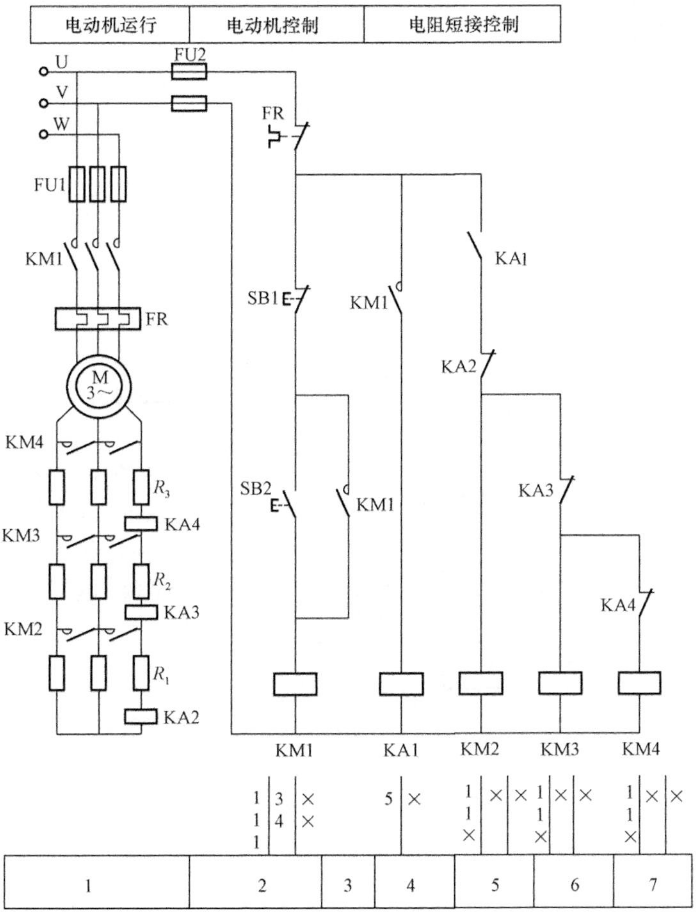

图 2-7　按电流原则控制的转子串电阻减压起动控制电路

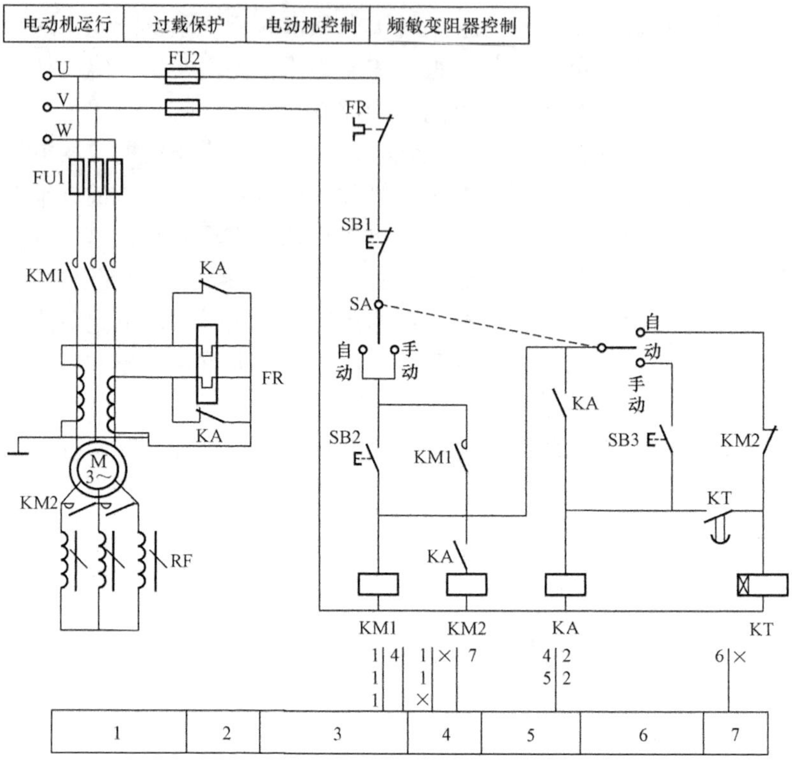

图 2-8　采用串频敏变阻器的起动控制电路

表 2-5　　　　　　　　　　　　**电 器 动 作 顺 序 表**

- 预置条件（选择开关SA扳在自动工作方式）
  - 按SB2
    - KM1线圈得电
      - KM1辅触点闭合自锁 4
      - KM1主触点闭合 —— 电动机串频敏变阻器减压起动 3
    - KT线圈得电 —延时— KT触点延时闭合 —— KA线圈得电 6
      - KA触点闭合自锁 5
      - KA触点断开 —— 过载保护热继电器FR接入 2
      - KA触点闭合 —— KM2线圈得电 4
        - KM2辅触点断开 —— KT线圈失电 7
        - KM3主触点闭合 —— 频敏变阻器被短接 —— 电动机全压运行 1

第二节　异步电动机的正反转控制电路

生产实践中，很多设备需要两个相反的运行方向，例如主轴的正向和反向转动，机床工作台的前进后退，起重机吊钩的上升和下降等，这些两个相反方向的运动均可通过电动机的正转和反转来实现。从电机学课程可知，只要将电动机定子绕组相序改变，电动机就可改变转动方向。实际电路构成时，可在主电路中用两组接触器主触点构成正转相序接线和反转相序接线，控制电路中，控制正转接触器线圈得电，其主触点闭合，电动机正转，或者反转接触器线圈通电，主触点闭合，电动机反转。

一、按钮控制的电动机正反转控制电路

图 2-9 所示为按钮控制正反转的控制电路，主电路中接触器 KM1 和 KM2 构成正反转相序接线，图 2-9（a）控制电路中，按下正向起动按钮 SB2，正向控制接触器 KM1 线圈得电动作，其主触点闭合，电动机正向转动，按下停止按钮 SB1，电动机停转。按下反向起动按钮 SB3，反向接触器 KM2 线圈得电动作，其主触点闭合，主电路定子绕组变正转相序为反转相序，电动机反转。

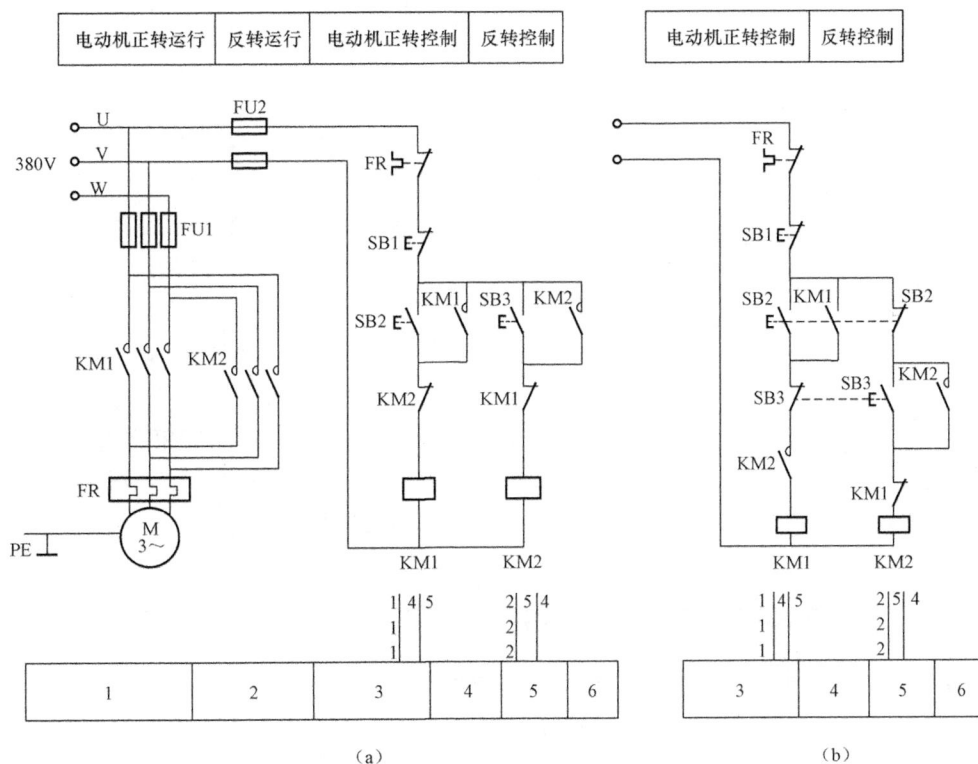

图 2-9　按钮控制正反转控制电路
（a）方案一；（b）方案二

由主电路知，若 KM1 与 KM2 的主触点同时闭合，将会造成电源短路。

因此任何时候，只能允许一个接触器通电工作。实现这样的控制要求，通常是在控制电路中，将正反转控制接触器的动断触点分别串接在对方的工作线圈电路里，构成互相制约关系，以保证电路安全正常的工作，这种互相制约的关系称为"联锁"，也称为"互锁"。

图 2-9（a）所示控制电路中，当变换电动机转向时，必须先按下停止按钮，停止正转，再按动反向起动按钮，方可反向起动，操作不便。图 2-9（b）所示控制电路利用复合按钮 SB3、SB2，可直接实现由正转变为反转的控制（反之亦然）。

复合按钮具有联锁功能，但工作不可靠，因为在实际使用中，由于短路或大电流的长期作用，接触器主触点会被强烈的电弧"烧焊"在一起，或者当接触器的机构失灵，使主触点不能断开，这时若另一接触器动作，将会造成电源短路事故。如果采用接触器的动断触点进行联锁，不论什么原因，当一个接触器处于吸合状态，它的联锁动断触点必将另一接触器的线圈电路切断，从而避免事故的发生。

二、行程开关控制的电动机正反转控制电路

按钮控制电动机正反转是手动控制，行程开关控制正反转则是机动控制，是由机床的运动部件在工作过程中压动行程开关，实现电动机正反转的自动切换。机床工作台往返循环工作的自动控制即用这样的电路实现。

图 2-10 所示为行程开关控制的正反转控制电路。电动机的正反转可通过 SB1、SB2、SB3 手动控制，也可用行程开关实现机动控制，机动控制的自动循环工作过程如表 2-6 所示的电器动作顺序。

图 2-10 中 SQ3 和 SQ4 为限位开关，安装在工作台运动的极限位置，起限位保护作用。当由于某种故障，工作台到达 SQ1 和 SQ3 给定的位置时，未能切断 KM1（或 KM2）线圈电路，继续运行达到 SQ3（或 SQ4）所处的极限位置时，将会压下限位保护开关，切断接触器线圈电路，使电动机停止转动，避免工作台发生超越允许位置的事故。

用行程开关按机床运动部件的位置或机件的位置变化来进行的控制，称作按行程原则的自动控制，也称行程控制。行程控制是机械设备应用较广泛的控制方式之一。

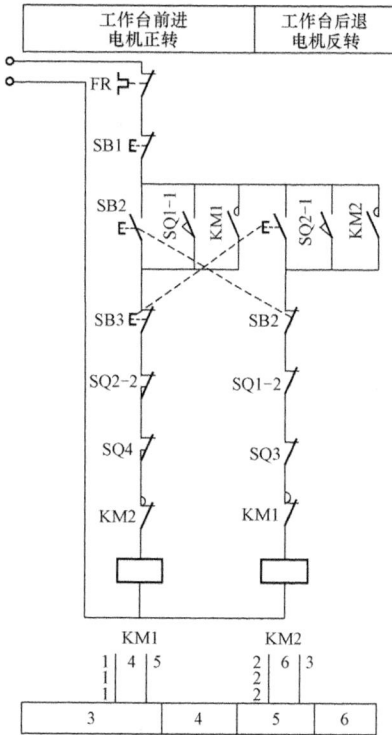

图 2-10　行程开关控制的正反转控制电路

表 2-6   **电 器 动 作 顺 序 表**

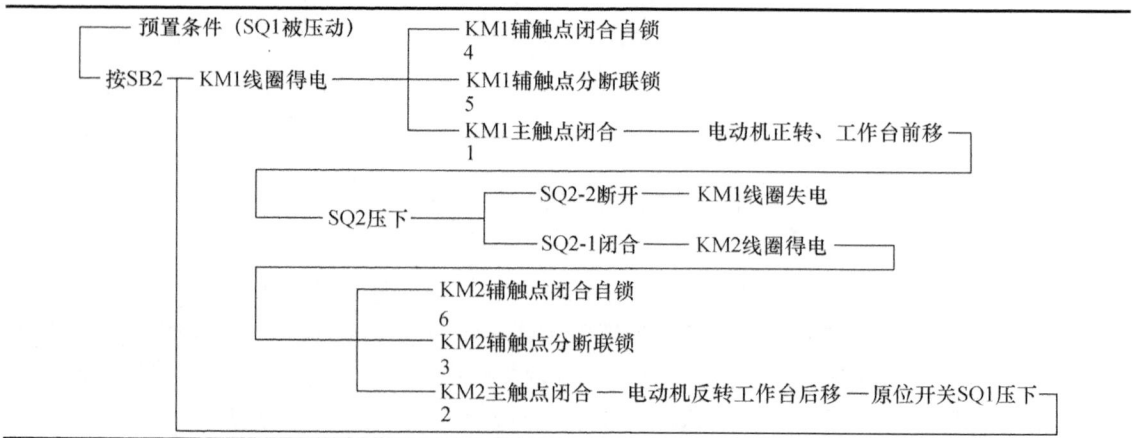

第三节 异步电动机的制动控制电路

许多由电动机驱动的机械设备需要能迅速停车和准确定位，即要求对电动机进行制动，强迫其立即停车。制动停车的方式有机械制动和电气制动两大类，机械制动是采用机械抱闸的方式，由手动或电磁铁驱动机械抱闸机构实现制动；电气制动是在电动机上产生一个与原转子转动方向相反的制动转矩，迫使电动机迅速停车。常用的电气制动方法是能耗制动和反接制动。

一、能耗制动控制电路

能耗制动是在三相电动机停车切断三相电源的同时，将一直流电源接入定子绕组，产生一个静止磁场，此时电动机的转子由于惯性继续沿原来的力向转动，惯性转动的转子在静止磁场中切割磁力线，产生一与惯性转动方向相反的电磁转矩，对转子起动作用，制动结束后切除直流电源。图 2-11 是实现上述控制过程的控制电路。图中接触器 KM1 的主触点闭合接通三相电源，由变压器和整流元件构成的整流装置提供直流电源，KM2 将直流电源接入电动机定子绕组。图 2-11（a）、（b）分别是用复合按钮和用时间继电器实现能耗制动的控制电路。

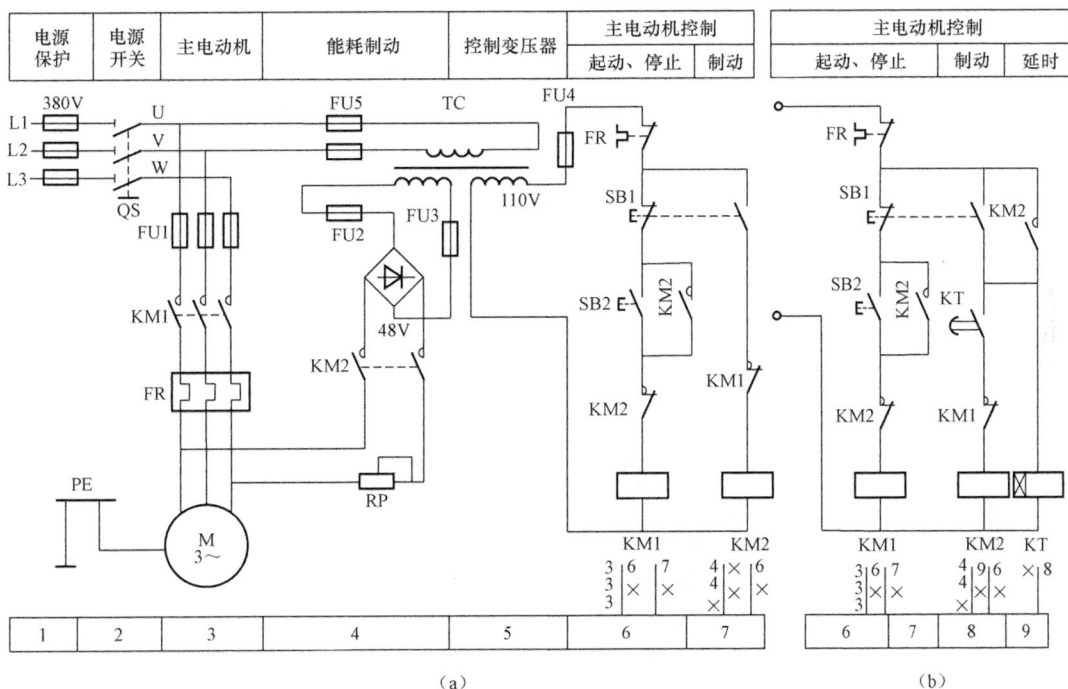

图 2-11 能耗制动控制电路
（a）方案一；（b）方案二

图 2-11（a）中，当复合按钮 SB1 按下时，其动断触点切断接触器 KM1 的线圈电路，同时其动合触点将 KM2 的线圈电路接通，接触器 KM1 和 KM2 的主触点在主电路中断开三相电源，接入直流电源进行制动，松开 SB1，KM2 线圈断电，制动停止。由于用复合按钮控制，制动过程中按钮必须始终处于压下状态，操作不便。图 2-11（b）采用时间继电器实现自动控制，当复合按钮 SB1 压下以后，KM1 线圈失电，KM2 和 KT 的线圈得电并自锁，电动机制动，SB1 松开复位，制动结束后，由时间继电器 KT 的延时动断触点断开 KM2 线圈电路。

　　能耗制动的制动转矩大小与通入直流电电流的大小及电动机的转速 n 有关。同样转速下，电流越大，制动作用越强。一般接入的直流电流为电动机空载电流的 $3\sim5$ 倍，过大会烧坏电动机的定子绕组，电路采用在直流电源回路中串接可调电阻的方法，调节制动电流的大小。

　　能耗制动时制动转矩随电动机的惯性转速下降而减小，因而制动平稳。这种制动方法将转子惯性转动的机械能转换成电能，又消耗在转子的制动上，所以称为能耗制动。

二、反接制动控制电路

　　反接制动实质上是改变异步电动机定子绕组中三相电源相序，产生一与转子惯性转动方向相反的反向起动转矩进行制动。进行反接制动时，首先将三相电源相序切换，然后在电动机转速接近零时，将电源及时切除。当三相电源不能及时切除时，电动机将会反向升速发生事故。关于如何在电动机转速接近零时切断电源，控制电路是采用速度继电器来判断电动机的零速点并及时切断三相电源的。速度继电器 KS 的转子与电动机的轴相连，当电动机正常转动时，速度继电器的动合触点闭合，电动机停车转速接近零时，动合触点打开，切断接触器线圈电路。图 2-12 所示为反接制动控制电路。图中主电路由接触器 KM1 和 KM2 两组主触点构成不同相序的接线，因电动机反接制动电流很大，在制动电路中串接降压电阻，以限制反向制动电流。制动时，控制电路中复合按钮 SB1 按下，KM1 线圈失电，KM2 线圈由于 KS 的动合触点在转子惯性转动下仍然闭合而通电并自锁，电动机实现反接制动，当电动机转速接近零时，KS 的动合触点复位断开，使 KM2 的线圈失电，制动结束停机。

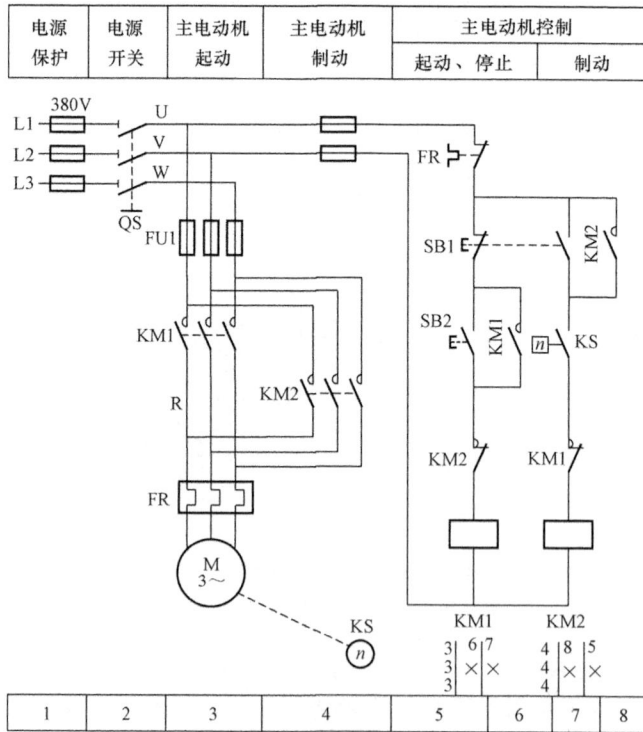

图 2-12　反接制动控制电路

　　反接制动的制动转矩是反向起动转矩，因此制动力矩大，制动效果显著，但在制动时有冲击，制动不平稳，且能量消耗大。

能耗制动与反接制动相比，制动平稳、准确，能量消耗少，但制动力矩较弱，特别在低速时制动效果差，并且还需提供直流电源。实际使用中，应根据设备的工作要求选用合适的制动方法。

第四节　异步电动机的其他基本控制电路

实际工作中，电动机除有起动、正反转、制动等控制要求外，还有其他的工作控制要求，如调整时的点动控制，多电动机起动的先后顺序控制，多条件多地点控制以及自动循环控制等。在控制电路中，为满足机械设备的正常工作要求，需要采用多种基本控制电路组合起来完成所要求的控制功能。

一、点动与长动控制电路

机械设备长时间运转，即电动机持续工作，称为长动；机械设备手动控制间断工作，即按下起动按钮，电动机转动，松开按钮，电动机停转，这样的控制称为点动。长动控制电路中控制电器得电后能自锁，点动控制电路中控制电器不能自锁。当机械设备要求既能正常持续工作，又可手动控制进行调整工作时，电路必须同时具有长动和点动的控制功能，即正常工作时，电器能够自锁长动，调整工作时，电器的自锁环节不起作用，实现点动控制。具有点动与长动控制功能的电路如图 2-13 所示。

图 2-13（a）是用复合按钮 SB3 实现点动控制，SB2 实现长动控制。图 2-13（b）是用选择开关 SA 选择点动控制或者长动控制。图 2-13（c）是采用中间继

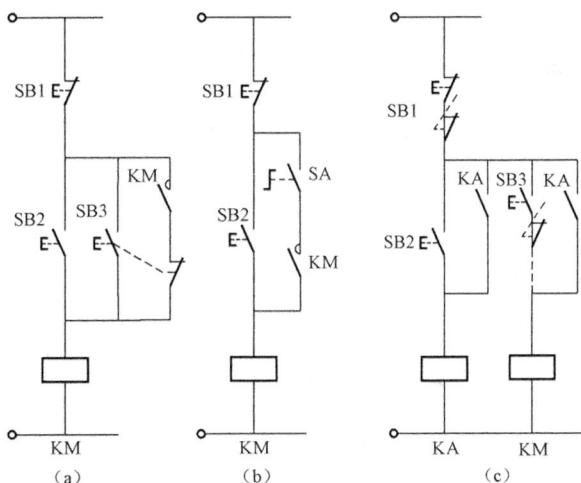

图 2-13　具有点动与长动控制功能的电路

(a) 复合按钮 SB3；(b) 选择开关 SA；(c) 中间继电器

电器实现点动的控制电路，正常工作时，长动按钮 SB2 按下，中间继电器 KA 通电并自锁，同时接通交流接触器 KM 的线圈，电动机持续转动；调整工作时，点动按钮 SB3 压下，此时中间继电器 KA 不工作，其使接触器 KM 持续供电的动合触点打开，SB3 接通 KM 的线回电路，电动机转动，SB3 一松开，KM 线圈立即断电，电动机停止转动，实现手动控制的点动工作。

二、多地点与多条件控制电路

在大型设备上，为了操作方便，常要求能多个地点进行控制操作；在某些机械设备上，为保证操作安全，需要多个条件满足，设备才能开始工作，这样的控制要求可通过在电路中串联或并联电器的动断触点和动合触点来实现。

图 2-14（a）所示为多地点操作控制电路，其电路逻辑函数式为

$$KM = \overline{SB1} \cdot (SB2 + SB3 + SB4 + KM) \cdot \overline{SB5} \cdot \overline{SB6}$$

KM 线圈的通电条件为按钮 SB2、SB3、SB4 的动合触点任一闭合，KM 辅助动合触点构成自锁，这里的动合触点并联构成逻辑或的关系，任一条件满足，电路接通；KM 线圈电路的切断条件为按钮 SB1、SB5、SB6 的动断触点任一打开，动断触点串联构成逻辑与的关系，

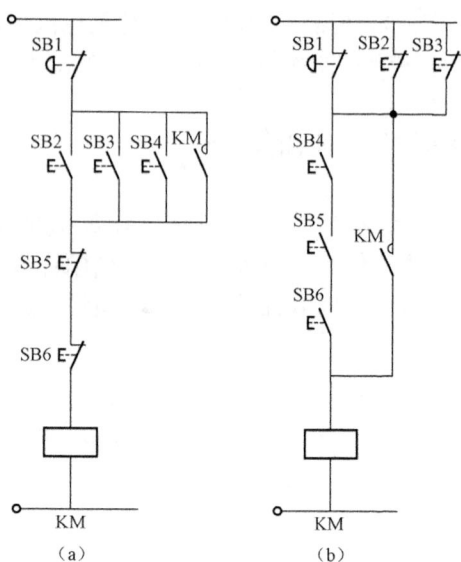

图 2-14　多地点和多条件控制电路

（a）多地点控制；（b）多条件控制

其中任一条件满足，即可切断电路。

图 2-14（b）所示电路的逻辑函数表达式为

$$KM = (\overline{SB1} + \overline{SB2} + \overline{SB3}) \cdot (SB4 \cdot SB5 \cdot SB6 + KM)$$

KM 线圈通电条件为按钮 SB4、SB5、SB6 的动合触点全部闭合，KM 的辅助动合触点构成自锁，即动合触点串联成为逻辑与的关系，全部条件满足，接通电路；KM 线圈电路的切断条件为按钮 SB1、SB2、SB3 的动断触点全部打开，即动断触点并联构成逻辑或的关系，全部条件满足，切断电路。

三、顺序（条件）控制电路

实际生产中，有些设备常要求电动机按一定的顺序起动，如铣床工作台的进给电动机必须在主轴电动机已起动工作的条件下才能起动工作，自动加上设备必须在前一工步已完成，转换控制条件具备，方可进入新的工步，还有一些设备要求液压泵电动机首先起动正常供液后，其他动力部件的驱动电动机方可起动工作。控制设备完成这样顺序起动电动机的电路，称为顺序起动控制或称条件控制电路。

图 2-15 所示为两台电动机顺序起动的控制电路。KM1 是液压泵电动机 M1 的起动控制

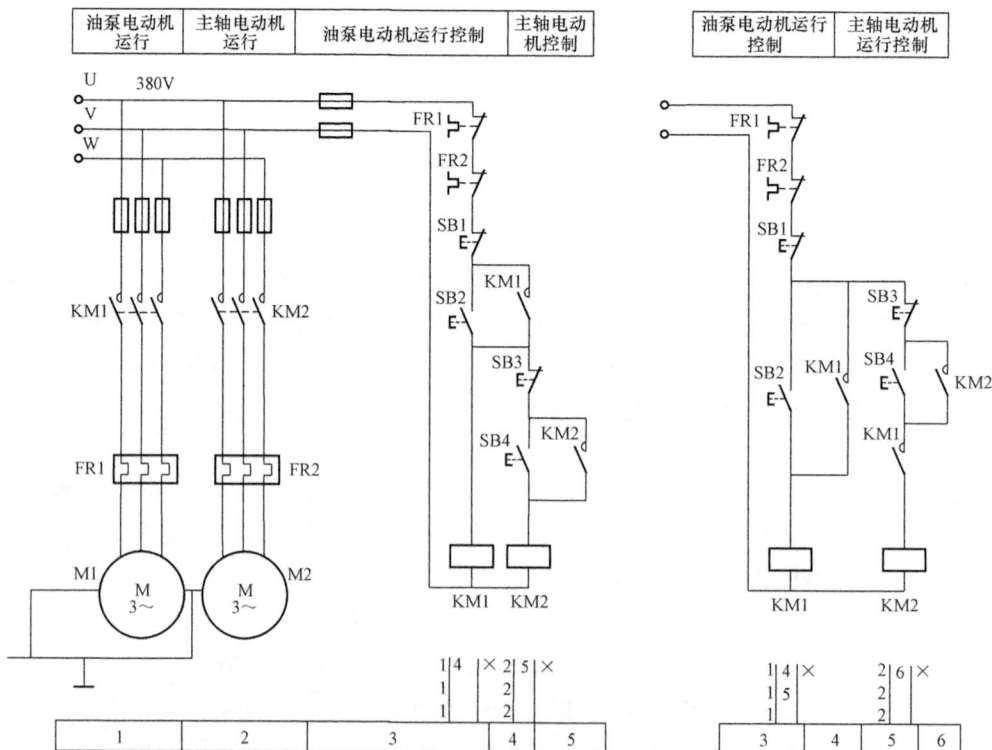

图 2-15　两台电动机顺序起动控制电路

接触器，KM2 控制主轴电动机 M2。工作时，KM1 线圈得电，其主触点闭合，液压泵电动机起动以后，满足 KM2 线圈通电工作的条件，KM2 可控制主轴电动机起动工作。图 2-15（a）的控制电路，KM2 线圈电路由 KM1 线圈电路的起停控制，当起动按钮 SB2 压下，KM1 线圈得电，其辅助动合触点闭合自锁，使 KM2 线圈通电工作条件满足，此时通过主轴电机的起、停控制按钮 SB4 与 SB3 控制 KM2 线圈电路的通断电，控制主轴电动机起动工作和断电停车。

图 2-15（b）中，KM1 的辅助动合触点作为一控制条件，串接在 KM2 的线圈电路中，只有 KM1 线圈得电，该辅助动合触点闭合，M1 油泵电动机已起动工作的条件满足后，KM2 线圈可开始通电工作。

四、联锁控制电路

联锁控制也称互锁控制，是保证设备正常运行的重要控制环节，常用于制动不能同时出现的电路接通状态。

图 2-16 所示的电路是控制两台电动机不准同时接通工作的控制电路，图中接触器 KM1 和 KM2 分别控制电动机 M1 和 M2，其动断触点构成互锁即联锁关系，当 KM1 动作时，其动断触点打开，使 KM2 线圈不能得电，同样 KM2 动作时，KM1 线圈无法得电工作，从而保证任何时候，只有一台电动机转动工作。

由接触器动断触点构成的联锁控制也常用于具有两种电源接线的电动机控制电路中，如前述电动机正反转控制电路，构成正转接线的接触器与构成反转接线的接触器，其动断触点在控制电路中构成联锁控制，使正转接线与反转接线不能同时接通，防止电源短路。

除接触器动断触点构成联锁关系外，在运动复杂的设备上，为防止不同运动之间的干涉，常设置用操作手柄和行程开关组合构成的联锁控制。这里以某机床工作台进给运动控制为例，说明这种联锁关系。

机床工作台由一台电动机驱动，通过机械传动链传动，可完成纵向（左右两方向）和横向（前后方向）的进给移动。工作时，工作台只允许沿一个方向进给移动，因此各方向的进给运动之间必须联锁。工作台由纵向手柄和行程开关 SQ1、SQ2 操作纵向进给，横向手柄和行程开关 SQ3、SQ4 操作横向进给，实际上两操作手柄各自都只能扳在一种工作位置，或是向左、向前，或是向右、向后，存在左右运动之间或前后运动之间的制约，只要两操作手柄不同时扳在工作位置，即可达到联锁的目的，操作手柄有两个工作位和一中间不工作位，通常正常工作时，只有一个手柄扳在工作位，当由于误操作等意外事故使两手柄都被扳到工作位时，联锁电路将立即切断进给控制电路，进给电动机停转，工作台进给停止，防止运动干涉、损坏机床的事故发生。

图 2-17 所示为工作台进给联锁控制电路，KM1、KM2 为进给电动机正转和反转控制接触器，纵向控制行程开关 SQ1、SQ2 动断触点串联构成的支路与横向控制行程开关 SQ3、SQ4 动断触点串联构成的支路并联起来组成联锁控制电路。当纵向操作手柄扳在工作位，将会压动行程开关 SQ1（或 SQ2），切断一条支路，另一支由横向手柄控制的支路因横向手柄不在工作位而仍然正常通电，此时 SQ1（或 SQ2）的动合触点闭合，使接触器 KM1（或 KM2）线圈得电，电动机 M 转动。工作台在给定的方向进给移动，当工作台纵向移动时，若横向手柄也被扳到工作位，行程开关 SQ3 或 SQ4 受压，切断联锁电路，使接触器线圈失电，电动机立即停转，工作台进给运动自动停止，从而实现进给运动的联锁保护。

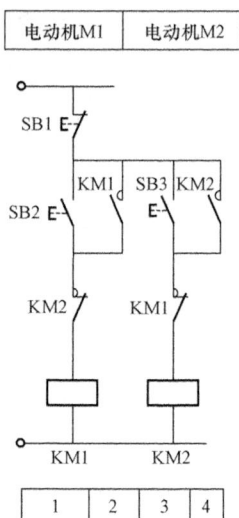

图 2-16　两台电动机联锁控制电路

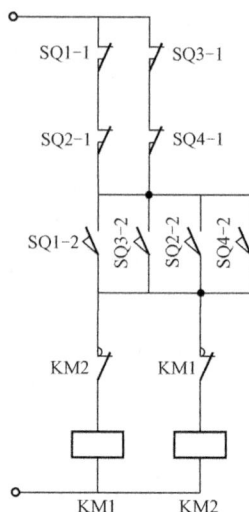

图 2-17　工作台进给联锁控制电路

五、电动机工作的自动循环控制电路

实际生产中，很多设备的工作过程包含若干工步，并要求按一定的动作顺序自动的逐步完成，以及不断的重复进行，实现这种工作过程的控制即是自动工作循环控制。根据设备的驱动方式，可将自动循环控制电路分为两类：一类是对由电动机驱动的设备实现工作循环的自动控制；另一类是对由液压系统驱动的设备实现工作的自动循环控制。从电气控制的角度来说，实际上电路是对电动机工作的自动循环实现控制和对液压系统工作的自动循环实现控制。

电动机工作的自动循环控制，实质上是通过控制电路按照工作循环图确定的工作顺序要求对电动机进行起动和停止的控制。

设备的工作循环图标明动作的顺序和每个工步的内容，确定各工步应接通的电器，同时还注明控制工步转换的转换主令。自动循环工作中的转换主令，除起动循环的主令由操作者给出外，其他各步转换的主令均来自设备工作过程中出现的信号，如行程开关信号、压力继电器信号、时间继电器信号等，控制电路在转换主令的控制下，自动地切换工步，切换工作电器，实现工作的自动循环。

（1）单机自动循环控制电路。常见的单机自动循环控制是在转换主令的作用下，按要求自动切换电动机的转向，如前述由行程开关操作的电动机正反转控制，或是电动机按要求自动反复起停的控制，图 2-18 所示为自动间歇供油的润滑系统控制电路。图中 KM 为控制液压泵电动机起停的接触器，KT1 控制油泵电动机工作供油的时间，KT2 控制停机，供油间断的时间。合上开关 SA 以后，液压泵电动机起动，间歇供液循环开始，控制电路的工作过程中电器动作顺序见表 2-7。

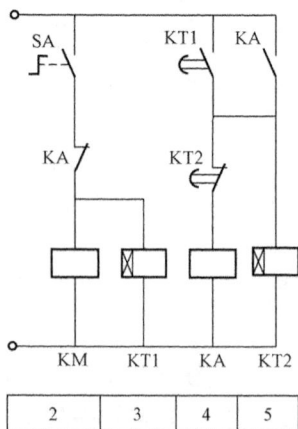

图 2-18　自动间歇供油润滑系统控制电路

表 2-7　　　　　　　　　　　　　　　　　电 器 动 作 顺 序 表

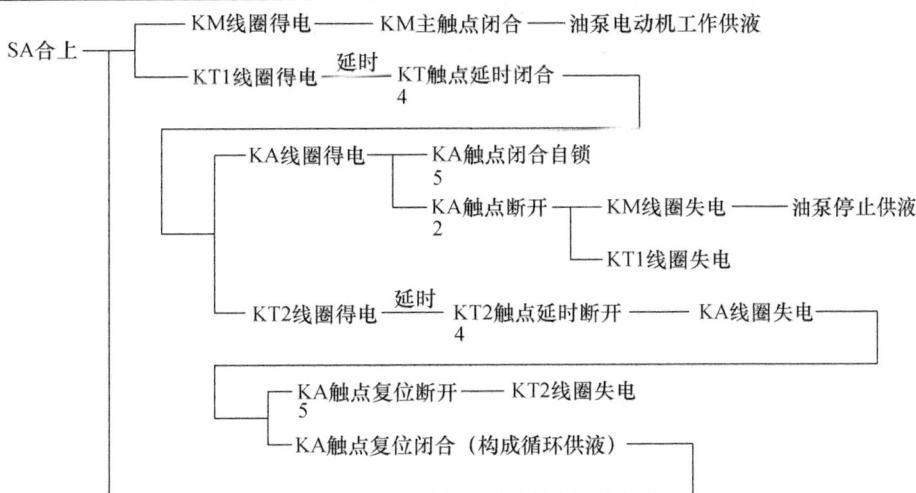

```
SA合上 ┬─ KM线圈得电 ──── KM主触点闭合 ──── 油泵电动机工作供液
        ├─ KT1线圈得电 ──延时──── KT触点延时闭合
        │                    4
        │    ┌─ KA线圈得电 ──── KA触点闭合自锁
        │    │                    5
        │    │            └─ KA触点断开 ──── KM线圈失电 ──── 油泵停止供液
        │    │                2
        │    │                      └──── KT1线圈失电
        ├─ KT2线圈得电 ──延时──── KT2触点延时断开 ──── KA线圈失电
        │                    4
        ├─ KA触点复位断开 ──── KT2线圈失电
        │    5
        └─ KA触点复位闭合（构成循环供液）
```

　　（2）多机自动循环控制电路。实际生产中有些设备是由多个动力部件构成，并且各动力部件具有自己的工作自动循环过程。设备工作的自动循环过程是由这些单机循环组合构成，对这样多动力部件复合循环的控制，通过对设备工作循环图的分析可看出，电路实质上是根据工作循环图的要求，对多个电动机实现有序的起、停和正反转的控制。图 2-19 所示为由两个动力部件构成的机床及其工作自动循环的控制电路。机床的运动简图及工作循环图如图 2-19（a）所示，行程开关 SQ1 为动力头Ⅰ的原位开关，SQ2 为终点限位开关；SQ3 为动力头Ⅱ的原位开关，SQ4 为终点限位开关；SB2 为工作循环开始的起动按钮，M1 是动力头Ⅰ的驱动电动机，KM1 与 KM3 分别为 M1 电动机的正转和反转控制接触器；M2 是动力头Ⅱ的驱动电动机，KM2 与 KM4 分别为 M2 的正转和反转控制接触器。

　　机床工作自动循环过程分为三个工步，起动按钮 SB2 按下，开始第一个工步，此时电动机 M1 的正转接触器 KM1 得电工作，动力头Ⅰ向前移动，到达终点位后，压下终点限位开关 SQ2，SQ2 信号作为转换主令，控制工作循环由第一工步切换到第二工步，SQ2 的动断触点使 KM1 线圈失电，M1 电动机停转，动力头停在终点位，同时 SQ2 的动合触点闭合，接通 KM2 的线圈电路，使电动机 M2 正转，动力头Ⅱ开始向前移动，至终点位时，压动终点限位开关 SQ4，SQ4 信号同样作为转换主令控制工作循环由第二工步切换到第三工步，此时 SQ4 的动断触点切断 M2 电动机的正转控制接触器 KM2 的线圈电路，同时其动合触点闭合使电动机 M1 与 M2 的反转控制接触器 KM3 与 KM4 的线圈电路同时接通，电动机 M1 与 M2 反转，动力头Ⅰ和Ⅱ由各自的终点位向原位返回，并在到达原位后分别压下各自的原位行程开关 SQ1 和 SQ3，使 KM3、KM4 失电，电动机停转，两动力头停在原位，完成一次工作循环。控制电路如图 2-19 所示，其控制过程见电器动作顺序表 2-8。

　　电路中反转接触器 KM3 与 KM4 的自锁触点并联，分别为各自的线圈提供自锁作用。当动力头Ⅰ与Ⅱ不能同时到达原位时，先到达原位的动力头压下原位开关，切断该动力头控制接触器的线圈电路，相应的接触器自锁触点也复位断开，但另一自锁触点仍然闭合，保证接触器线圈不会失电，直到另一动力头也返回到达原位，并压下原位行程开关，切断接触器线圈电路，结束循环。

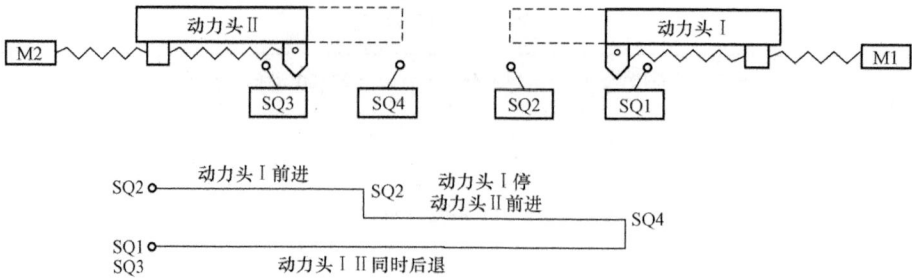

（a）

动力头 I 向前电机正转运行	动力头 I 后退电机反转运行	动力头 II 向前电机正转运行	动力头 II 后退电机反转运行	M1电动机正转	M2电动机正转	M1、M2电动机反转

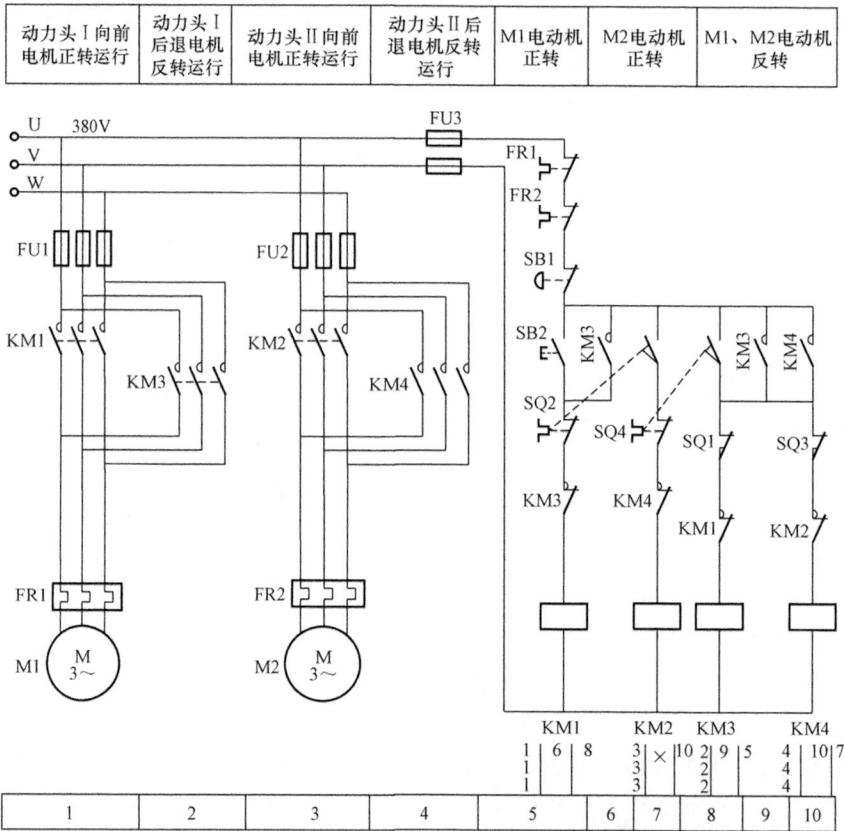

（b）

图 2-19　机床及其工作自动循环控制电路

六、双速异步电动机控制电路

实际生产中，对机械设备常有多种速度输出的要求，通常采用单速电动机时，需配有机械变速系统以满足变速要求。当设备的结构尺寸受到限制或要求速度连续可调时，常采用多速电动机或电动机调速，交流电动机的调速由于晶闸管技术的发展，已得到广泛的应用，但由于其控制电路复杂，造价高，普通中小型设备使用较少。应用较多的还是多速交流电动机。

由电机学知，电动机的转速与电动机的磁极对数有关，改变电动机的磁极对数即可改变其转速。采用改变极对数的变速方法一般只适合笼型异步电动机，本节以双速电动机为例分析这类电动机的控制电路。

表 2-8   电 器 动 作 顺 序 表

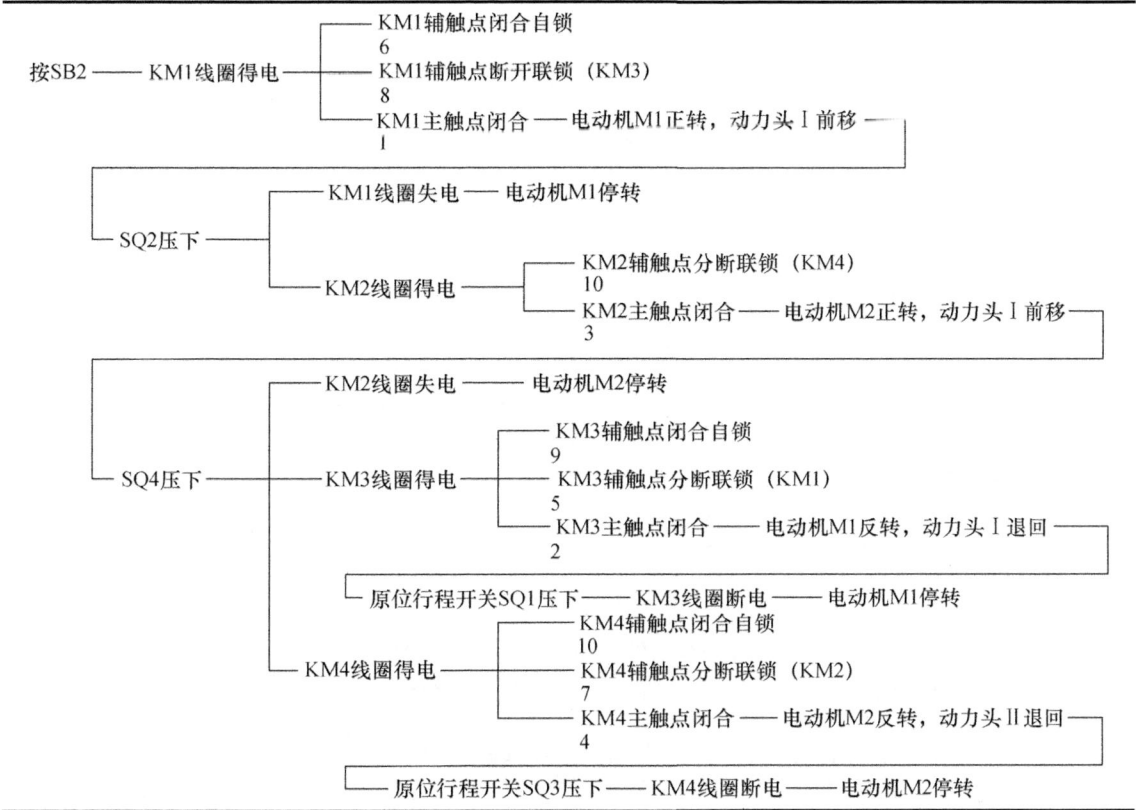

```
按SB2 ── KM1线圈得电 ┬── KM1辅触点闭合自锁
                     │      6
                     ├── KM1辅触点断开联锁（KM3）
                     │      8
                     └── KM1主触点闭合 ── 电动机M1正转，动力头Ⅰ前移 ─┐
                            1                                          │
┌─────────────────────────────────────────────────────────────────────┘
└ SQ2压下 ┬── KM1线圈失电 ── 电动机M1停转
          │
          └── KM2线圈得电 ┬── KM2辅触点分断联锁（KM4）
                          │      10
                          └── KM2主触点闭合 ── 电动机M2正转，动力头Ⅰ前移 ─┐
                                 3                                          │
┌───────────────────────────────────────────────────────────────────────────┘
└ SQ4压下 ┬── KM2线圈失电 ── 电动机M2停转
          │
          ├── KM3线圈得电 ┬── KM3辅触点闭合自锁
          │               │      9
          │               ├── KM3辅触点分断联锁（KM1）
          │               │      5
          │               └── KM3主触点闭合 ── 电动机M1反转，动力头Ⅰ退回 ─┐
          │                      2                                          │
          │  ┌─── 原位行程开关SQ1压下 ── KM3线圈断电 ── 电动机M1停转 ◄──────┘
          │  │    KM4辅触点闭合自锁
          │  │       10
          └── KM4线圈得电 ┬── KM4辅触点分断联锁（KM2）
                          │      7
                          └── KM4主触点闭合 ── 电动机M2反转，动力头Ⅱ退回 ─┐
                                 4                                          │
          ┌─── 原位行程开关SQ3压下 ── KM4线圈断电 ── 电动机M2停转 ◄─────────┘
```

1. 电动机磁极对数的产生与变化

笼型异步电动机有两种改变磁极对数的方法：第一种是改变定子绕组的连接，即改变定子绕组中电流流动的方向，形成不同的磁极对数；第二种是在定子绕组上设置具有不同磁极对数的两套互相独立的绕组。当一台电动机需要较多级数的速度输出时，也可两种方法同时采用。

多速电动机的定子绕组由两个线圈连接而成，线圈之间有导线引出，如图 2-20 所示。

常见的定子绕组接线有两种：一种是由单星形改为双星形，即将图 2-20（b）的连接方式换成图 2-20（c）的连接方式；另一种是由三角形改为双星形，即由图 2-20（a）的连接方式换成图 2-20（c）的连接方式。当每相定子绕组的两个线圈串联后接入三相电源，电流流动方向及电流分布如图 2-20（d）所示，形成四极低速运行。每相定子绕组的两个线圈并联时，由中间导线端子接入三相电源，其他两端汇集一点构成双星形连接，电流流动方向及电流分布改变如图 2-20（e）所示，此时形成二极高速运行。两种接线方式变换使磁极对数减少一半，其转速增加一倍。单星形—双星形切换适用于拖动恒转矩性质的负载；三角形—双星形切换适用于拖动恒功率性质的负载。

2. 双速电动机控制电路

图 2-21 所示为双速电动机三角形—双星形变换控制的电路图，图中主电路接触器 KM1 的主触点闭合，构成三角形连接；KM2 和 KM3 的主触点闭合构成双星形连接。控制电路有三种，图 2-21（a）控制电路由复合按钮 SB2 接通接触器 KM1 的线圈电路，KM1 主触点闭

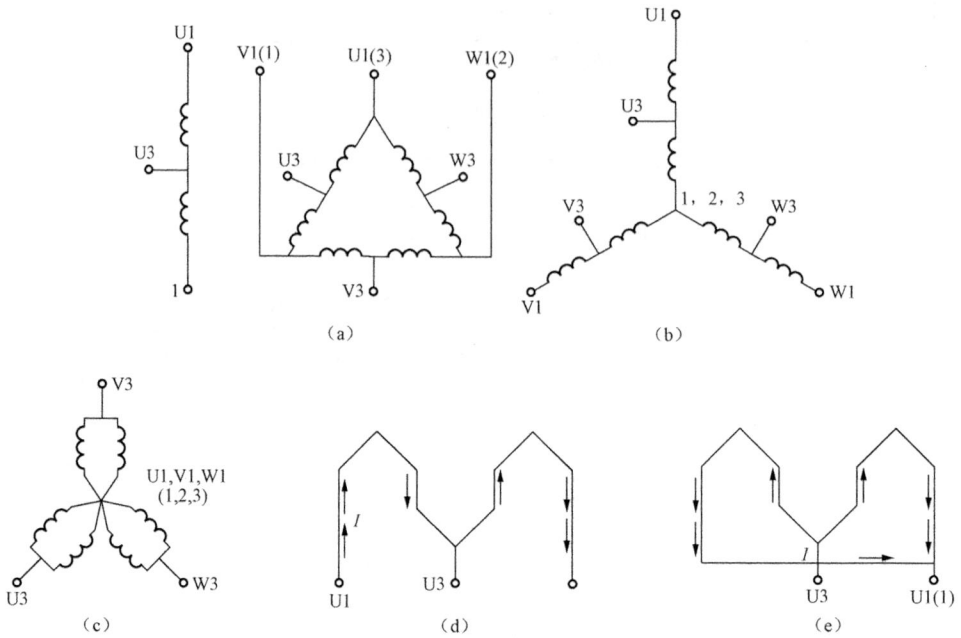

图 2-20 双速电动机定子绕组接线

（a）三角形；（b）星形；（c）双星形；（d）四极接线电流图；（e）二极接线电流图

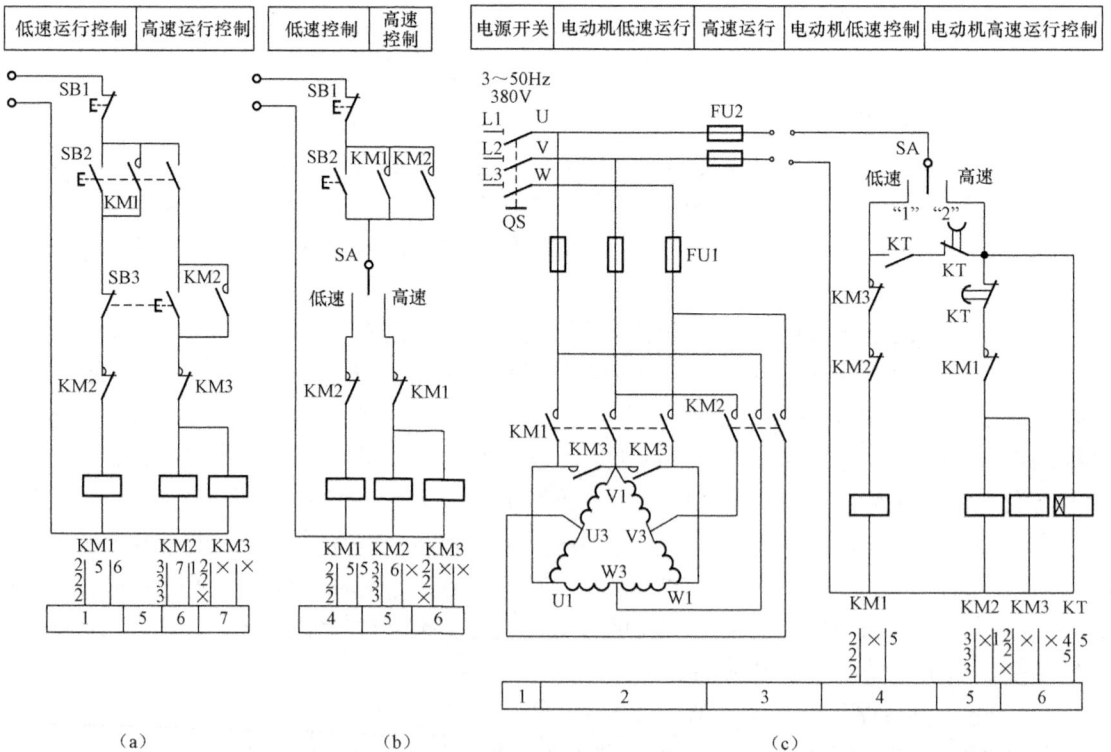

图 2-21 双速电动机三角形—双星形变换控制电路

合，电动机低速运行。SB3 接通 KM2 和 KM3 的线圈电路，其主触点闭合，电动机高速运行。为防止两种接线方式同时存在，KM1 和 KM2 的动断触点在控制电路中构成互锁。图 2-21（b）控制电路采用选择开关 SA，选择接通 KM1 线圈电路或 KM2、KM3 的线圈电路，即选择低速运行或者高速运行。图 2-21（a）、（b）的控制电路用于小功率电动机，图 2-21（c）的控制电路用于较大功率的电动机，选择开关 SA 选择低速运行或高速运行。SA 位于"1"的位置选择低速运行时，接通 KM1 线圈电路，直接起动低速运行；SA 位于"2"的位置，选择高速运行时，首先接通 KM1 线圈电路低速起动，然后由时间继电器 KT 切断 KM1 的线圈电路，同时接通 KM2 和 KM3 的线圈电路，电动机的转速自动由低速切换到高速，工作过程见电器动作顺序表 2-9。

表 2-9   **电 器 动 作 顺 序 表**

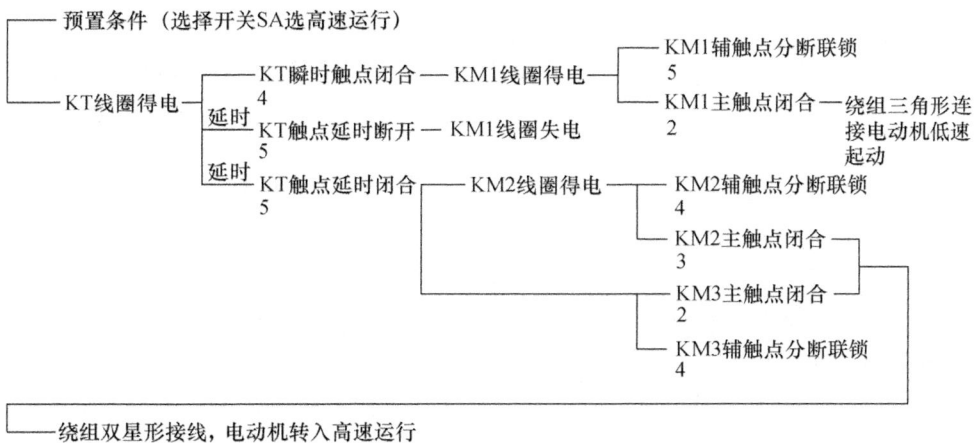

第三章　电气控制装置设计

生产机械的种类繁多，其控制装置也各不相同，但任何生产机械电控装置的设计原则却是相同的。第一，设计应满足生产机械对电气控制提出的要求，这些要求包括控制方式、控制精度、自动化程度、响应速度等。在电气原理设计时要根据这些要求制订出总体技术方案。第二，设计应满足控制装置本身的制造、使用和维护等需要，全套控制装置的造价要经济、结构要合理，这些问题应在电气控制装置的工艺设计阶段予以充分的考虑。本章论述的电气控制装置设计主要是设计过程中的一般共性问题，还有许多设计中应该考虑的具体问题必须查阅有关的电气工程技术手册和资料，通过课程设计、毕业设计以及今后在技术工作岗位上亲身参加实践，在解决实际问题过程中获得这些经验，提高自己的设计能力。电控装置设计涉及的范围较广，系统从初步设计、技术设计到产品设计过程中的每一环节都与产品的质量和成本密切相关。

第一节　电气控制系统设计的基本原则

电气控制系统设计过程应遵循的基本原则如下：
（1）最大限度地满足机械设备对电气控制提出的要求。
（2）妥善处理机与电的关系，采用机电结合的方法，达到系统的控制要求。
（3）在满足控制要求的前提下，设计方案力求简单，避免盲目地追求高性能、高指标。
（4）积极慎重地采用新技术、新工艺。
（5）正确合理地选用电器元件，尽可能减少元器件的品种和规格，降低生产成本。
（6）操作、维护要方便，外形协调、美观。

以上六点是电气原理设计和电气工艺设计都应遵循的基本原则，这是因为：①生产机械的电控装置是为生产机械按预定规律完成一定动作和保证部件协调运转服务的，电气设计必须满足生产机械对电气控制提出的技术要求。②现代生产机械的机械运动是机电结合的结果，机与电两者相互关联、相互依赖，只有统筹考虑两者关系才能达到整机的技术指标和经济指标。③评价生产机械的电气设计水平，并不是说电气控制的功能越强，技术指标越高就越好，而是以设备的性能价格比和运行可靠性来衡量的。高功能、高指标往往使系统的生产成本和复杂程度剧增，系统越复杂，所用元器件众多，系统的可靠性就越低（不包括冗余设计而增加的元器件）。因此，在满足生产机械提出的技术指标前提下，电气控制设计应力求简单、提高系统工作可靠性，提高装置的性能价格比。④任何设计在实施过程中都存在着成功和失败两种可能，从减少设计风险角度考虑，应尽可能采用成熟的、经过优化和实际运行考验的材料、元器件以及制造技术与工艺。新技术和新工艺的出现，往往会给社会带来巨大的效益，成功地应用新材料、新技术、新工艺，会使产品在品质、功能、成本方面发生巨大的变化。所以，在积极采用新材料、新技术、新工艺的同时，要进行充分的调查和研究，进行必要的试验，才能作出决策。⑤设计中减少元器件的品种和规格数，提高它们的复用率，这将有利于产品的生产、加工和维修保养工作。

电气控制系统设计的基本任务是根据生产机械的控制要求,设计和完成电控装置在制造、使用和维护过程中所需的图样和资料。这些工作主要反映在电气原理和工艺设计中,具体来说需完成下列设计项目:

(1)拟定电气设计技术任务书。

(2)提出电气控制原理性方案及总体框图(电控装置设计预期达到的主要技术指标、各种设计方案技术性能比较及实施可能性)。

(3)编写系统参数计算书。

(4)绘制电气原理图(总图及分图)。

(5)选择整个系统的电气元器件,提出专用元件的技术指标并给出元器件明细表,绘制电控装置总装、部件、组件、单元装配图(元器件布置安装图)和接线图。

(6)标准构件选用与非标准构件设计(包括电控箱、柜结构与尺寸、散热器、导线、支架等),绘制装置布置图、出线端子图和设备连线图,编写操作使用、维护说明书。

第二节 电气控制装置的设计步骤与设计要点

一、设计步骤

电气控制装置设计一般分成初步设计、技术设计和产品设计三个阶段。

1. 初步设计

初步设计是研究系统和电气控制装置的组成,并寻求最佳控制方案的初级阶段,是技术设计的依据。初步设计可由机械设计人员和电气设计人员共同提出,也可由机械设计人员提出有关机械结构资料和工艺要求,由电气设计人员完成初步设计。

初步设计阶段应根据机械设计人员提出的要求,尽可能收集国内外同类产品的有关资料,进行详细的分析研究,积极而又慎重地采用新技术、新工艺,并对某些新技术、新工艺、新结构、新组件等进行必要的原理性试验研究或提出试验研究大纲,提出系统中必须采用的专用元器件的技术要求。

初步设计应确定下述内容:

(1)机械设备名称、用途、工艺过程、技术性能、传动参数及现场工作条件。

(2)供电电网种类、电压等级、频率和容量。

(3)对电气控制的特性要求(如电气控制的基本方式、自动化程度、自动工作循环的组成、电气保护及联锁等)。

(4)对电气传动的基本要求(如传动方式、电动机选择、负载特性、调速范围、平滑度及对电动机起动、制动等要求)。

(5)有关操作及显示方面的要求。

(6)电气传动自动控制的原理性方案及预期的主要技术性能指标,提出几种参考方案,并进行技术性能比较,供用户选择。

(7)投资费用估算及技术经济指标。

初步设计主要是给上级部门或用户的一份总体方案设计报告,这份报告是进行技术设计和产品设计的依据。只有在总体方案正确的前提下,才能保证生产设备各项技术指标的实现。如果在设计过程中只有某个细节或环节设计不当,可通过试验和改进来达到设计要求,但总体方案出错，将导致整个设计的失败，造成的损失是非常大的。因此，初步设计必须认真做好调研，注意借鉴已经成功应用并经过生产考验的类似设备和生产工艺，在几种可能实现的方案中，根据技术、经济指标及现有的条件进行综合分析，作出决策。

2. 技术设计

技术设计是根据上级部门审查批准的或经用户同意的初步设计中提供的内容和方案，最终完成电气控制设计，完成电控设备布置设计。技术设计需完成下述内容：

（1）对系统设计中某些环节作必要的试验，写出试验研究报告。

（2）绘出电气控制系统的电气原理图。

（3）编写系统参数计算书。

（4）选择整个系统的元器件，提出专用元器件的技术指标，编制元器件明细表。

（5）编写技术设计说明书，介绍系统原理、主要技术性能指标及有关运行维护条件和对施工安装要求。

（6）绘制电控装置组合布置图、出线端子图等。

3. 产品设计

产品设计是根据上级审查批准的或经用户同意认可的技术设计，最终完成电控设备产品生产用的工作图样。产品设计需完成下列内容：

（1）绘制产品总装配图、部件装配图和零件图。

（2）绘制产品接线图或接线表。

（3）进行图样的标准化审查和工艺会签。

一般来说，电气控制装置的设计应按上述三个阶段进行，每个阶段的某些内容可根据设计项目的具体情况有所调整。

二、设计要点

电气控制设计内容很多，这里对一些较为重要的设计作进一步阐述。

1. 控制系统的选择

控制系统是电控装置的核心，它对整个装置工作起着决定性的作用。目前，控制系统的种类很多，它们各有特点。装置的控制系统选用应根据机械设备对电气控制提出的技术指标，综合考虑控制系统的功能、抗干扰能力、系统可靠性、环境适应性、软硬件工作量、执行速度、带载能力等。表 3-1 列举了一些常用控制系统的性能与特点，供确定方案时参考。

表 3-1　　　　　　　　常用控制系统的性能与特点

控制装置／比较项目	普通微机系统		工业控制机		可编程序控制器		继电接触器控制系统
	单片（单板）系统	PC 扩展系统	STD 总线系统	工业 PC 系统	小型 PLC（256 点以内）	大型 PLC	
控制系统的组成	自行研制（非标准化）	配置各类功能接口板	选购标准化 STD 模板	整机已成系统，外部另行配置	按使用要求选购相应的产品		自行研制
系统功能	简单的逻辑控制或模拟量控制	数据处理功能强，可组成功能完整的控制系统	可组成从简单到复杂的各类测控系统	本身已具备完整的控制功能，软件丰富，执行速度快	逻辑控制为主，也可组成模拟量控制系统	大型复杂的多点控制系统	简单的逻辑控制

续表

控制装置 \ 比较项目	普通微机系统		工业控制机		可编程序控制器		继电接触器控制系统
	单片（单板）系统	PC扩展系统	STD总线系统	工业PC系统	小型PLC（256点以内）	大型PLC	
通信功能	按需自行配置	已备1个串行口，再多则另行配置	选用通信模板	产品已提供串行口	选用 RS-232C 通信模块	选取相应的模块	无
硬件制作工作量	多	稍多	少	少	很少	很少	很多
程序语言	汇编语言	汇编和高级语言均可	汇编语言和高级语言均可	高级语言为主	梯形图编程为主	多种高级语言	—
软件开发工作量	很多	多	较多	较多	很少	较多	—
执行速度	快	很快	快	很快	稍慢	很快	慢
输出带负载能力	差	较差	较强	较强	强	强	强
抗电干扰能力	较差	较差	好	好	很好	很好	好
可靠性	较差	较差	好	好	很好	很好	较差
环境适应性	较差	差	较好	一般	很好	很好	较好
应用场合	智能仪器、单机简单控制	实验室环境的信号采集及控制	一般工业现场控制	较大规模的工业现场控制	一般规模的工业现场控制	大规模工业现场控制，可组成监控网络	一般机械设备、普通机床
价格	最低	较高	稍高	高	一般	很高	低

2. 电气传动调速方式选择

机械设备的主要功能是完成机械运动。一台机械设备必须完成相互协调的若干机械动作，这些动作的协调依靠机械和电气传动系统来实现。合理地选用电气传动调速方式是决定系统的技术、经济指标的重要条件。选用时应综合考虑传动调速的调速性质、调速范围、平滑性、动态性能、效率、费用等指标。表 3-2 和表 3-3 列出了各种直流调速和交流调速系统性能对比，供设计时选用。

表 3-2　　　　　　　　　　　　　**各种直流调速方式性能对比表**

调速方式特点 \ 控制装置	改变电枢电阻变阻器	改变电枢电压			改变励磁磁通		
	变阻器电阻器与接触器	发电机组电机扩大机	静止变流器	脉冲调宽	电机扩大机磁放大器	直流电源变阻器	静止变流器
调速范围	2:1	1:10～1:20	1:50～1:100	1:50～1:100	1:3～1:5	1:3～1:5	1:3～1:5
平滑性	用变阻器较好用电阻器差	好	好	好	好	较差	好
动态性能	无自动调节能力	较好	好	好	较好	差	好

续表

调速方式 特点	改变电枢 电阻变阻器	改变电枢电压			改变励磁磁通		
调节性质	恒转矩	恒转矩	恒转矩	恒转矩	恒功率	恒功率	恒功率
效率	低	较低	较高	较高	较高	较高	较高
成本	低	一般	一般	高	一般	低	一般
适用范围	调速范围小或2~3级调速,无自调节要求的设备	调速范围较大动态性能较高的中大功率生产设备	调速范围大动态性能高的中大功率生产设备	调速范围大动态性能高的小功率设备	调速范围小恒功率调速动态性能要求不高的设备	调速范围小且与调压调速配合的设备	调速范围小且与调压调速配合的设备

表 3-3　　　　　各种交流调速方式性能对比表

调速方式 特点	变极调速	滑差调速	串电阻调速	串级调速	变频调速
控制装置	转换开关或接触器控制电路	由电子线路和晶闸管组成的闭环调速控制器	由调速电阻、接触器及主令控制器组成的控制装置	由整流、逆变、逆变变压器等环节组成的SCR串级调速系统	由微处理器、接口电路、大功率晶体管组成的PWM变频调速器
电动机类型	多速笼型异步电动机	配电磁转差离合器的笼型异步电动机	绕线转子异步电动机	绕线转子异步电动机	笼型异步电动机、小型同步电动机
调速原理	改变定子的极数	调节离合器的转差	调节电动机的转差率	在转子回路中外加一个附加电动势来控制转差率	改变电动机的供电频率及相应的电压
调速范围	固定的2~4级,级差大	约10:1	最多8级	大于10:1	大于50:1
调速平滑性	很差	好	差	好	好
速度稳定性	好	一般	低速较差	好	很好
起动转矩	较大	一般	自行设定	可调整	可调整
起动方式	直接硬起动	电动机为硬起动	分级起动	平滑起动	平滑软起动
效率	高	差	差	较高	高
费用	很低	较低	一般	较高	高
应用场合	仅需2级或3级的固定速度装置	调速范围较小的小型设备,常用于印染、纺织、轻工等行业	断续工作方式的起重设备	调速范围较大的中大功率的调速系统,常用于风机、水泵类设备	调速要求较高的各类生产机械以及泵类设备

3. 设计中应考虑环境影响

任何电气控制装置都需要在一定的环境中储存、运输和工作,环境条件必然会对设备工作可靠性、使用寿命带来很大的影响。在电控设备设计时就应充分考虑环境因素,适当调整设计参数,这对减少设备故障率,延长使用寿命是相当有效的。影响设备工作的环境因素主要指气候、机械振动和电磁场。

（1）气候环境。气候环境与地理条件密切相关，影响电控装置的气候环境主要是温度、湿度、气压、风沙等。

1）温度。温度是环境因素中影响最广泛的一个，它往往与其他环境因素结合在一起成为主要的破坏应力。一般规定：环境最高温度不超过+40℃，24h 周期内平均温度不超过+35℃；最低温度不低于-5℃。高温环境的主要影响为：装置散热条件变差，机内温度升高，使得元器件负载能力下降，寿命缩短；高温加剧氧化反应，造成设备绝缘结构、表面防护涂层加速老化等。因此，高温环境下使用的设备在设计时必须考虑功率器件、发热元件的降级使用（如电阻、电子电力器件、电动机等），考虑强制的冷却手段（风冷、水冷、蒸发冷却等）。然而，过低的环境温度则使空气的相对湿度增大，材料收缩变脆，润滑变差。一般电控装置运行时总要将一部分电能变成热能，使得机内温度高于环境温度。所以，有些设备低温环境下要预热；有些长期闲置的设备要定期开机去湿。

2）湿度。对电控装置在最高环境温度为+40℃时，相对湿度不超过 50%，较低温度时，允许有较高的相对湿度（+20℃以下允许 90%相对湿度）。温度与湿度因素结合往往会产生巨大的破坏作用。湿度高会在物体表面附着一层水膜，它会大大降低产品表面的绝缘电阻，导致产品电气绝缘性能降低，加剧化学腐蚀和霉菌繁殖。湿度过低容易产生静电荷积蓄，静电对电子器件影响特别大。用于湿热气候区域的电控装置在设计时应考虑器件的封装材料和防护层的选用。

3）气压。气压对电控装置的影响主要是指低气压。海拔较高的区域气压低，空气稀薄，这会造成空气绝缘强度下降，灭弧困难。海拔每升高 100m，空气绝缘强度下降 1%，表 3-4 为空气间隙与击穿电压的关系。用于低气压区域电控设备的设计应放宽绝缘间距。

表 3-4　　　　　　　　　　空气间隙与击穿电压的关系

额定绝缘电压/V	额定电流≤60A		额定电流≥60A	
	电气间隙/mm	爬电间隙/mm	电气间隙/mm	爬电间隙/mm
U_N≤60	2	3	3	4
60<U_N≤300	4	6	6	10
300<U_N≤660	6	12	8	14
660<U_N≤800	10	14	10	20
800<U_N≤1500	14	20	14	28

4）风沙、灰尘等。电器触点积有砂尘会导致触点接触电阻增加，器件表面的砂尘会磨损防护层，导电的尘埃易造成绝缘漏电和短路现象。设计中应注意控制箱、柜的一定密封性，注意冷却与防护这对矛盾，设计时综合考虑散热和防护措施。

（2）机械环境。机械环境主要是指机械振动环境，不同环境的振源频带相差较大，如表3-5 所列，设计时应考虑下述三个方面：

1）提高元器件、组件和装置的抗振能力，设备的共振频率必须在振源频率范围之外。

2）在振源与敏感元件、部件之间加隔离措施。

3）尽可能改善整个安装环境的振动状况。

表 3-5　　　　　　　　　　　　　　　　环 境 损 源 频 带

环境类别	地面	舰载	机载
振源频率范围/Hz	10～100	5～100	10～200

（3）电磁场。电磁干扰对电控设备工作可靠性影响很大，严重的会使系统不能正常工作。电控装置内外电磁干扰关系如图 3-1 所示，图中除控制信号和通信线外其他箭头均表示干扰路径。

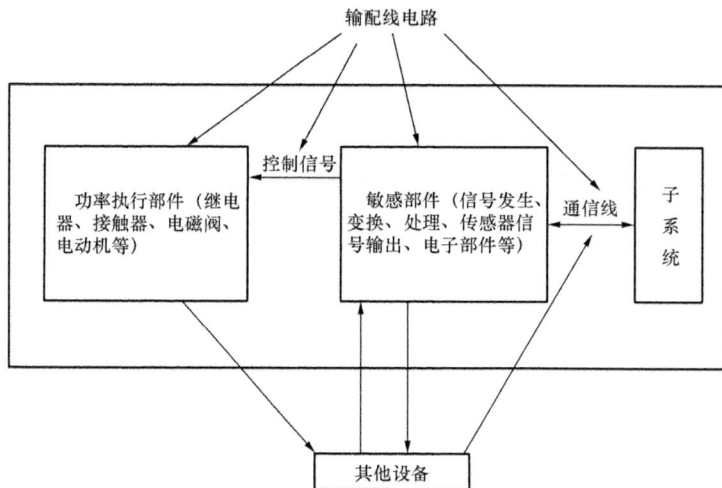

图 3-1　干扰途径示意图

1）系统抗干扰设计原则。系统抗干扰措施应针对干扰源的特点，采用适当的措施，对干扰加以抑制。产生电磁干扰必须是干扰源、传输途径、相对干扰敏感的接收电路三个因素同时存在。因此抗电磁干扰的基本原则为：

① 抑制噪声源，直接消除干扰产生的原因。

② 阻断干扰进入敏感部件的途径。

③ 加强受干扰部件抗电磁干扰能力，降低其噪声敏感度。

2）抗电磁干扰的常用措施。提高设备的抗干扰能力必须从设计阶段开始，并贯穿于制作、调试和使用维护的全过程。若在开始设计阶段就一并考虑抑制干扰问题，则可消除可能出现的大多数干扰，而且技术难度小，成本低。反之，待产品做好后再去解决干扰问题，则将事倍功半，难度大，成本高。设计中常用的抗干扰措施有：

① 优选电路。设计、选用低噪声电路，减小带宽，抑制干扰传输；避免逻辑设计中的竞争冒险；增加开关时间，防止串扰；平衡输入，抑制共模干扰影响；选用高质量低噪声电源等。

② 精选元器件。选用集成度高、稳定性好的元器件，以求结构紧凑，性能稳定；选用屏蔽式和滤波式连接牢靠的接插件，减少传输过程引入的干扰。

③ 滤波。滤波是抑制传导干扰的有效方法，采用电源滤波抑制由交流电源引入的电网干扰；通过信号滤波（包括调制解调技术）抑制有用信号以外的频谱；通过去耦电路抑制共模

阻抗耦合。

④ 屏蔽。屏蔽是切断远场辐射和近场感应干扰耦合途径的主要手段,通过封闭干扰源或被干扰部件,阻止相互干扰影响。

⑤ 接地。提供基准电位和安全地电位,消除干扰。电路一点接地,消除地线耦合干扰(其示意图如图 3-2 所示),电路多点接地消除高频耦合;电路浮地接法抑制传导干扰。

⑥ 隔离。切断共地耦合通道,抑制因地环路引入的干扰。常用隔离电路如图 3-3 所示。

⑦ 正确布局布线。合理布局,减少长线特别是并行长线,减小干扰源对敏感元件干扰,正确选用、分类敷设导线,减少串扰和辐射干扰。

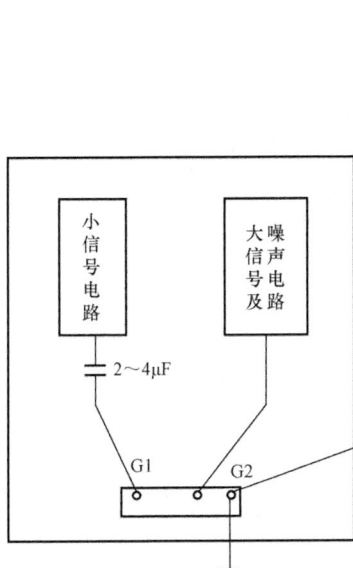

图 3-2　一点接地示意图

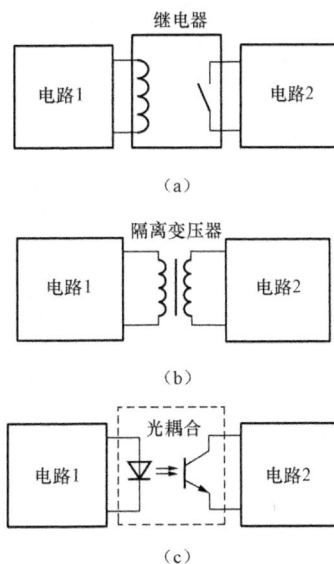

图 3-3　常用隔离电路
(a)继电器隔离;(b)变压器隔离;(c)光电隔离

4. 工艺设计问题

工艺设计的目的是为了满足电气控制设备的制造和使用要求,在正确的原理设计前提下,系统的可靠性、抗干扰性、可维修性、结构合理性等都与电气工艺设计密切相关(如前面论述的环境对系统的影响问题)。电气工艺设计的主要内容是电气控制设备的总体配置(总装配图)、总接线图(表)、分柜装配设计(元器件布置)、接线图(表)、柜、面板、导线等设计和选用。

(1)电气设备总体布置设计。电气设备由电器元件组成,每一器件根据各自的作用都有一定的装配位置:有些器件安装在控制柜中(如继电器、接触器、控制调节器等各种控制电器);有些器件安装在机械设备的相应部位上(如传感器、行程开关、接近开关等);还有些器件则要安装在面板或操作台上(如各种控制按钮、指示灯、显示器、指示仪表等)。由于各种电器的安装位置不同,在构成一个完整的电气控制装置时必须划分为部件、组件等,同时还要考虑部件、组件间的电气连接问题。总体布置设计是否合理将直接影响电气控制装置的制造、装配、运输、调试、操作、维护及工作运行。

1)组件划分。系统中组件划分是根据电控设备的生产、维护、调试和运行可靠性等因素综合考虑的，组件划分原则为：①功能类似的元器件组合在一起；②尽可能减少组件间的连线数量，接线关系密切的元器件置于同一组件中；③强弱电分离，减少系统内部干扰影响；④力求美观、整齐，外形尺寸尽可能向标准靠拢；⑤便于检查与调试，经常调节、维护和更换的元器件要组合在一起。

2）组件连接方式。电器板、控制板、机床电器的部件进出线必须通过接线端子，端子规格按电流大小和端子上进出线数选用（一般一个端子接一根导线，最多不超过两根。若将 2～3 根导线压入同一接线端内时，可看作一根导线，但应考虑其载流量）。电器柜（箱）与被控设备或电气柜（箱）之间应采用多孔接插件，以便拆装和搬运。

3）元器件布局原则。电气柜、板上元器件布局按下述原则设计：①体积大和重量较重的元器件宜安装在控制柜的下部，以降低柜体重心；②发热元器件宜安装在控制柜上部，以避免对其他器件的热影响；③需经常维护、调节的元器件安装在便于操作的位置上；④外形尺寸与结构类似的元器件放在一起，以便安装、配线及使外观整齐；⑤电器元件布置不宜过密，要留有一定的间距，若采用板前走线槽配线方法，应适当加大各排电器元件的间距，以利布线和维护；⑥将散热器及发热元件置于风道中，以保证得到良好的散热条件，而熔断器应置于风道外，以避免改变其工作特性。

（2）布置图绘制。在电器元件位置确定以后，就可绘制对应的电器布置图。布置图上元件是根据元器件外形绘制的，其外形尺寸必须符合该元器件的最大轮廓尺寸。图上应标注各元器件代号（在元器件外形图上方）和相互间距。

间距尺寸可不给公差连续标注，但尺寸不得封闭。一般以左端和下端作基准尺寸，画法及标志见图 3-4。安装布置在板上的元器件，还需根据布置图画出元器件安装开孔图。

（3）接线图的设计。接线图是电控设备进行柜内布线的依据图样，它是根据系统电气原理图及电器元件布置图绘制的。接线图应按以下要求绘制：

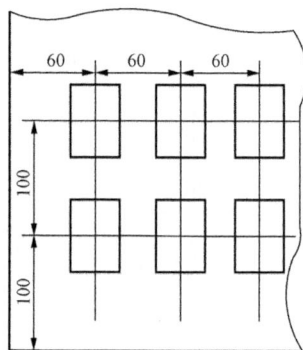

图 3-4　元器件布置图

1）接线图应按布置图上的元器件相对位置绘出元器件对应的图形符号或简化外形图，并标出其代号和端线号。

2）所有元器件代号和端线号必须与电气原理图中元器件代号和端线号一致。

3）与原理图不同，接线图上同一电器元件的各部分（如继电器的触头与线圈等）必须在一起。

4）接线图连线可用连续线条（单线或束线）加线号表示，也可用中断线加去向表示，如图 3-5 所示。

5）接线图绘制必须符合 GB 6988/5—1986《电气制图接线图与接线表》的规则。

（4）控制面板。控制面板上布有操作件和显示件，其布局按下述规律布置：操作件一般布置在目视的前方，元器件按操作顺序由左向右再从上而下布置，也可按目视的生产流程布置。一般尽可能将高精度调节、连续调节、频繁操作件配置在右方。急停按钮宜选用大型的蘑菇头按钮，并布置在控制面板上不易被碰撞的位置。按钮的颜色含义见表 3-6。显示器件宜布置在面板的中上部（操作者的远端）。指示灯颜色含义见表 3-7。

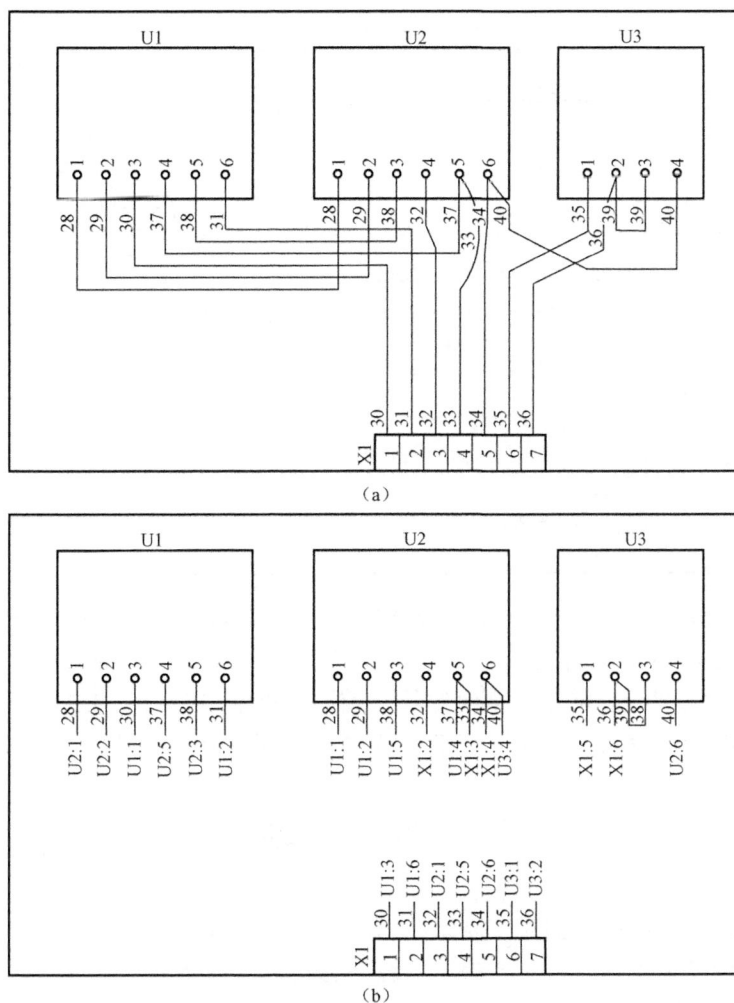

图 3-5 端线接线图

（a）连续线绘制；（b）中断线绘制

表 3-6 按 钮 的 颜 色 含 义

颜色	含 义	举 例
红	处理事故	紧急停机 扑灭燃烧
	"停止"或"断开"	正常停机；停止一台或多台电动机；装置的局部停机；切断一个开关；带有"停止"或"断电"功能的复位
黄	参与	防止意外情况；参与抑制反常的状态；避免不需要的变化（事故）
绿	"起动"或"接通"	正常起动；起动一台或多台电动机；装置的局部起动；接通一个开关装置（投入运行）
蓝	上列颜色未包含的任何指定含义	凡红色和绿色未包含的用意皆可采用
黑灰白	无特定含义	除单功能的"停止"或"断电"外的任何功能

表 3-7　　　　　　　　　　　　指 示 灯 颜 色 含 义

颜色	含　义	说　　　明	举　　　例
红	危险或告急	有危险或须立即采取行动	润滑系统失压 温度已超（安全）极限 因保护电器动作而停机 有触及带电或运动的部件危险
黄	注意	情况有变化，或即将发生变化	温度（或压力）异常 当仅能承受允许的短时过载
绿	安全	正常或允许进行	冷却通风正常 自控系统运行正常 机器准备起动
蓝	按需指定用意	除红、黄、绿三色之外的任何指定用意	遥控指示 选择开关在"设定"位置
白	无特定用意	任何用意，例如：不能确切地用红、黄、绿以及用作"执行"时	

（5）导线的选择。装置中控制电路中的导线截面，应按规定的截流量选择。考虑到机械强度需要，对于低压电控设备的控制导线，通常采用 1.5mm² 或 2.5mm² 的铜导线。所采用的导线截面不宜小于 0.75mm² 的单芯铜绝缘线，或不宜小于 0.5mm² 的多芯铜绝缘线。对于电流很小的线路（电子逻辑电路或信号电路），导线最小截面不得小于 0.2mm²。

第三节　设　计　举　例

本节以一两层车库设计实例对控制系统的电气设计过程加以阐明。设计按初步设计、技术设计和产品设计三个步骤进行。考虑本书篇幅有限，对设计中的某些细节作了省略。

一、两层车库概述

两层车库是某公司根据城市停车难的实际问题提出开发的一个新产品，产品能使用户在原有 N 个车辆泊位基础上增加 N-1 个泊车位。两层车库简图如图 3-6 所示（为简化问题，本设计暂定三个泊车位为一个单元），其中 I 号位置作为车辆存取泊位调整空间，以保证在任何情况下均能存取车辆。例如，II、III、IV 泊位已泊有车辆，现 IV 位小车需取出，系统则作如下位置调整：II 位托板连同小车作左移，移至 I 位置；IV 位托板下降，降至 II 位置；IV 位小车驶出车库。为此，该公司提出两层车库电气控制系统的主要技术要求：

（1）泊车驾驶员只需用按钮操作，系统完成对应泊位托板位置调整，将托板调整到车辆进出口处，存取车完毕后，托板自动回复原位。

（2）系统具有停电时状态保持功能：当断电后恢复通电，在操作者重新起动后，系统能按停电前原动作顺序继续工作。

（3）为防止超长车辆进入车库造成车辆和车库损坏，系统应具有车辆测长功能，对超长车辆能作超长报警处理。

（4）上层泊位应具有防堕落保护装置。

（5）具有必要的工作状态指示和提示功能。

（6）具有系统故障检测和报警功能。

（7）托板上下运动速度 0.05m/s，左右移动速度为 0.1m/s，停位精度±10mm。

二、初步设计

电气设计人员承接了用户委托设计的两层车库电气控制任务后，会同机械设计人员收集了当前国内外两层车库产品的有关资料，并将有关资料作了详细分析，借鉴了现有产品的某些非专利环节，对有些影响总体设计，但尚难以确定的环节作了原理性试验，最后确定了初步设计的内容。

1. 设备名称、用途、工艺过程及技术性能

该设备名称为两层自动存/取车库，型号 MM-1。它是适用于小轿车存放的非封闭式车库，车库可安装在室内，也可安装在室外，主要解决增加车辆泊位和自动存取车辆问题。系统工作过程如图 3-6 所示，车辆泊位数三个（Ⅱ、Ⅲ、Ⅳ）：上层两个，下层一个（下层另有一空位作车辆存/取调整位置用）。三个泊位托板为运动部件，上层托板作上/下垂直运动，下层托板作左/右水平移动。当泊位者插入相应泊位存/取车钥匙，车库系统自动将该泊位托板调整到进出车位；当拔出钥匙，系统自动将泊位托板回复到原来对应位置。

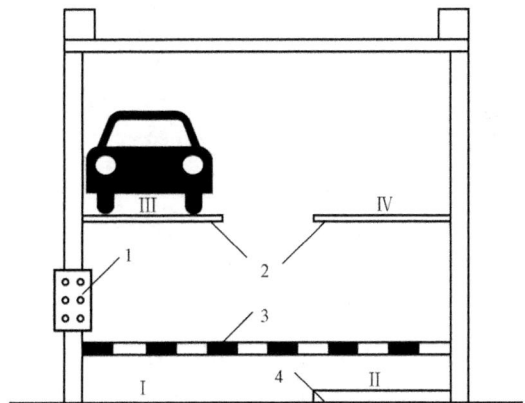

图 3-6 两层车库简图
1—操作台；2—上托板；3—挡板；4—下托板

2. 电源

系统供电电源采用交流 380V 三相四线制工业用电，频率 50Hz，容量 10kVA，负荷等级为二级。

3. 对电气控制特性要求

系统存/取车过程中的泊车托板位置调整采用自动调整方式。存/取车时只要插入和拔出相应泊位的控制钥匙，车库控制系统将自动完成托板位置调整动作。从系统工作可靠性和可维性出发，系统中作如下考虑：系统控制方式为顺序步进逻辑控制；运动部件定位采用行程开关；车辆测长用反射式红外光电开关；操作提示为声/光形式；系统位置调整用按钮点动（调整操作器）；上层托板防滑落用防落块保护；电网断电用掉电保持继电器作状态记忆保护；系统短路及过载保护；在软件和硬件上采用了联锁和系统故障检测手段。

4. 电气传动

系统中运动部件运行速度较低，定位精度要求不高，运动部件电气传动方式为：护杆升降采用异步电动机双向控制，无间接起动、制动和调速功能；托板垂直运动为液压传动，运动由电气输出上升、下降信号驱动电磁阀线圈，控制液压动力头完成托板升降运动；油泵电动机根据油压高低自动控制。

5. 有关操作显示功能

考虑用户的车辆泊位固定和安全防盗问题，车辆存/取采用钥匙按钮控制方式，每把钥匙对应于某一泊位。在存/取过程中，为使用户操作方便，系统中选用语言和光提示操作的方法，提示用户正确操作。

6. 控制系统选择

系统使用的环境为户外或地下室，温度在-5～45℃范围内，相对湿度35%～90%。分析车库系统存放的车辆价值较高，要求系统工作可靠性高，抗干扰能力强。若考虑集中管理，最好具有与上位机通信功能。此外，车库对控制器的控制速度要求很低。综合上述要求和特点，对照各种控制系统性能表，选择小型可编程序控制器作为车库的系统控制器。可编程序控制器具有软、硬件开发工作量小，输出负载能力强，工作可靠性高等特点，适合作机电一体化产品的控制器，系统组成框图如图3-7所示。

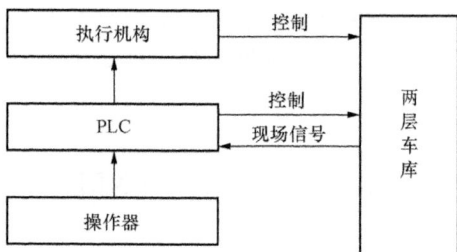

图 3-7 车库系统组成框图

三、技术设计

经用户审定认可的初步设计需作进一步设计——技术设计。技术设计是根据初步设计的总体方案，完善实现设计中的各个环节和细节，完成系统的电气原理设计。对系统中有些采用了新技术、新工艺和某些没有经过实践考验的环节，在技术设计时还需做相应的试验。

1. 测试系统设计中的某些环节

（1）光电开关性能测试。初步设计确定了系统需测量停泊车辆的车身长度，测量元件选用非接触反射式红外光电开关。为获取光电开关工作性能参数，实际测试了光电开关在远距离情况下的灵敏度（8m 距离）、动作的重复精度，以及在粉尘、雨天情况下的工作性能。经测试，选用的 SNNX NX5-PRUM 5A 光电传感器，其性能符合系统技术要求。

（2）语音芯片测试。车库中的语音提示需要系统根据动作发出相应的语音提示信号，语音提示有"向前"、"向后"、"拔出钥匙"、"故障"等语言。市场上有售的专用固定语音芯片不符合车库语言提示要求，而委托专业厂家生产几片相应的语音芯片的成本极高。经市场调查，发现有 ISD1420 固态录放芯片，该芯片经过具体测试，语音输出效果达到用户要求。

（3）熟悉、测试可编程序控制器。熟悉了解可编程控制器指令系统，结合车库控制要求，测试某些特殊的功能指令和接口，根据初步设计提出的技术指标、控制方式，充分利用软件资源，减少硬件投入。

2. 绘制电气控制系统电气原理图

电气原理图的设计是根据初步设计的构思逐步实现的，一般电路图中元器件选型是在设计结束之后，但系统中采用可编程序控制器作为系统控制器，因此原理图的设计首先要确定 PLC 的机型，要综合考虑软、硬件功能。一般情况下，我们应充分利用软件的资源，但有时也不得不用硬件来完成某些功能。两层车库电气原理图如图3-8所示，现场信号由 PLC 输入端采集存储在 PLC 的输入映象寄存器中，系统中全部的控制逻辑由 PLC 完成，输出控制信号经 PLC 输出端输出，控制接触器电磁阀等电磁线圈驱动负载。

电气原理图中的几点说明：

（1）液压泵电动机控制采用测油压控制方法，当油压低于某一值，压力继电器断开，PLC 输入端 013 为"0"，则输出端 202 为"1"，接通接触器线圈，驱动液压泵电动机。反之，输入端 013 为"1"，输出端 202 为"0"，液压泵电动机停止。

（2）用于位置调整的手动控制没有采用通过 PLC 控制的方式，而是直接控制继电器或电磁阀线圈。手动控制的条件是暂停按钮按下为前提，这样就可保证系统正常运行时（暂停键未按下），手动按钮不起作用，而一旦发现系统异常，马上按下暂停按钮，系统全部输出断开，这时便可由手动按钮来调整系统。为防止手动按钮故障或操作不当，在手动按钮控制的相应接触器线圈支路串入运动终点的行程开关动断触点，用作手动控制的位置极限保护（这种保护是无法用软件来替代的）。

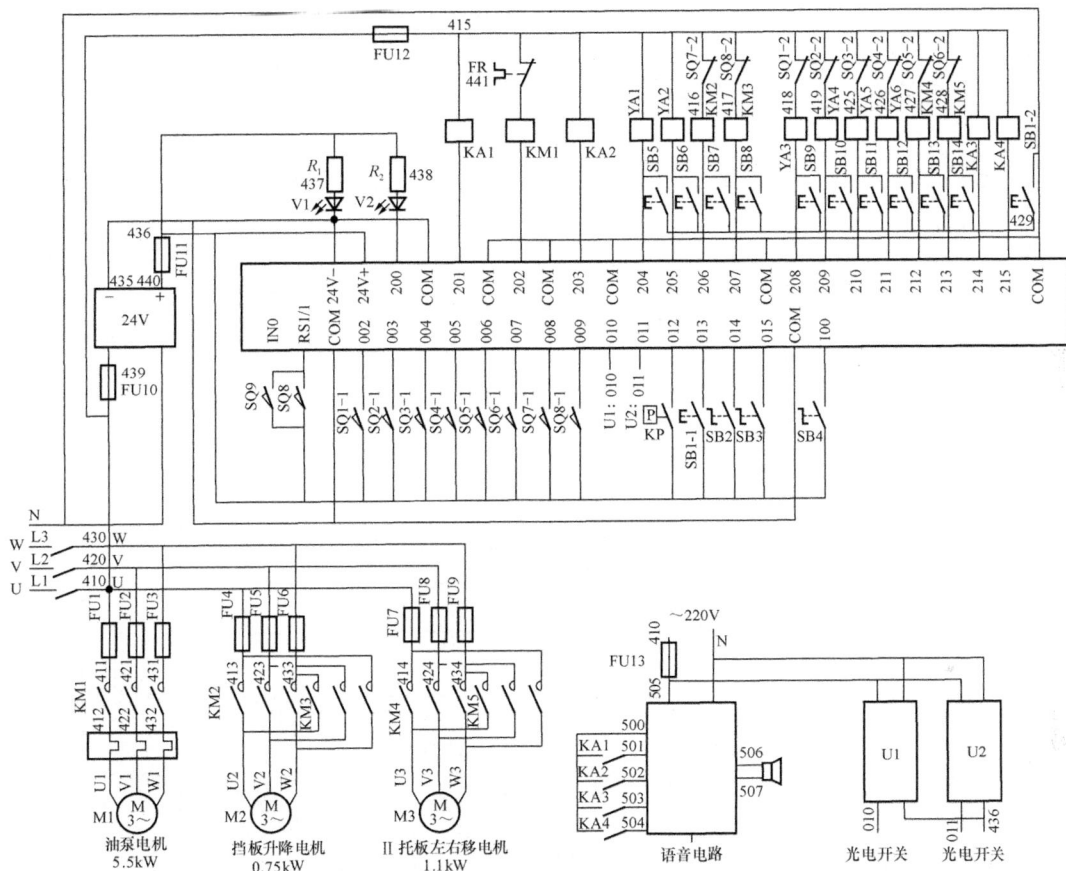

图 3-8　两层车库电气原理图

3. 选择系统元器件

（1）电动机。根据机械传动要求，油泵电动机 5.5kW，平移托板电动机 1.1kW；挡板电动机 0.75kW。考虑设备使用环境，三台电动机均选用 Y 系列封闭自扇冷式笼型异步电动机，同步转速 1500r/min，型号分别为 Y1325-4、Y905-4 和 Y802-4。

（2）熔断器。由单台电动机熔体额定电流计算公式：$I = (1.5 \sim 2.5)I_N$，系数取值视负载轻重而定。

油泵电动机熔体额定电流为 $I_{FUN} = 2.5 \times \dfrac{5.5 \times 1000}{\sqrt{3} \times 380} = 20.9\,(\text{A})$

实际选用 RT14-20/20A 型熔体。

挡板电动机熔体额定电流为 $I_{FUN} = 1.5 \times \dfrac{0.75 \times 1000}{\sqrt{3} \times 380} = 1.71\,(\text{A})$

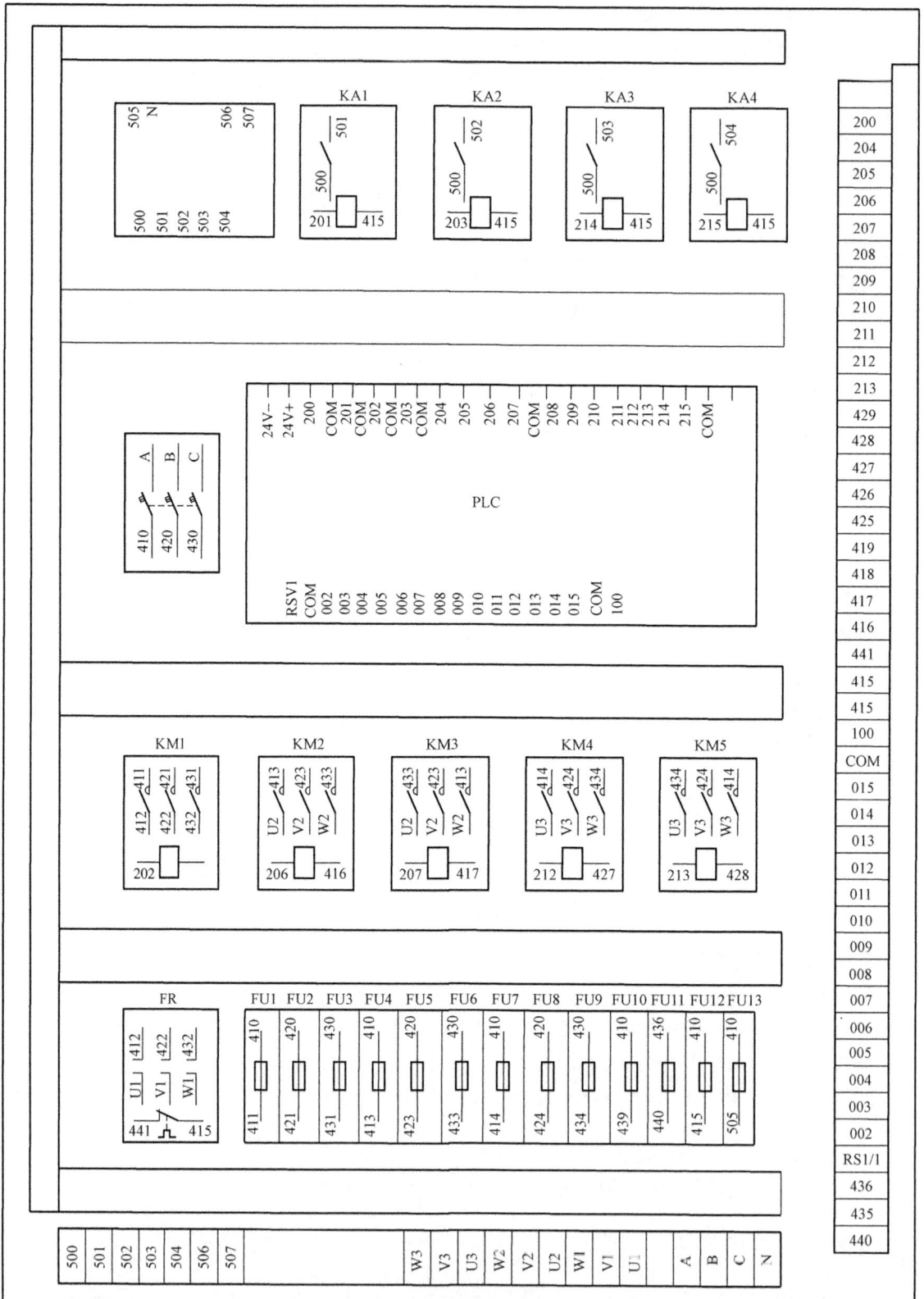

图 3-9　电器板接线图

实际选用 RT14-20/2A 型熔体。

托板平移电动机熔体额定电流为 $I_{FUN} = 2.5 \times \dfrac{1.1 \times 1000}{\sqrt{3} \times 380} = 4.18(A)$

实际选用 RT14-20/4A 型熔体。

（3）接触器。系统中电动机运行不频繁，线圈电压取交流 220V，接触器主触头通断负载额定电压 380V，主触头额定通断电流的经验公式为

$$I_N = \frac{10^3 P_N}{K U_N} \quad (K = 1.0 \sim 1.4)$$

但是考虑同一控制系统中，元器件规格型号尽可能一致，因此选择时 P_N 按最大的油泵电动机 5.5kW 计算式为

$$I_N = \frac{5.5 \times 1000}{(1 \sim 1.4) \times 380} = 10.3 \sim 14.4(A)$$

选用 B12 型交流接触器，主触头额定电压 380V，主触头额定电流 20A。

（4）中间继电器。中间继电器选用的主要依据是受控对象的负载性质、触头数量、控制电压和电流。实际选用 TP511 型中间继电器，其线圈电压 220V（与接触型线圈电压一致）；触头额定电流 2A，电压 220V。

（5）控制箱内配线导线。5.5kW 电动机主电路选用 2.5mm^2 铜心塑料绝缘硬线（环境温度 40℃下允许载流 23A）。

1.1kW、0.75kW 电动机主电路选用 1mm^2 铜心塑料绝缘硬线（环境温度 40℃下允许载流 17A）。其他配线用 0.5mm^2 多股软线。

（6）行程开关。考虑两层车库设备较庞大，行程开关选用 LXK3T 型可调滚轮转臂式行程开关，该行程开关的滚轮行程较大，工作可靠性较高。

（7）主令按钮。从车库管理需要出发，为了防止非值班人员随意操作，故选用钥匙按钮。

（8）光电开关。如试验测试时所述，为达到 8m 测量距离和动作重复精度，选用 SNNX NX5-PRUM 5A 型红外光电传感器。系统中其他器件选用情况及明细表略。

4. 电器板接线图

电器板上元器件布置按照电气工艺设计中的元器件布局规则，接线图上接线端编号与原理图一致，如图 3-9 所示。两层车库电气控制系统设计简述如上，供读者参考。

第四章 可编程序控制器概述

可编程序控制器是在继电器控制和计算机控制的基础上开发的产品，逐渐发展成以微处理器为核心，把自动化技术、计算机技术、通信技术融为一体的新型工业自动控制装置。早期的可编程序控制器在功能上只能进行逻辑控制，因而称为可编程序逻辑控制器（Programmable Logic Controller，PLC）。随着技术的发展，其控制功能不断增强，因此美国电气制造协会（NEMA）于 1980 年将它正式命名为可编程序控制器（Programmable Controller，PC）。但是近年来 PC 又成为个人计算机（Personal Computer）的简称，为了加以区别，现在常常把可编程序控制器又称为 PLC。

国际电工委员会（IEC）于 1985 年 1 月对可编程序控制器作了如下定义："可编程序控制器是一种数字运算操作的电子系统，为了在专业环境下应用而设计。它采用可编程序的存储器，用来在其内部存储执行逻辑运算、顺序控制、定时、计数和算术运算等操作的指令，并通过数字、模拟的输入和输出，控制各种类型的机械或生产过程。可编程序控制器及其有关设备，都应按易于与工业控制系统联成一个整体，易于扩充功能的原则设计"。

第一节 可编程序控制器基本结构和工作原理

一、可编程序控制器的基本结构

PLC 采用典型的计算机结构，由中央处理单元、存储器、输入/输出接口电路和其他一些电路组成。图 4-1 所示为结构示意图，图 4-2 所示为逻辑结构示意图。

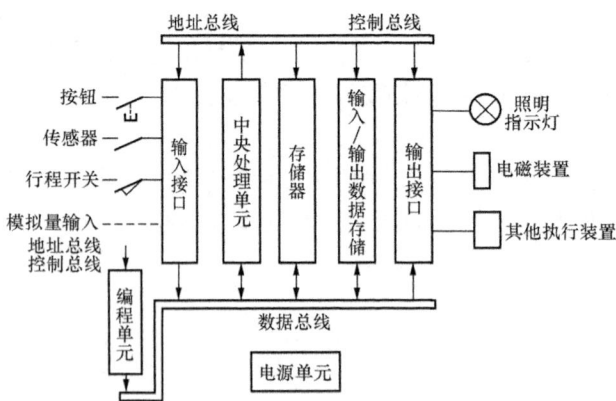

图 4-1 可编程序控制器结构示意图   图 4-2 可编程序控制器逻辑结构示意图

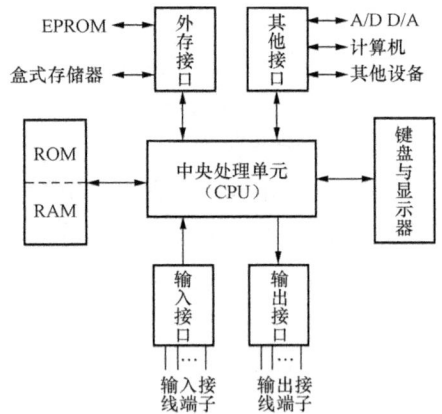

（1）中央处理单元。中央处理单元（CPU）是 PLC 的核心部件，从图 4-2 可以看出，它控制着所有部件的操作。CPU 通过地址总线、数据总线和控制总线与存储单元、输入/输出（I/O）接口电路连接。其主要任务有：

1）接收并存储从编程器输入的用户程序和数据。

2）按周期扫描工作方式，从存储器中逐条读取指令，将指令译码后执行指令。

3）检查电源、PLC 内部电路的工作状态和用户程序的语法错误。

（2）存储器。存储器用来存放系统程序、用户程序、逻辑变量和一些其他信息。系统程序是指控制和完成 PLC 各种功能的程序，这些程序由 PLC 制造厂家用微机指令编写并固化在 ROM 中。用户程序是指使用者根据工程现场的生产过程和工艺要求编写的控制程序，用户程序由使用者输入到 PLC 的 RAM 中，允许修改，由用户起动运行。

（3）输入/输出模块。输入/输出（I/O）模块是 PLC 与现场 I/O 设备或其他外部设备之间的连接部件。PLC 通过输入模块把工业现场的状态信息读入，通过用户程序的运算与操作，把结果通过输出模块输出给执行机构。

输入模块用于处理输入信号，对输入信号进行滤波、隔离、电平转换等，把输入信号的逻辑值准确、可靠地传入 PLC 内部。输入模块包括交流输入模块和直流输入模块。

输出模块用于把用户程序的逻辑运算结果输出到 PLC 外部，具有隔离 PLC 内部电路与外部执行元件的作用，同时兼有功率放大作用。输出模块常用的形式有晶体管输出（T 型）、双向晶闸管输出（S 型）和继电器输出（R 型）。使用时要注意：晶体管输出型模块只能带直流负载，双向晶闸管输出型模块只能带交流负载，继电器输出型模块可带交/直流负载。

（4）电源模块。一般 PLC 采用 AC220V 电源，也可用直流电源。交流电源经整流和稳压向 PLC 各模块供电。欧姆龙 C 系列 P 型 PLC 使用 DC24V 工作电源。

（5）其他接口及外设。其他接口包括外存储器接口、A/D 转换接口、D/A 转换接口、远程通信接口、与计算机相连的接口、与 CRT 相连的接口等。

其他外设包括编程器、键盘、CRT 等。

二、可编程序控制器的基本工作原理

（1）基本工作原理。PLC 的基本结构虽然和一般微型机大致相同，但若采用微型机等待查询的工作方式则不能满足实时控制要求，因此 PLC 采用了循环扫描的工作方式，即用户程序的执行不是从头到尾只执行一次，而是执行一次以后，又返回去执行第二次、第三次……直到停机。

执行一个循环扫描过程所用的时间称为"扫描周期"，用 T_0 表示。PLC 扫描周期的长短与 CPU 的运算速度、I/O 点数的多少和种类、用户应用程序的长短及程序是否优化、外围设备的连接及通信服务是否占用时间等有关，主要由用户应用程序执行的时间决定。一般 PLC 的扫描周期在几毫秒至 100ms 之间，用户在编程过程中，在指令的选择上，应尽量节约时间，以满足程序较长的要求。

（2）可编程序控制器应用举例。图 4-3 所示为三相异步电动机的起停电路。若改用欧姆龙 C 系列 P 型机实现控制，按控制要求可设计出图 4-4 所示的 I/O 连线图和图 4-5 所示的梯形图以及相应的指令程序，如表 4-1 所示。

不难看出，图 4-5 所示的梯形图与图 4-3（b）所示的控制电路很相似。梯形图是 PLC 的编程语言。对于使用者来说，在编制应用程序时，可不考虑 PLC 内部的复杂构成和使用的计算机语言，而把 PLC 看成是内部具有许多"软继电器"组成的控制器，用提供给使用者的近似于继电器控制线路图的梯形图进行编程。梯形图中触点在左边，与左侧垂直公共母线（左母线）相连，线圈在最右边，接右侧垂直公共母线，右母线可以省略。

但要注意，PLC 内部的继电器并不是物理继电器（硬件继电器），其实质是存储器中的某些触发器。该触发器为"1"状态时，相当于继电器得电；该触发器为"0"状态时，相当于继电器失电。

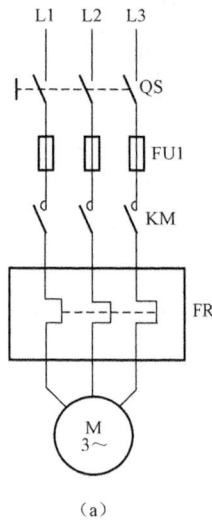

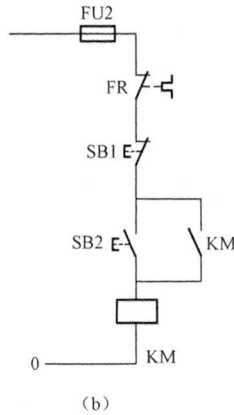

图 4-3 三相异步电动机的起停电路
（a）主电路；（b）控制电路

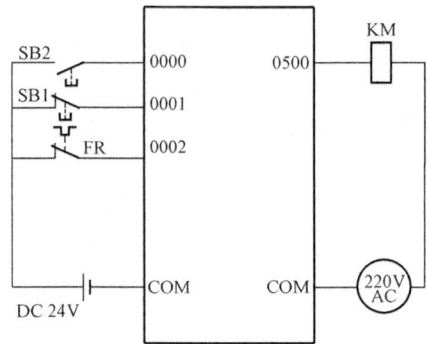

图 4-4 I/O 连线图

表 4-1 起 停 控 制 程 序 表

地址	指令	数据	地址	指令	数据
0000	LD	0000	0003	AND-NOT	0002
0001	OR	0500	0004	OUT	0500
0002	AND-NOT	0001	0005	END（01）	—

前面提到，PLC 的特点之一是控制程序可随工艺改变，当被控制对象、控制方案和工艺流程改变时，不需改变 PLC 硬件，只需改变程序就可实现不同的控制。假设根据生产工艺需要，按下起动按钮 SB2 后电动机只需运行 1min 就应自行停止，若遇紧急情况，可随时停止电动机运行。显然，若采用继电器控制，需要改变图 4-3（b）才能实现。但若采用 PLC 控制，则根本不需改变任何连线和增加任何器件，只需修改梯形图和指令程序即可。修改后的梯形图和程序表分别见图 4-6 和表 4-2。

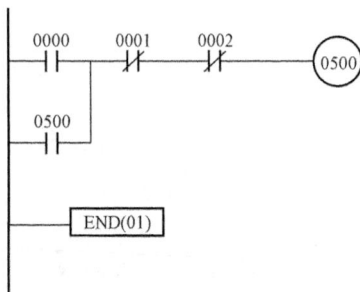

图 4-5 梯形图

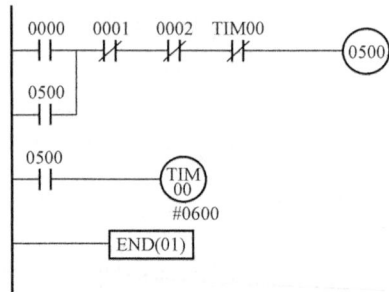

图 4-6 修改后的梯形图

表 4-2		定 时 控 制 程 序 表			
地址	指令	数据	地址	指令	数据
0000	LD	0000	0005	OUT	0500
0001	OR	0500	0006	LD	0500
0002	AND-NOT	0001	0007	TIM	00
0003	AND-NOT	0002			#0600
0004	AND-NOT	TIM00	0008	END（01）	all

（3）可编程序控制器的工作过程。可编程序控制器实现某一用户程序的工作过程如图 4-7 所示，可分为输入采样阶段、程序执行阶段和输出处理阶段三个阶段。

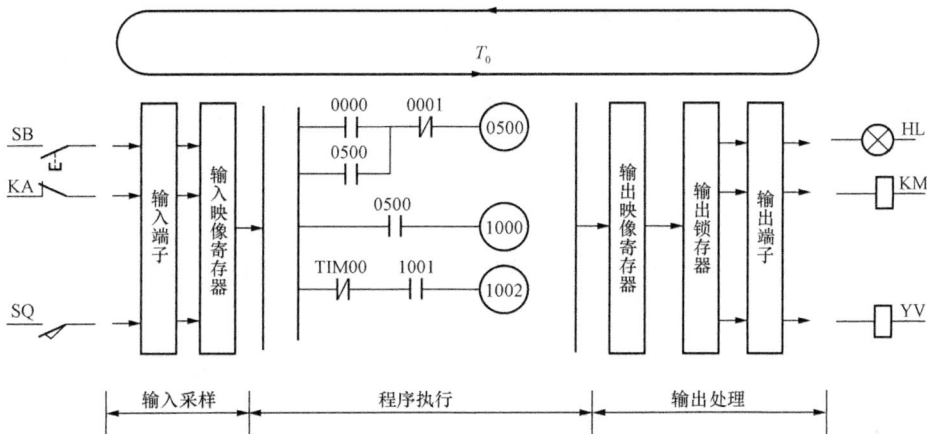

图 4-7　工作过程

1）输入采样阶段。CPU 将全部现场输入信号如按钮、限位开关、速度继电器等的状态（通/断）经 PLC 的输入端子，读入映像寄存器，这一过程称为输入采样或扫描阶段。进入下一阶段即程序执行阶段时，输入信号若发生变化，输入映像寄存器的内容也不会被改变，只有等到下一扫描周期输入采样阶段时才被更新。这种输入工作方式称为集中输入方式。

2）程序执行阶段。CPU 从 0000 地址的第一条指令开始，依次逐条执行各指令，直到执行到最后一条指令。

PLC 执行指令程序时，要读入输入映像寄存器的状态（ON 或 OFF，即 1 或 0）和其他编程元件的状态，除输入继电器外，一些编程元件的状态随着指令的执行不断更新。CPU 按程序给定的要求进行逻辑运算和算术运算，运算结果存入相应的元件映像寄存器，把将要向外输出的信号存入输出映像寄存器，并由输出锁存器保存。程序执行阶段的特点是依次顺序执行指令。

3）输出处理阶段。CPU 将输出映像寄存器的状态经输出锁存器和 PLC 的输出端子，传送到外部去驱动接触器、电磁阀和指示灯等负载。这时输出锁存器的内容要等到下一个扫描周期的输出阶段到来才会被刷新。这种输出工作方式称为集中输出方式。

下面以图 4-4 和图 4-5 中所示的电动机起停控制为例，说明 PLC 的工作过程。

1）输入采样阶段。CPU 将外设 SB2、SB1 和 FR 的状态经输入端子 0000，0001，0002

读入对应的输入映像寄存器。

2）程序执行阶段。CPU 按表 4-1 所示的程序表，逐条执行指令。执行 0000 地址指令时，将输入映像继电器 0000 的数（1 或 0）取出，存入结果寄存器 R。执行 0001 地址的第二条指令时，将输出映像继电器 0500 的内容与运算结果寄存器中的内容相"或"，运算结果存入 R。执行 0002 地址指令时，将输入映像寄存器 0001 的内容取出与结果寄存器 R 的内容相"与"，结果存入 R。执行 0003 地址指令时，将输入映像寄存器 0002 的内容取出与结果寄存器 R 的内容相"与"，结果存入 R。执行 0004 地址指令时，将结果寄存器的内容传送给输出映像寄存器。

3）输出处理阶段。将输出映像寄存器的内容传送给输出锁存器，经输出端子去驱动外负载。若输出锁存器的内容为 1，则输出继电器的状态为 ON，接触器得电。反之，若输出锁存器的内容为 0，则输出继电器的状态为 OFF，接触器失电。

由以上分析可知，可编程序控制器采用串行工作方式，由彼此串行的三个阶段可构成一个扫描周期，输入处理和输出处理阶段采用集中扫描工作方式。只要 CPU 置于"RUN"，完成一个扫描周期工作后，将自动转入下一个扫描周期，反复循环地工作，这与继电器控制是大不相同的。

第二节　可编程序控制器的特点、应用和发展

一、可编程序控制器的特点

（1）抗干扰能力强、可靠性高　工业环境的干扰如电磁干扰、电源波动、温度湿度变化、机械振动等都可能影响微机的正常工作。而 PLC 有很强的抗干扰能力，在恶劣的工作环境下，它的平均无故障时间可达 5 万～10 万 h。实验测试表明，一般 PLC 产品可抗 1kV、1μs 的窄脉冲干扰。究其原因，主要采取了以下措施：

1）主机的输入、输出电源相互独立，避免了电源间的干扰。

2）输入、输出采用光电隔离，提高了抗干扰能力。

3）采用循环扫描工作方式。

4）内部采用"监视器"电路，保证 CPU 可靠地工作。

5）采用密封防尘抗震的外壳封装及内部结构，可适应恶劣环境。

（2）模块化组合结构，使系统构成十分灵活。能根据各种要求组成不同的控制系统，只要用编程器在线或离线修改程序，就能变更控制功能。

（3）编程语言简单易学，便于掌握。PLC 采用面向控制过程的编程语言，使用的是梯形图或简单的指令形式。梯形图与继电器原理图相类似，形象直观，容易掌握。没有微机基础的人也很容易学会，这有利于在工厂企业中进行推广使用。

（4）可进行在线修改。

（5）体积小，维护方便。

二、可编程序控制器的应用和发展

自从 20 世纪 60 年代末，美国率先研制和使用可编程序控制器以后，世界各国特别是日本和联邦德国也相继开发了各自的 PLC。20 世纪 70 年代中期出现了微处理器并被应用到可编程序控制器后，使 PLC 的功能日趋完善。特别是它的小型化、高可靠性和低价格，使它在

现代工业控制中崭露头角。到 20 世纪 80 年代初，PLC 的应用已在工业控制领域中占主导地位。美国著名的商业情报公司 FROSTSULLIVAN 公司在 1982 年对美石油化工、冶金、食品、机械等行业的 400 多个工厂企业的调查结果表明，PLC 的应用在各类自动化仪表或系统中已名列第一，如表 4-3 所示。在美国，PLC 的应用已相当普遍，1977 年 PLC 销售额仅 0.6 亿美元，而 1990 年已达 9.84 亿美元。目前比较著名的生产厂家有 AB 公司、GE 电气公司、GM 公司、TI 仪器公司、西屋电气公司等。德国对此的研制和应用也很迅速，其中著名的有西门子公司、BBC 公司等。

表 4-3　　　　　　　　　　　　**各种工业自控设备的使用比较**

设　　备	名次	比例	设　　备	名次	比例
可编程序控制器	1	82%	分散控制系统	8	22%
过程控制仪表	2	79%	自动检查、测试	9	18%
计算机	3	43%	数控（DNC 和 CNC）	10	15%
专用控制器	4	36%	材料供应计划系统	11	14%
数据采集系统	5	27%	传送机械	12	9%
能源管理系统	6	24%	CAD/CAM	13	8%
自动材料处理系统	7	23%	机器人、机器手	14	6%

日本最大的三家 PLC 制造厂为欧姆龙公司、三菱公司和日立公司。进入 20 世纪 90 年代后，工业控制领域几乎全被 PLC 占领。国外专家预言，PLC 技术将在工业自动化的三大支柱（PLC、机器人和 CAD/CAM）中跃居首位。

我国在 20 世纪 80 年代初才开始使用 PLC。目前从国外引进的 PLC 使用较为普遍的有日本欧姆龙公司 C 系列、三菱公司 F 系列、美国 GE 公司 GE 系列和德国西门子公司 S 系列等。与此同时，国内科研单位和工厂也在引进和消化 PLC 技术的基础上，研制了 PLC 产品。当然目前国内使用的 PLC 主要还是靠进口，但逐步实现国产化也是国内发展的必然趋势。

值得一提的是，PLC 的应用在机械行业十分重要。据国外有关资料统计，用于机械行业的 PLC 销售占总额的 60%。可以说 PLC 是实现机电一体化的重要工具，也是机械工业技术进步的强大支柱。

今后，PLC 的发展将朝以下两个方向进行：一个是向超小型、专用化和低价格的方向发展；另一个是向大型、高速、多功能和分布式全自动网络化方向发展，以适应现代化的大型工厂企业自动化的需要。例如，日本欧姆龙公司生产的 C2000H 高档 PLC 机，可控制 2048 个 I/O 点，存储器容量 32K，基本指令执行时间 0.4～2.4μs，可组成双机系统（一个在"执行"状态，一个在"热备"状态），具有运算、计数、模拟调节、显示、通信等功能，还能实现中断控制、过程控制、远程控制，以及与上位机或下位机进行数据通信和控制等。

第三节　可编程序控制器的主要性能指标

各厂家的 PLC 产品各有特色，但其主要性能指标是相同的，主要有以下几点：

（1）输入/输出（I/O）点数。这是最重要的一项技术指标，是指 PLC 外部输入、输出端子数。

（2）扫描速度。以 ms/K 为单位，即执行 1K 步指令所需的时间。1 步占 1 个地址单元。

（3）存储容量。通常用 K 字（KW）或 K 字节（KB）、K 位来表示。这里 1KB=1024B。有的 PLC 用"步"来衡量，一步占用一个地址单元。它表示 PLC 能存放多少用户程序。

（4）指令系统。它表示出该 PLC 软件功能的强弱。指令的种类和功能越多，编程就越方便简单。

（5）内部寄存器（继电器）。PLC 内部有许多寄存器用来存放变量、中间结果、数据等，还有许多辅助寄存器可供用户使用。因此寄存器的配置也是衡量 PLC 功能的一项指标。

内部寄存器常冠以"继电器"的名称，目的是在概念上与继电接触器控制电路相同，便于用户理解。例如，输入/输出继电器是与输入/输出点对应的那部分内存单元，它决定了 PLC 可能配置的最多 I/O 点数。内部辅助继电器与中间继电器一样，合理使用可实现输入与输出之间的复杂的变换，它的数量也反映了 PLC 处理能力。

（6）其他。PLC 除了主控模块外，还可配接实现各种特殊功能的高功能模块，例如 A/D 模块、D/A 模块、高速计数模块、远程通信模块等。

第四节　可编程序控制器的编程语言及分类

一、可编程序控制器的编程语言

PLC 的编程语言采用面向控制过程的"自然语言"，这些语言有梯形图、助记符、控制系统流程图和布尔代数等，其中梯形图语言用得最为普遍，很受欢迎。助记符语言也使用较多。下面主要介绍梯形图语言，关于助记符将在后面结合具体指令再介绍。

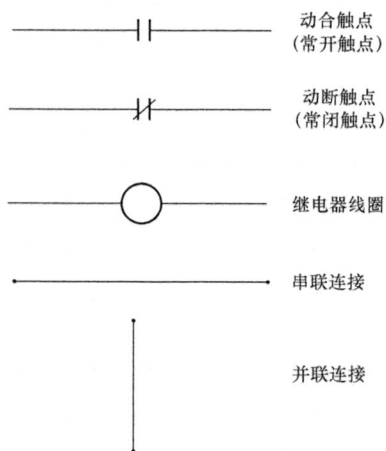

图 4-8　梯形图的基本图形符号

梯形图在形式上类似于继电器控制电路图，它们采用的基本图形符号如图 4-8 所示。每个触点和线圈均有相应的编号，对不同机型的 PLC 来说其编号方法不同，图 4-9 所示的是用欧姆龙公司 C 系列 P 型机编号所编制的自保持电路梯形图。这里 0506 的触点与起动触点 0000 并联。当 0000 接通，0506 工作后，0506 线圈可由自己的触点保持；当 0001 断，则 0506 断。

梯形图直观易懂，它有以下的规定：

（1）梯形图最左边是起始母线，每一逻辑行必须从左母线开始画起。梯形图的最右边可画结束母线，但也可以省去不画（在图 4-9 中已省去）。

（2）梯形图按自上而下、从左到右的顺序排列。每个继电器线圈为一个逻辑行，即一层阶梯。触点有各种连接，最后终于继电器线圈（或右母线）。

（3）图 4-9 中的继电器是"软继电器"，它不是继电器电路中的物理继电器。实质是存储器中的每位触

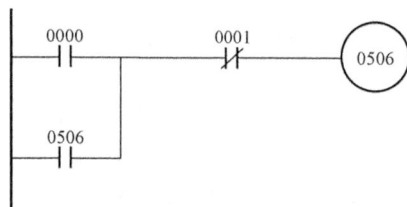

图 4-9　简单的梯形图例子

发器。当它为"1"态时，表示继电器线圈通电，其动合触点闭合或动断触点断开。

（4）一般情况下，某个编号的继电器线圈只能出现一次，而继电器触点则可无限次使用。

（5）输入继电器不能由内部其他继电器的触点驱动，它只供 PLC 接受外部输入信号，故在梯形图中不会出现输入继电器线圈。

（6）输出继电器是由 PLC 作输出控制用，驱动外部负载，故当梯形图中输出继电器线圈接通时，表示相应的输出点有输出信号。

（7）梯形图是 PLC 形象化的一种编程方法，图中的母线并不接任何电源，图中不存在真正的物理电流，而仅是从左向右流动的"概念"电流。

（8）PLC 工作时，对梯形图按先后顺序从左到右、从上到下逐一扫描处理，不存在几条并列支路同时动作的情况。

二、可编程序控制器的分类

PLC 的品种繁多，型号和规格也各不相同，故难以详细地进行分类。通常按 I/O 点数、结构形式、功能范围等三方面来进行分类。下面介绍按 I/O 点数来分类的情况。由 I/O 点数不同可分为小型机、中型机和大型机三种。

1. 小型机

I/O 的点数在 256 点及以下。这类 PLC 结构简单，大多为整体结构，如欧姆龙公司的 P 型机，主机为 CPU 单元，另有仅处理 I/O 功能的扩展单元，近来也出现模块式结构的小型机如 CQM1 型机。

小型机特殊功能单元少，内存容量小（存放用户程序的内存仅几百～几千个字节），内部器件少，指令数也少（几十～一百多条）。

2. 中型机

I/O 点数在 256～2048 点（不含 256 点和 2048 点）。这类机由于 I/O 点数跨度大，故它们的结构采用模块式。不同功能的模块可组合成不同用途的 PLC 机。由于它们用于控制较为复杂的对象，故有较多的特殊功能模块，如可以进行模拟量控制、与上位机通信等。中型机的内存容量较大、用户内存可达 8K 字。指令也较为丰富，可进行复杂运算和数据处理的指令。由于程序容量大，所以要求扫描周期短，指令执行速度快。欧姆龙公司的 C200H 就属此类机型。

3. 大型机

I/O 点数在 2048 点以上（包括 2048 点）。这类机不仅能进行大量的逻辑控制，还能实现多种、多路的模拟量控制；可进行组网，构成大规模的控制系统。

大型机也是模块结构，特殊功能模块更多，功能更强。如有 PID 单元，对模拟量输入进行 PID 处理，并产生相应的最优模拟输出。内存可达 32K，若需超过 32K 时，可使用文件存储单元。大型机的指令更为丰富，如欧姆龙公司的 C2000H 有 174 条指令，执行基本指令时间仅需 0.4～2.4μs。当然大型机功能完善、价格较高，故只应用在大型的复杂的自动控制系统中。

三、OMRON 公司 C 系列机简介

日本 OMRON 公司 C 系列可编程控制器可以配制 10～2000 个 I/O 点。C 系列的 PLC 可共享多种外部设备（包括编程器）和一些专用 I/O 模块。C 系列的超小型和中型控制器如 C20P、C20H 和 C500 等也可作网络控制器，与上位机通信，也可与其他 C 系列机交换 I/O 信息。C

系列还提供了超快速的扫描时间和 100 多条命令用于数据处理、控制程序流程和用户指定的诊断等高性能的控制器，如 C200H、C1000H 和 C2000H 等。其主要规格见表 4-4。

表 4-4　　　　　　　　　　　　OMRON 公司部分 PLC 产品及主要规格

型号	最大 I/O 点数	程序容量（指令行数）	数据存储容量（每字 16 位）	指令数	基本指令执行时间 /μs
SP10	10	100	—	34	0.2～0.72
SP16	16	250		38	
SP20	20				
C20	140	1194	—	27	4～80
C20P	140	1194	64	37	4～95
C28P	148				
C40P	128				
C60P	148				
C20H	140	2878	2000②	130	0.75～2.25
C28H	148				
C40H	160				
C60H	240				
C200H	480（1792）①	6.6K	2000②	145	0.75～2.25
C500	512	6.6K	512	71	3～83
C1000H	1024（2048）①	30.8K	4096	174	0.4～2.4
C2000H	2048	30.8K	6656	174	0.4～2.4
CQM1	192	4～8K	6144～6666	118	0.5

① 具有远程 I/O 系统；

② 1000 字读/写，1000 字只读。

第五章 欧姆龙 PLC C 系列 P 型机组成及指令系统

第一节 P 型机的硬件组成

P 型机属（微）小型 PLC 机，它由 CPU 单元（主机）、扩展单元（选用）、特殊单元（选用）和外部设备组成。

1. CUP 单元

（1）面板。以 C20P 为例，其实物图如图 5-1 所示，其面板布置如图 5-2 所示。每个 I/O 点均有对应的一个接线端子。电源端子中 CON 为公用端；NC 为空端子，不接任何线。在显示部分有反映 PLC 工作情况的各种指示灯，如运行、出错、报警等。接插座用于接插扩展单元、外围设备、特殊单元、通信接口等，不用时可用盖板盖上。

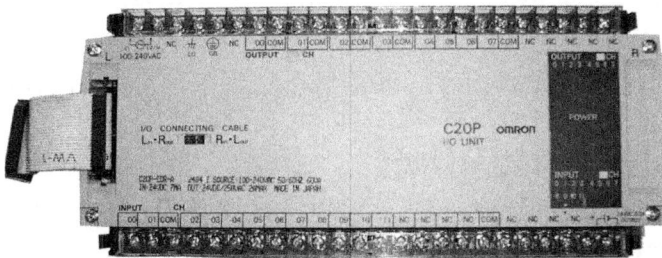

图 5-1 C20P 实物图

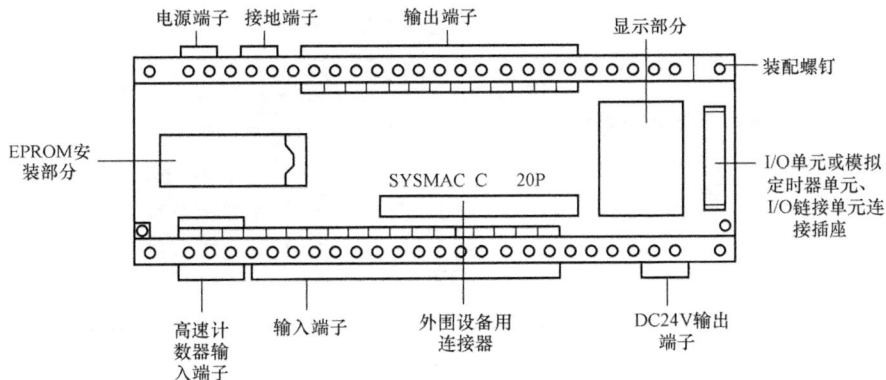

图 5-2 C20P 面板布置图

（2）内部组成。由 CPU 板、内存 I/O 电路和电源组成。CPU 采用 8 位微处理器。CPU 单元也称为主机。

（3）规格。CPU 单元以 I/O 点数为其规格总称。如 C20P 或 C40P，表示它们输入/输出总点数为 20 或 40，这里的 P 为机型，例如 C20P、C20K 和 C20H，是 C 系列中 3 个不同的型号，其中 H 型为新开发的产品，性能较好。

2. 扩展单元

扩展单元在外观上相似于 CPU 单元，也有接线端子、显示和连接电缆的插座。扩展单元也有不同规格，P 型机有 20、28、40、60 点以及特殊扩展单元 4 或 16 点（可全为"1"或全为"0"）等，扩展单元名称上要加一个 E 字。

3. 特殊单元

特殊单元包括模拟定时单元、模拟输入单元、模拟输出单元等。模拟定时单元的定时值由外部相应的电位器设定，不占用 I/O 点。例如 C4K-M 模拟定时单元，在其面板左上角有 4 个电位器的旋钮，可在线改变对应的 4 个定时器的设定值。当然在 PLC 内部也有定时器，但这些定时器的定时值是由程序设定的。模拟定时器通过电缆与 CPU 单元或扩展单元相连，它要占用两个通道号。模拟输入单元是将模拟信号（如电压或电流）转换成能输入到 PLC 的二进制数，模拟输出单元是将 PLC 的数字信号转换成输送给外围设备的模拟信号。模拟量范围是 0～10V 或 0～20mA，数字量是 8 位二进制数。

4. 外围设备

PLC 的外围设备很多，其作用主要是编程或对 PLC 监控。一般来说大、中型 PLC 用的外围设备小型机也能用，但价格太高。图 5-3 所示为常用的编程器的面板，它分为设定开关、液晶显示和键盘三部分，设定开关有三个位置，它们是：

RUN——此位置使 PLC 执行程序，编程器在此状态下不能修改程序，但可监视 PLC 工作。

PROGRAM——此位置可进行编程操作。

MONITOR——使 PLC 处于监控状态。当 PLC 运行程序，对外控制时可按相应的控制键，把 PLC 运行情况反映在液晶显示上，还可改变数据。

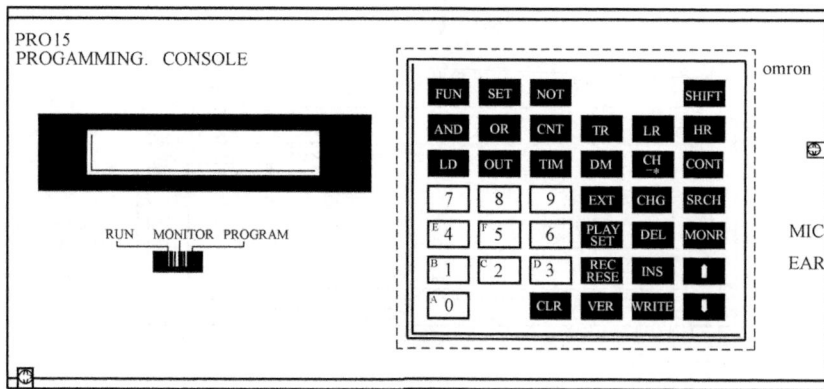

图 5-3　编程器的面板

液晶显示有两行，每行可显示 16 个字符。键盘有 4 种：

1）数字键（白色）有 10 个，0～9，其中 0～5 在按 SHIFT（移位）键后，即成为 A～F 键。

2）指令键（灰色）有 16 个，用于输入指令。

3）控制键（黄色）有 12 个，用于编辑。在写入或修改程序时使用。

4）清除键（红色）有 1 个，即 CLR 键。

编程器的操作主要有预备性操作、编程、监控和存储程序四种。其中编程是最基本的操作，可实现助记符语言所编制的程序，其细节可参阅有关手册。

除了上述简易编程器外，还有图形编程器（GPC、GRT）等，可在屏幕上由梯形图实现编程。当 PLC 接通电源时，CPU 自动检测编程器接口，若编程器未接，PLC 自动进入 RUN 状态。

第二节　P 型机的内部器件

一、内部器件

在 PLC 梯形图程序设计中需要各种逻辑器件和运算器件来完成逻辑运算、算术运算、定时和计数等，这些器件称为编程器件，即内部器件，它们并非物理器件，实质上是一些存储器单元，存储单元地址与它们的编号相对应，为便于编程，引用电气控制系统的术语将存储器分为若干个继电器区，每个区都划分为若干个连续的通道，一个通道由 16 个二进制位组成，每一个位称为一个继电器。每个通道和每个继电器都有一个唯一地址。

内部器件主要有以下几种：

1. 输入输出继电器 I/O

它们决定了 PLC 能配置的最多 I/O 点数。输入继电器直接对应输入映像寄存器的某一位，其作用是专用于接收和存储外部开关信号，有对应的输入信号接线端子，输入继电器的状态只能被外部输入信号所映像，而无法用程序改变。它能提供无数对动合、动断触点用于内部编程，而不能驱动外部负载。P 型机的输入继电器占有编号为 00～04 的 5 个通道，每个通道含有编号为 00～15 的 16 个继电器，故 P 型机最多可有 80 个输入继电器。

输出继电器除了能提供很多对动合、动断触点用于内部编程外，还能提供一个动合触点与一个 PLC 输出点相连，可驱动外部负载。输出继电器的状态只能由程序来改变，而不能由外部信号改变。输出继电器占有编号为 05～09 的 5 个通道，每个通道也含有编号为 00～15 的 16 个继电器，但编号为 12～15 不对应外部输出端，只能作内部辅助继电器用，故 P 型机最多只有 60 个输出继电器。

2. 内部辅助继电器 AR

辅助继电器可用作数据处理结果的存储和内部中间继电器等，也能提供无数对动合、动断触点用于内部编程，但不能直接控制外部负载，其标号为 AR。通过这种继电器，使用适当的指令可与输入、输出继电器建立一定的逻辑关系。

P 型机的内部辅助继电器占有编号为 10～18 的 9 个通道，每个通道也有 16 个继电器，18 通道仅用右字节，这样内部辅助继电器编号为 1000～1807，共 136 个继电器。

3. 特殊功能继电器 SR

这是一种有某种特殊用途的内部辅助继电器，主要用于监视 PLC 的工作情况，其标号为 SR。P 型机有 2 个半通道的继电器，即 18 通道的左字节、19 通道的右字节，共 16 个。它们的功能是：

1808——用于对电池电压低时的报警。

1809——用于扫描周期超过 100ms（小于 130ms）时 ON。

1810——用于高速计数。

1811、1812、1814——常 OFF。

1813——常 ON。

1815——开始运行时，ON 一个扫描周期，作初始化处理。

1900、1901、1902——分别每隔 0.1、0.2、1s 发一计数脉冲。

1903、1904、1905、l906、1907——分别为出错、进（借）位、大于、相等和小于标志。

4. 保持继电器 HR

当电源掉电时，其中的内容能保持，以免受掉电影响。它占有 10 个通道，每个通道有 16 个继电器，其标号为 HR，编号为 HR000～HR915，故 P 型机可有 160 个保持继电器。

5. 暂存继电器 TR

P 型机有 8 个暂存继电器，其标号为 TR，编号为 TR0～TR7。对于同一个 TR 号在同一个程序段中不能重复使用，但可多次重复使用于不同的程序段中。

6. 定时器 TIM／计数器 CNT

定时器用于定时控制。当定时器线圈 ON 时，其寄存器内容从设定值开始定时减 1，减为零时，其输出触点（动合或动断）动作，定时器输出触点可供编程使用，使用次数不限。P 型机有两种定时器：普通式和高速式的。普通的标号是 TIM，高速的标号是 TIMH。普通定时器设定值为 4 位十进制数，设定范围为 0000～9999，单位设定值为 0.1s，最大延时时间可达 999.9s。高速定时器单位设定值为 0.01s，故其最大延时值为 99.99s。定时器是掉电不保持的。

计数器用于记脉冲信号数。P 型机有单向计数器和可逆（双向）计数器两种。

（1）单向计数器：开始时计数器的寄存器内容为设定值，输入计数信号从 OFF 到 ON 变化一次，则寄存器内容减 1。当减为零时，产生输出。这以后计数器状态不再变化，只有送入复位信号（ON），寄存器内容才恢复到设定值，计数器停止计数。单向计数器标号为 CNT。

（2）可逆计数器：当送入增计数器信号，则计数器的寄存器内容加 1，至计数到设定值后，再来计数信号，即产生进位，并相应地有输出；当送入减计数器信号，则寄存器内容减 1，至计数器内容减为零后再来计数信号，即产生借位，并相应地有输出。复位信号 ON 送入，寄存器内容清为零，停止计数。可逆计数器标号为 CNTR。

P 型机可提供 48 个定时器或 48 个计数器或总数不超过 48 的定时器与计数器的组合，其编号为 00～47，计数器是掉电保持的，所计的数都是 4 位十进制数（BCD 码）。定时器和计数器不能直接产生输出，但可通过连接继电器产生输出，连接继电器的触点可重复使用。

7. 数据存储继电器 DM

P 型机的数据存储继电器，编号为 DM00～DM63，有 64 个，每个为二进制数的 16 位，专门用来存储 16 位字长的数据，因此也称为数据存储区。当使用高速计数指令时，编号 DM32～DM63 的存储区被用作高速计数的上下限计数值设定区域，不能再作它用。另外，数据存储继电器 DM 具有掉电保护的功能。

二、机型的编号方法

C 系列 P 型机的各种硬件单元可以根据用户需要进行选择，其组成情况用相应的编号来表示，如图 5-4 所示。

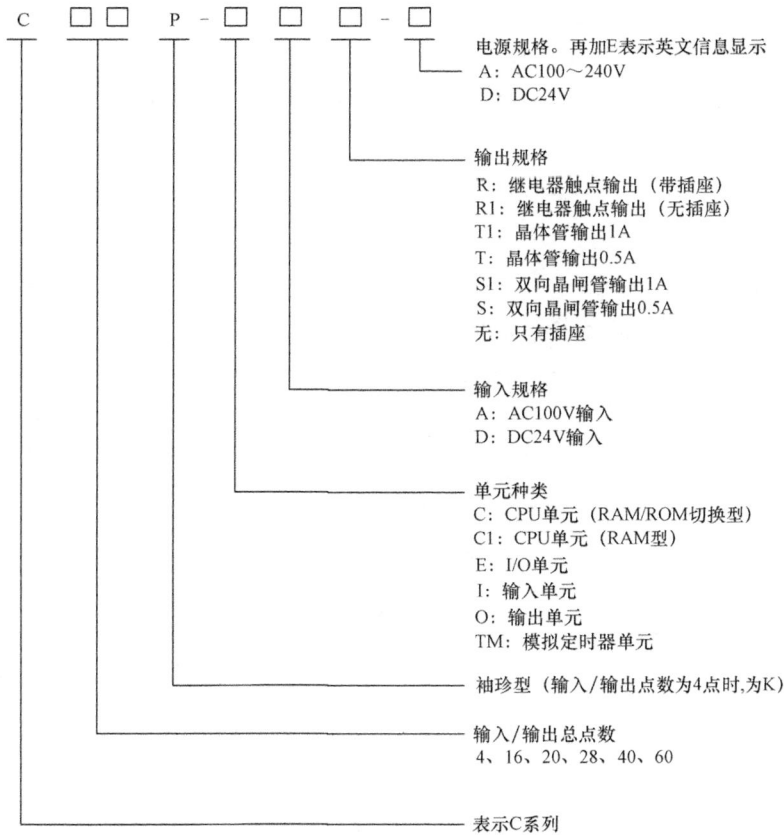

图 5-4 型号的编号说明

第三节 P 型机的指令系统

PLC 的指令可分为基本指令和功能指令两大类。基本指令包括逻辑操作和输出等指令，它们用得最频繁，且在编程器上有与其对应的键盘。因此输入基本指令时，只要按下对应的键即可。功能指令比较丰富，包括有数据处理、运算和控制等方面的指令，但在编程器上找不到与其对应的键盘。故为使编程器输入程序操作得方便，C 系列机为每条功能指令指定了一个代码（两位数字），并用圆括号括起，放在功能指令的助记符后面，在编程输入功能指令时，先按"FUN"键，再按功能代码即可。

一、基本指令

1. LD、LD-NOT

LD 为装载或称起始指令。在每一个程序段的开始都要使用它，其作用是把操作数指定的触点状态（ON 或 OFF）送结果寄存器，对照继电器概念相当于起用动合触点。

指令	格式	逻辑符号	功能	编程操作
LD	LD B	——│ ├ B	逻辑操作的开始	LD +继电器编号

继电器分类	输入、输出继电器	内部辅助继电器	内部特殊继电器	保持继电器	定时器	计数器	暂存继电器
B 的内容	0000～0911	1000～1807	1808～1907	HR000～HR915	TIM00～TIM47	CNT00～CNT47	TR0～TR7

梯形图	指　令　表		
0000	序　号	指　令	数据（地址）
	1	LD	0000

LD-NOT 也为装载或称起始指令，但起用的是动断触点。

指令	格式	逻辑符号	功能	编程操作
LD-NOT	LD-NOT B	B	逻辑操作的开始	LD-NOT +继电器编号

继电器类型	输入、输出继电器	内部辅助继电器	内部特殊继电器	保持继电器	定时器	计数器
B 的内容	0000～0911	1000～1807	1808～1907	HR000～HR915	TIM00～TIM47	CNT00～CNT47

梯形图	指　令　表		
0001	序　号	指　令	数据（地址）
	1	LD-NOT	0001

2. AND、AND-NOT

AND 是把操作数指定的触点状态与结果寄存器的状态作逻辑"与"，再把结果送到结果寄存器。相当于串联动合触点。

指令	格式	逻辑符号	功能	编程操作
AND	AND B	B	逻辑"与"操作	AND +继电器编号

继电器类型	输入、输出继电器	内部辅助继电器	内部特殊继电器	保持继电器	定时器	计数器
B 的内容	0000～0911	1000～1807	1808～1907	HR000～HR915	TIM00～TIM47	CNT00～CNT47

梯形图	指　令　表		
0000 0001	序　号	指　令	数据（地址）
	1	LD	0000
	2	AND	0001

AND-NOT 则是串联动断触点。

指令	格式	逻辑符号	功能	编程操作
AND-NOT	AND-NOT B	B	逻辑"与非"操作	AND-NOT +继电器编号

继电器类型	输入、输出继电器	内部辅助继电器	内部特殊继电器	保持继电器	定时器	计数器
B 的内容	0000~0911	1000~1807	1808~1907	HR000~HR915	TIM00~TIM47	CNT00~CNT47

梯形图	指　令　表		
	序　号	指　令	数据（地址）
0001　0002	1	LD	0001
┤├──┤╱├	2	AND-NOT	0002

3. OR、OR-NOT

OR 类似于 AND 的分析，但是作逻辑"或"，相当于并联动合触点。

指令	格式	逻辑符号	功能	编程操作
OR	OR B	B	逻辑"或"操作	OR +编程器编号

继电器类型	输入、输出继电器	内部辅助继电器	内部特殊继电器	保持继电器	定时器	计数器
B 的内容	0000~0911	1000~1807	1808~1907	HR000~HR915	TIM00~TIM47	CNT00~CNT47

梯形图	指　令　表		
	序　号	指　令	数据（地址）
0001	1	LD	0001
0002	2	OR	0002

OR-NOT 则是并联动断触点。

指令	格式	逻辑符号	功能	编程操作
OR-NOT	OR-NOT B	B	逻辑"或非"操作	OR-NOT +继电器编号

继电器类型	输入、输出继电器	内部辅助继电器	内部特殊继电器	保持继电器	定时器	计数器
B 的内容	0000~0911	1000~1807	1808~1907	HR000~HR915	TIM00~TIM47	CNT00~CNT47

梯形图	指　令　表		
	序　号	指　令	数据（地址）
0001	1	LD	0001
0002	2	OR-NOT	0002

4. OUT、OUT-NOT

OUT 指令是把结果寄存器的内容写入（输出）到操作数所指定的继电器。它出现在每一逻辑行的末端。

指令	格式	逻辑符号	功能	编程操作
OUT	OUT B	─────(B)	输出逻辑运算结果	OUT +继电器编号

继电器类型	输出继电器	内部辅助继电器	保持继电器	暂存继电器
B 的内容	0500～0911	1000～1807	HR000～HR915	TR0～TR7

梯形图	指 令 表		
0001 ─┤├─(0500)	序 号	指 令	数据（地址）
	1	LD	0001
	2	OUT	0500

OUT-NOT 是把结果寄存器内容取反后再送继电器。

5. AND-LD、OR-LD

它们称块"与"和块"或"指令。前者用于两个程序块的串联，后者用于两个程序块的并联。

图 5-5 所示为 AND-LD 指令使用举例。

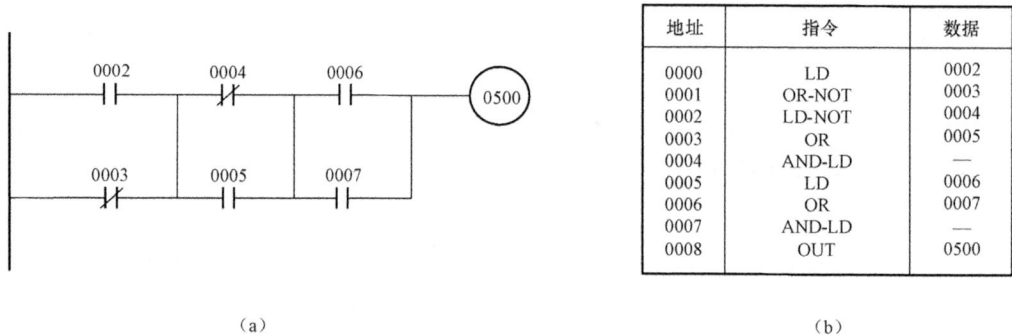

地址	指令	数据
0000	LD	0002
0001	OR-NOT	0003
0002	LD-NOT	0004
0003	OR	0005
0004	AND-LD	—
0005	LD	0006
0006	OR	0007
0007	AND-LD	—
0008	OUT	0500

（a）　　　　　　　　　　　　　　　　　（b）

图 5-5　AND-LD 指令使用举例

（a）梯形图；（b）程序表

二、IL（互锁）和 ILC（清除互锁）指令

IL（02）和 ILC（03）总是成对使用的，分别位于一段分支程序的首尾处。如果 IL 的条件是 OFF（即 IL 支路前面的位刚好是 OFF），则 IL 和 ILC 之间的程序段不执行；但若 IL 的条件是 ON，则 IL 和 ILC 之间的程序段正常执行，只使用一对分支指令时为 IL/ILC，图 5-6 所示为 IL/ILC 指令编程举例。分支指令还可以多个联用，即多于一个的 IL 可以与一个单独的 ILC 一起使用（如两个 IL 指令联用时为 IL-IL-ILC），但不允许嵌套使用（如 IL-IL-ILC-ILC）。图 5-7 所示为两个 IL 指令联用时的编程举例。

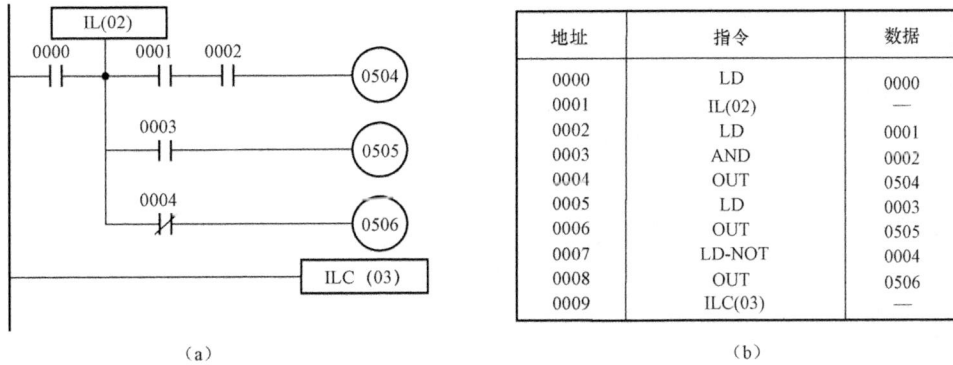

地址	指令	数据
0000	LD	0000
0001	IL(02)	—
0002	LD	0001
0003	AND	0002
0004	OUT	0504
0005	LD	0003
0006	OUT	0505
0007	LD-NOT	0004
0008	OUT	0506
0009	ILC(03)	—

（a）　　　　　　　　　　　　　　　（b）

图 5-6　IL/ILC 指令编程举例

（a）梯形图；（b）程序表

三、暂存继电器

TR 相当于暂存继电器，编号为 TR0～TR7。它不是独立的编程指令，必须和 LD、OUT 等基本指令一起使用。当梯形图不能用 IL 和 ILC 指令来编程时，在由多个触点组成的输出分支电路中，在每个分支点上要用 TR。同一个 TR 号在同一段程序中不能重复使用，但可重复用于不同程序段中。图 5-8 所示为 TR 使用举例。

四、程序跳转指令

JMP（04）和 JME（05）是一对用于控制程序跳转的指令。前者是跳转，后者是跳

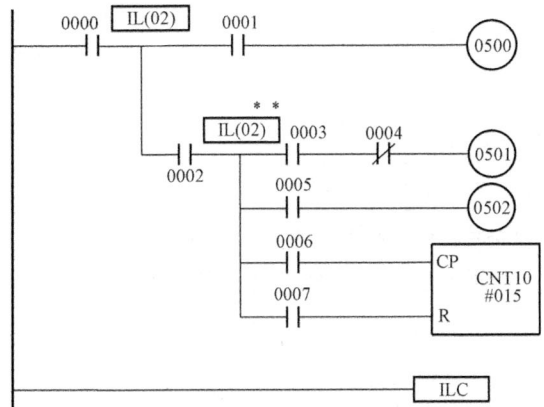

图 5-7　IL-IL-ILC 指令编程举例

转结束。它们的功能是根据当时的条件来决定是执行它们之间的指令（即逻辑条件 ON），还是跳过它们之间的指令（即逻辑条件 OFF）。JMP 和 JME 可嵌套，但只能嵌套 8 重。图 5-9 所示为 JMP 和 JME 的使用举例，由图中可见当 0002 和 0003 都是 ON 时，JMP 和 JME 之间的程序正常执行，一旦 JMP 条件为 OFF（即不论 0002 还是 0003 为 OFF，或两者同为

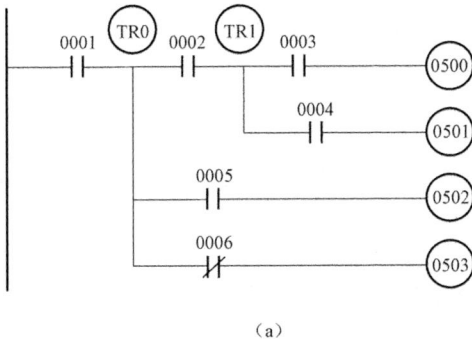

地址	指令	数据
0000	LD	0001
0001	OUT	TR0
0002	AND	0002
0003	OUT	TR1
0004	AND	0003
0005	OUT	0500
0006	LD	TR1
0007	AND	0004
0008	OUT	0501
0009	LD	TR0
0010	AND	0005
0011	OUT	0502
0012	LD	TR0
0013	AND-NOT	0006
0014	OUT	0503

（a）　　　　　　　　　　　　　　　（b）

图 5-8　TR 使用举例

（a）梯形图；（b）程序表

OFF），则 JMP 和 JME 之间的程序都不执行，但所有输出（I/O 位、定时器、计数器等）的状态均保持不变。

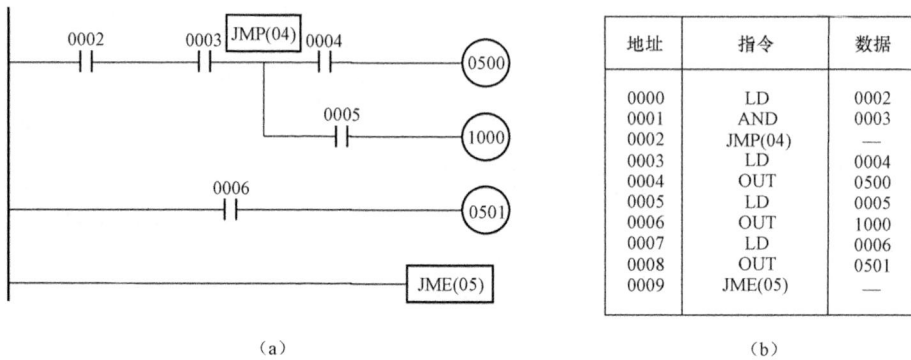

图 5-9　JMP 和 JME 的使用举例
（a）梯形图；（b）程序表

五、锁存指令

KEEP（11）相当于锁存器，可像继电器电路那样来使用。它的两个输入端如图 5-10（a）所示，一个用作置位，另一个用作复位。当置位输入为 ON 时，该继电器保持 ON 状态，直至复位输入为 ON 时使之变为 OFF。复位属高优先级，当两个输入同时变为 ON 时，复位优先。

图 5-10（b）、（c）为使用举例。

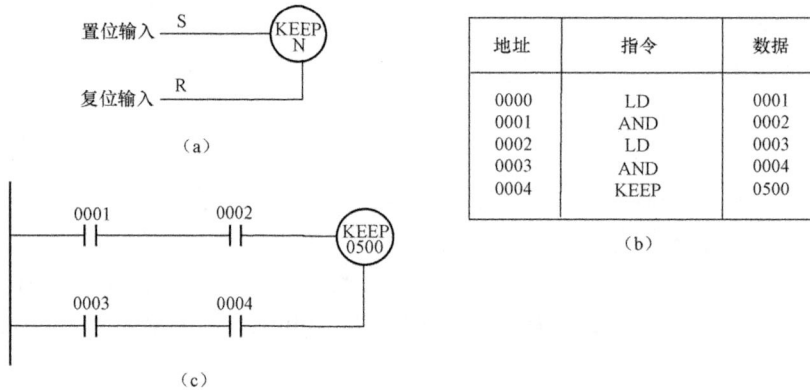

图 5-10　KEEP 的使用说明
（a）梯形图符号；（b）程序表；（c）梯形图

六、微分指令

这是一种输出指令，用于在满足条件时产生一个扫描周期的脉冲。DIFU（13）称上沿微分指令，DIFD（14）称下沿微分指令。

DIFU 指令在输入端检测到 OFF 变为 ON 时，DIFU 输出为 ON（其指定的继电器 ON 一个扫描周期）。DIFD 指令在输入端检测到 ON 变为 OFF 时，DIFD 输出为 ON。在图 5-11 所示的使用中，当输入点 0002 变为 ON 时，DIFU 指令使 0500 输出继电器 ON 一个扫描周期，而 0002 变为 OFF 时，DIFD 指令使 0501 输出继电器 ON 一个扫描周期。

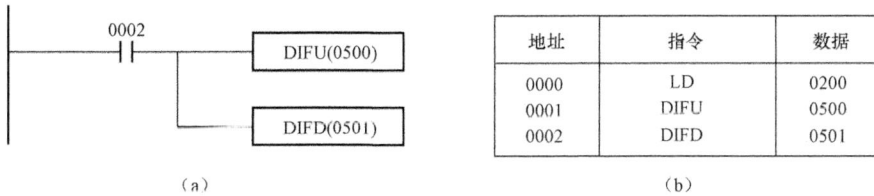

图 5-11　DIFU 和 DIFD 的使用
（a）梯形图；　（b）程序表

七、定时器和计数器指令

（1）定时器指令有低速定时器 TIM 和高速定时器 TIMH 两种。它们都是通电延时型（递减型）定时器，每个定时器都有定时器编号和设定值两个操作数。两种定时器的不同点是时间度量单位不同，TIM 的度量单位是 0.1s，其设定值为 0～999.9s，而 TIMH 的度量单位是0.01s，其设定值为 0～99.99s。TIM 和 TIMH 的编号可在 00～47 之间任意指定，但 TIM 与CNT 不能重复使用同一编号。

图 5-12 所示为 TIM 使用的简单例子，其个 TIM 指令占两个字，00 为定时器编号，#200为定时设定值，故这里的延时值为 20s，即从 0002 ON～0500 ON 共延时 20s。

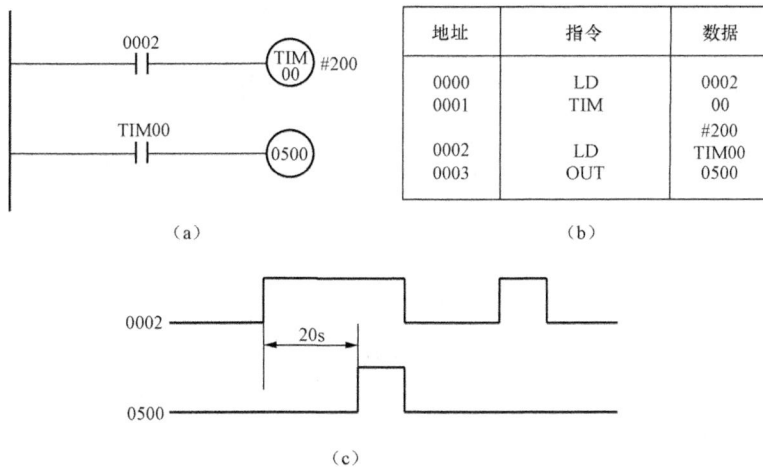

图 5-12　TIM 的使用方法
（a）梯形图；　（b）程序表；　（c）波形图

（2）计数器指令有普通计数器 CNT 和可逆（双向）计数器 CNTR 两种，其操作数由计数器编号和设定值组成。CNT 是减 1 计数器，有计数（CP）和复位（R）两个输入端，其使用方法如图 5-13 所示，0003 ON 时，计数器复位（OFF），停止计数；0003 OFF时，允许计数。当计数到 3（即计数器的当前值成为 0）时，CNT10 动合触点 ON，使0500 产生输出，再送入计数脉冲，CNT10、0500 状态不变，一直保持到复位输入端 R变为 ON。

CNTR 是可逆计数器，即可加、减循环计数。输入端有 3 个：ACP 为加 1 计数输入端，SCP 为减 1 计数输入端，R 为复位端。其使用方法如图 5-14 所示。当 0004 为 ON 时，CNTR复位，当 0004 为 OFF 时，则 CNTR11 可以计数。对加计数来说，每当 ACP 的 0002 由 OFF变为 ON 时，计数器当前值加 1，当达到 3740 时，再加 1 后，计数器当前值就变为 0，产生输出（ON）。如果又加 1，当前值增加，输出就又 OFF；对减计数来说，SCP 接收一个信号，计数器当前值减 1，当减为 0 后，再接收一个信号，则产生输出（ON），这时当前值变为设定值 3740。

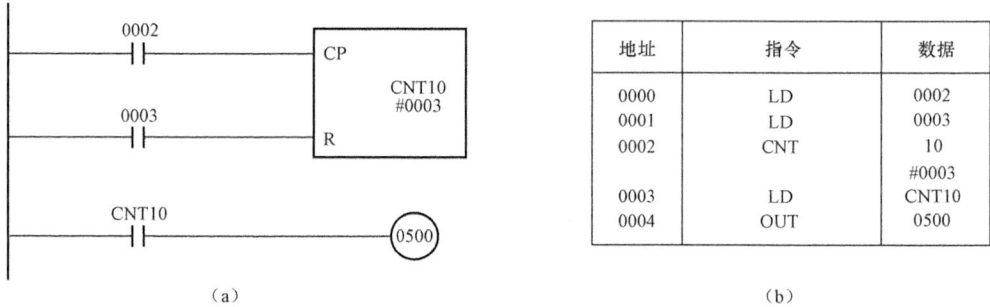

地址	指令	数据
0000	LD	0002
0001	LD	0003
0002	CNT	10
		#0003
0003	LD	CNT10
0004	OUT	0500

（a）　　　　　　　　　　　　　　　　（b）

图 5-13　CNT 的使用方法
（a）梯形图；（b）程序表

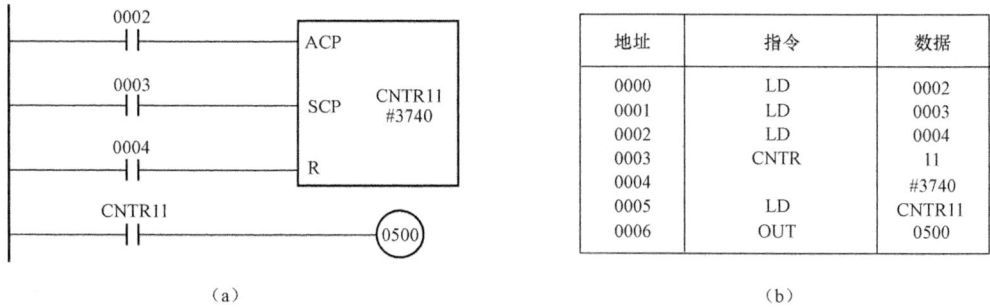

地址	指令	数据
0000	LD	0002
0001	LD	0003
0002	LD	0004
0003	CNTR	11
0004		#3740
0005	LD	CNTR11
0006	OUT	0500

（a）　　　　　　　　　　　　　　　　（b）

图 5-14　CNTR 的使用方法
（a）梯形图；（b）程序表

（3）高速计数器指令 FUN（98）用于对高频脉冲计数。外部的脉冲源通过 0000 点输入到 PLC 主机，作为高速计数器的输入信号。当输入信号从 OFF→ON 跳变时，使计数缓冲器的计数值加 1，当计数值达到 9999 后，再计入一脉冲即循环为 0000，如此重复。在执行高速计数器指令时，将计数值由计数缓冲器传送到 CNT47 单元，并将此值与预置在 DM32～DM63 中的上下限值作比较，如果计数器当前值在上下限值之间，则指定的输出通道相应点为 ON。所以对高速计数器进行编程时，应指定一个通道为其输出。

高速计数频率可达 2kHz，它有 16 个输出。PLC 主机的 0000 点作为计数输入端，0001 点作为复位输入端。系统中使用高速计数器时，此两点不能作它用。FUN 的梯形图符号如图 5-15 所示，当 0002 ON 时，执行 FUN 指令，它指定 05 为其输出通道。

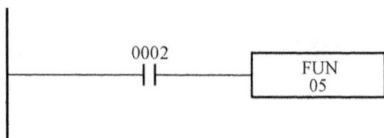

图 5-15　FUN 的梯形图符号

表 5-1 为 FUN 使用的 DM32～DM63 设置的上下限与位的对应关系。若读入的高速计数缓冲器当前值（CNT47）即表中的 S 处于上下限之间，则 FUN 指定的输出通道 ON，上下限必须为 BCD 码，且下限值一定要小于上限值。

表 5-1 　　　　　　　　　　　**DM32～DM63 设置的上下限与位的对应关系**

低限	高限	S 的条件	指定的输出通道对应位 ON
DM32	DM33	DM32 存的数≤S≤DM33 存的数	00
DM34	DM35	DM34 存的数≤S≤DM35 存的数	01
DM36	DM37	DM36 存的数≤S≤DM37 存的数	02
DM38	DM39	DM38 存的数≤S≤DM39 存的数	03
DM40	DM41	DM40 存的数≤S≤DM41 存的数	04
DM42	DM43	DM42 存的数≤S≤DM43 存的数	05
DM44	DM45	DM44 存的数≤S≤DM45 存的数	06
DM46	DM47	DM46 存的数≤S≤DM47 存的数	07
DM48	DM49	DM48 存的数≤S≤DM49 存的数	08
DM50	DM51	DM50 存的数≤S≤DM51 存的数	09
DM52	DM53	DM52 存的数≤S≤DM53 存的数	10
DM54	DM55	DM54 存的数≤S≤DM55 存的数	11
DM56	DM57	DM56 存的数≤S≤DM57 存的数	12
DM58	DM59	DM58 存的数≤S≤DM59 存的数	13
DM60	DM61	DM60 存的数≤S≤DM61 存的数	14
DM62	DM63	DM62 存的数≤S≤DM63 存的数	15

　　高速计数器有硬件复位和软件复位两种复位方式。硬件复位是把 DIP 开关的第 7 位、第 8 位置为 ON，PLC 的输入点 0001 用作为高速计数器复位端，当 0001 变为 ON 时，高速计数器计数缓冲区置为 0000，即计数器复位，此时计数器的计数输入无效。软件复位是把内部辅助继电器 1807 变为 ON，使高速计数停止计数，高速计数器计数缓冲区置为 0000 复位。注意硬件复位是采用中断方式，而软件复位是采用扫描方式，故可能会出现推迟一个扫描周期才起作用的情况，软硬件方法可并用。

　　八、传送指令

　　传送指令有 2 条：MOV（21）和 MVN（22）。

　　MOV 是把一个指定通道的数据或一个 4 位十六进制常数（源数据）传送到指定的目的通道中。MVN 是先把源通道的数据求反，再传送到目的通道中。表 5-2 指出了能作源通道和目的通道的取值区域。

表 5-2 　　　　　　　　　　**源通道和目的通道的取值区域表**

名　　称	源通道	目的通道	名　　称	源通道	目的通道
I/O 及内部辅助继电器	00～17	05～17	TIM/CNT	00～41	—
特殊继电器	18～19	—	常　　数	0000～FFFF	—
保持继电器	0～9		数据存储器	00～63	00～31[①]

① 当不用高速计数时，可到 63。

图 5-16 所示为 MOV 指令的应用举例。由图可见，当 0002 ON（或 0003 ON）时，TIM00 设定值为 100（或 200），延时 10s（或延时 20s）后 0500 ON（或 0501 ON）。注意：这里用了几个动断触点，若 0002 和 0003 同时 ON，则 TIM00 不工作，起了互锁作用。

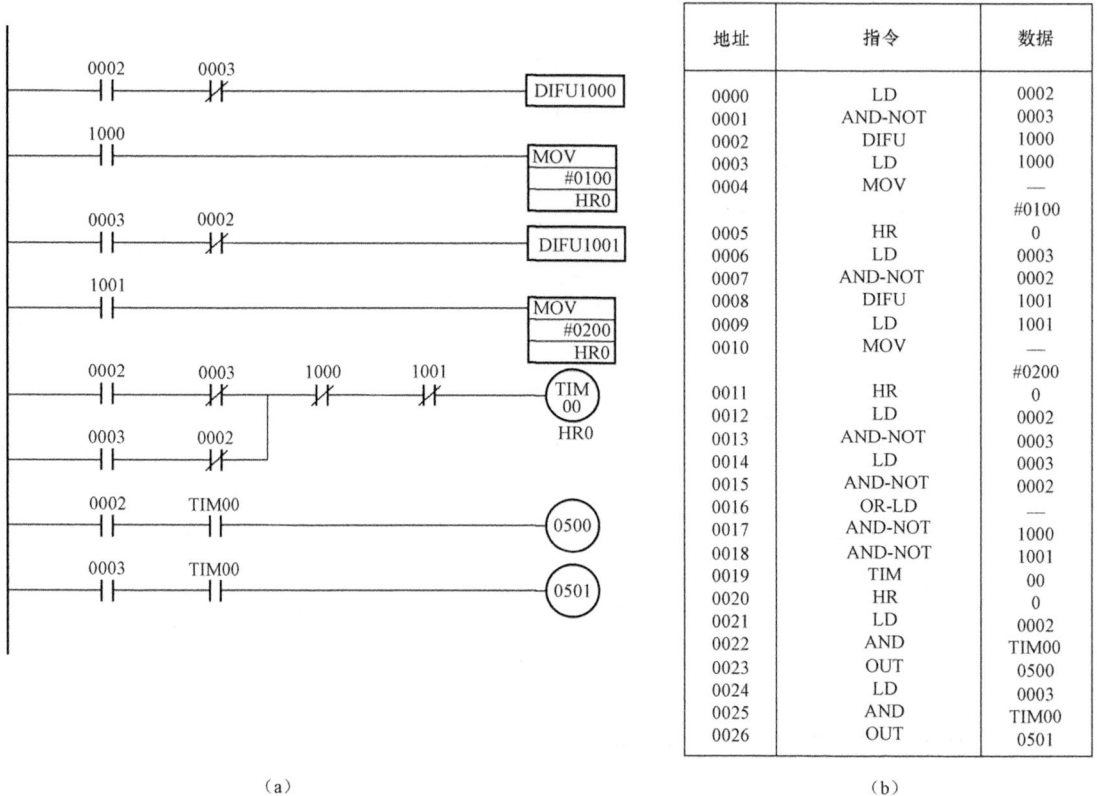

地址	指令	数据
0000	LD	0002
0001	AND-NOT	0003
0002	DIFU	1000
0003	LD	1000
0004	MOV	—
		#0100
0005	HR	0
0006	LD	0003
0007	AND-NOT	0002
0008	DIFU	1001
0009	LD	1001
0010	MOV	—
		#0200
0011	HR	0
0012	LD	0002
0013	AND-NOT	0003
0014	LD	0003
0015	AND-NOT	0002
0016	OR-LD	—
0017	AND-NOT	1000
0018	AND-NOT	1001
0019	TIM	00
0020	HR	0
0021	LD	0002
0022	AND	TIM00
0023	OUT	0500
0024	LD	0003
0025	AND	TIM00
0026	OUT	0501

（a）　　　　　　　　　（b）

图 5-16　MOV 指令的应用举例
（a）梯形图；　（b）程序表

九、移位指令

移位指令有 2 条：SFT（10）和 WSFT（16）。

SFT 是位移位指令，作用是将指定的一个或几个连续通道的数据按位移位。该指令可指定的器件有输出和内部辅助继电器（05～17）、保持继电器（0～9）。图 5-17 表示 SFT 指令的使用举例，该例中起始通道为 05，终止通道也为 05，即只在一个通道内移位。移位的 16 位为 0500～0515。在每个时钟脉冲的上升沿，即 0004 由 OFF 到 ON，05 通道的数据实现一次由低位向高位的移位，最高位移失，最低位（即 0500）则移入输入端 IN 的状态（决定于 0002 和 0003）。几个连续通道的数据移位与单通道数据移位相类似。但被指定的开始通道和结束通道必须在同一数据区，并要保证开始通道号不大于结束通道号。

当复位端 R ON 时，数据被置"0"，停止移位。

WSFT 是通道移位指令，它以通道（16 位）为单位进行移位，故它需指定开始通道和结束通道。可以是输出继电器（OUT）及内部辅助继电器（AR）、保持继电器（HR）或数据存储器（DM）。对开始通道和结束通道的要求与 SFT 指令相同。其移位过程是：开始通道送入零，而该开始通道的内容移给编号仅高于它的通道，而后者的原内容又移给仅比它编号高的通道，以此类推，最后的通道内容丢失。图 5-18 所示为该指令的使用举例，当输入点 0002 变为 ON 时，数据#0000 送入 DM10，DM10 的 16 位内容移到 DM11 中去，而 DM11 的 16 位内容移到 DM12 中去，DM12 的 16 位内容移失。

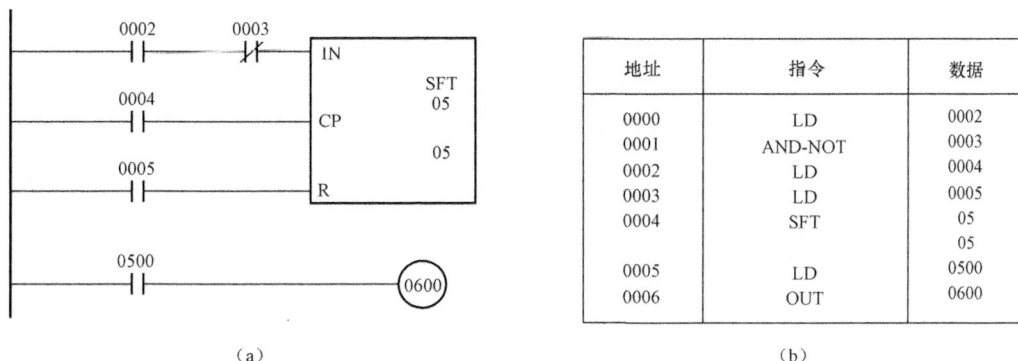

地址	指令	数据
0000	LD	0002
0001	AND-NOT	0003
0002	LD	0004
0003	LD	0005
0004	SFT	05
		05
0005	LD	0500
0006	OUT	0600

（a）　　　　　　　　　　　（b）

图 5-17　SFT 指令的使用举例
（a）梯形图；（b）程序表

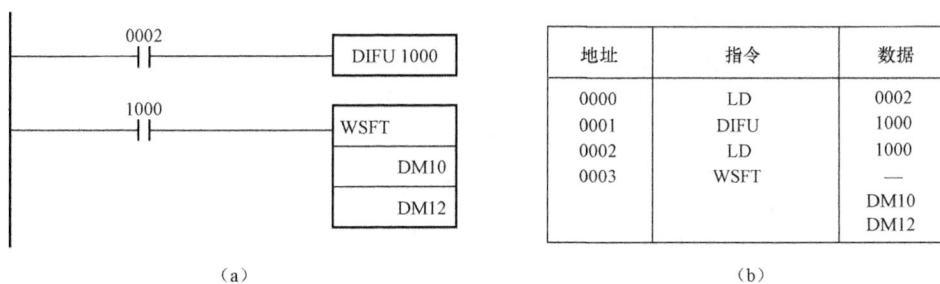

地址	指令	数据
0000	LD	0002
0001	DIFU	1000
0002	LD	1000
0003	WSFT	—
		DM10
		DM12

（a）　　　　　　　　　　　（b）

图 5-18　WSFT 指令的使用举例
（a）梯形图；（b）程序表

十、比较指令

比较指令 CMP 用于一个通道 C1 的内容与另一个通道 C2 的内容或 4 位十六进制常数进行比较，所以在编程时，在 CMP 指令后应有两个数据，其中一个数据必须为通道的内容。当逻辑条件成立，每扫描一次就比较一次，比较结果在标志位——特殊继电器 1905、1906、1907 输出。

若 C1＞C2，则标志位 1905 置位；

若 C1＝C2，则标志位 1906 置位；

若 C1＜C2，则标志位 1907 置位。

图 5-19 所示为 CMP 指令的使用例子，此例中是把内部辅助继电器通道 CH10 与保持继电器通道 HR9 的内容进行比较，注意这些通道内容都是 4 位十六进制数。

十一、数制转换指令

这类指令包括有数制转换、译码和编码等指令。

（1）BIN（23）指令是把源通道的 4 位十进制数（BCD 码）转换为 16 位二进制数，并存入目的通道。这里的源通道可以是 I/O 继电器及内部辅助继电器（CH）、保持继电器（HR）、定时/计数器（TIM/CNT）和数据存储器（DM）。目的通道可以是输出继电器、内部辅助继电器（CH）、保持继电器（HR）及数据存储器（DM）。

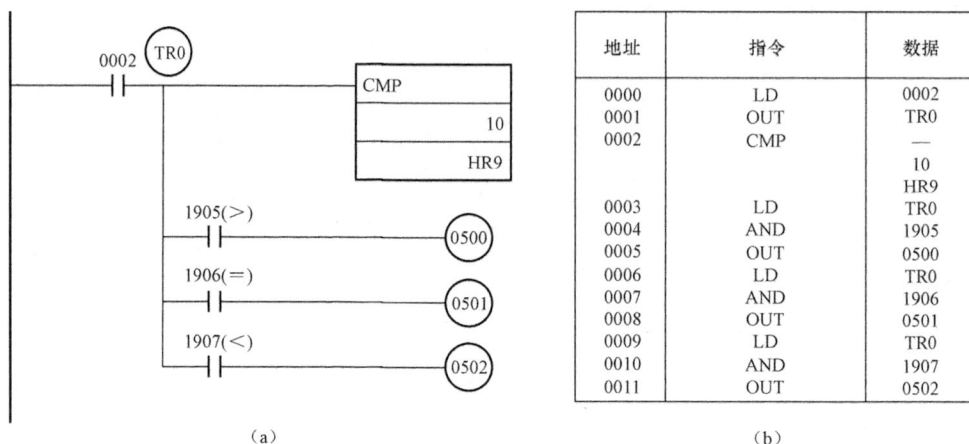

图 5-19　CMP 指令的使用举例
（a）梯形图；（b）程序表

（2）BCD（24）指令是把源通道的 16 位二进制数转换为 4 位十进制数（BCD 码），存放在目的通道。这里的源通道和目的通道含义同 BIN 指令。BIN 和 BCD 指令的梯形图符号如图 5-20 所示。

（3）MLPX（76）指令是对源通道的 4 位十六进制数的一位或几位分别译成 1 个或几个 0～15 的十进制数，并根据译码的结果，对一个或几个目的通道相应位进行置位，目的通道数与译码的数字位数相等。该指令的梯形图符号如图 5-21 所示。

其中源通道可为所有内部器件。目的通道可为输出及内部辅助继电器（CH）、保持继电器（HR）和数据存储器（DM）。数字标志格式如图 5-22 所示。

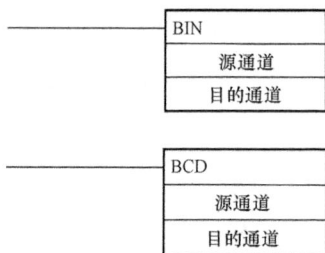

图 5-20　BIN 和 BCD 指令梯形图符号

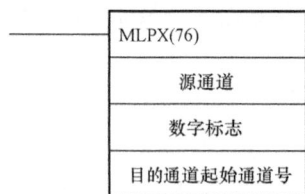

图 5-21　MLPX 指令梯形图符号

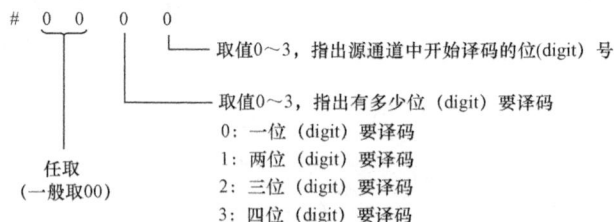

图 5-22　数字标志格式

图 5-23 为表示数字译码的举例。以#0031 为例来说明：要译的是 4 位，第一个开始译的位是 digit 1，存放在 CH D 中，其他依次译码存放。

图 5-24 所示为 MLPX 指令应用举例。源通道为 CH05，数字标志为#0021，表示要译码三个 digit，第一个译的是 digit 1，此译码的执行过程见图 5-24（c），digit 1 译后为 15，即使

第一个目的通道 HR0 的第 15 位置"1",(其他位为"0")。

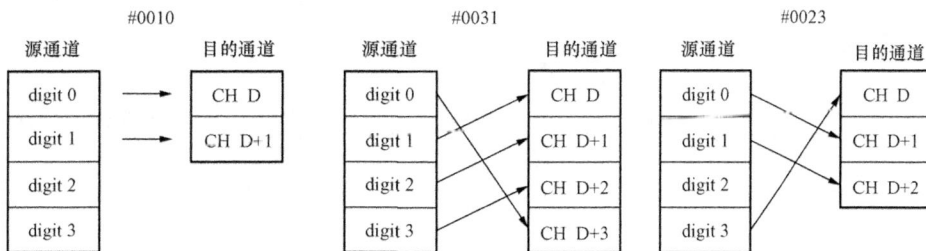

图 5-23　数字译码举例

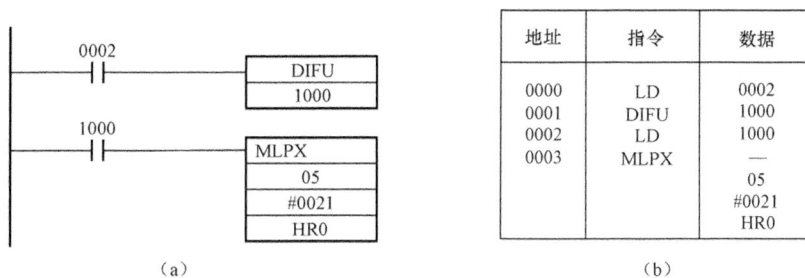

（a）　　　　　　　　　　　　　（b）

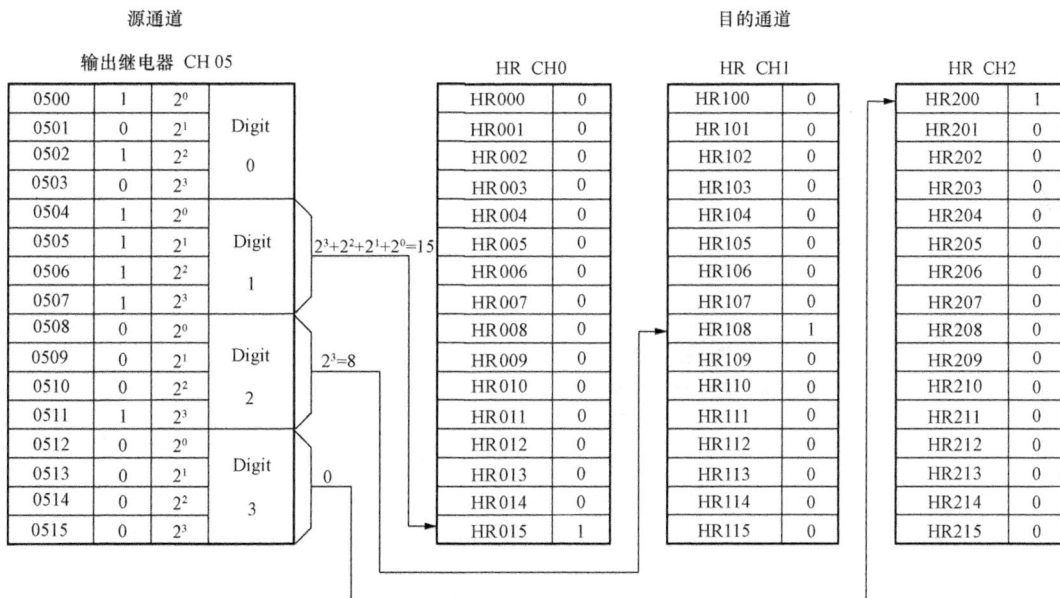

（c）

图 5-24　MLPX 指令应用举例
（a）梯形图；（b）程序表；（c）译码执行过程

（4）DMPX（77）指令是 MLPX 指令的反过程的编码指令，先找出源通道中置位的最高位号，然后把它编码成 4 位二进制数再传送到目的通道相应的位上。它的梯形图符号如图 5-25 所示，其中的含义同 MLPX，数字标志格式如图 5-26 所示。图 5-27 为 DMPX 指令的应用举例，这里当 0002 ON 时，扫描一次，进行一次编码。HR9 中为 ON 的最高位是第 9 位（即 08 位），把它编码为 4 位二进制数"1000"，再传送到 DM10 中指定的位去（即第 1 位）。需注意的是，目的通道中，没有指定的位的内容不改变。

图 5-25　DMPX 的梯形图符号

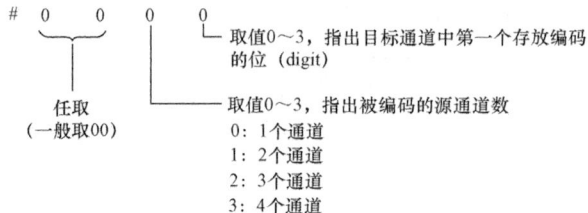

图 5-26　DMPX 指令中数字标志格式

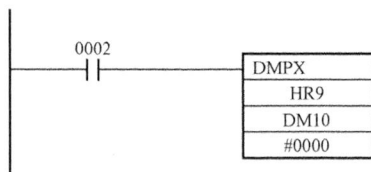

（a）

地址	指令	数据
0200	LD	0002
0201	DMPX	—
		HR9
		DM10
		#0000

（b）

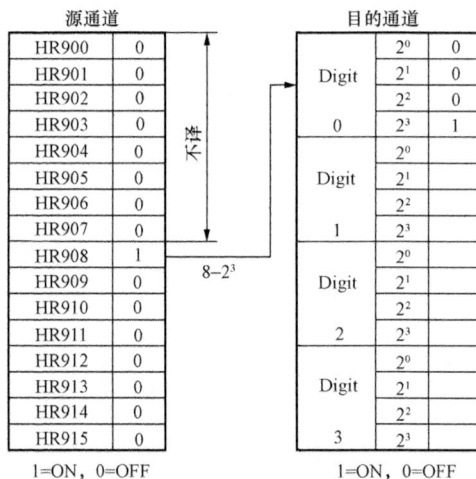

（c）

图 5-27　DMPX 指令的应用举例

（a）梯形图；（b）程序表；（c）编码执行过程

十二、运算指令

运算指令有 4 条指令：STC（40）、CLC（41）、ADD（30）和 SUB（31）。

STC（40）和 CLC（41）指令是用于置位和置零的。STC 是把进位标志 1904 置为 ON；CLC 是把进位标志置为 OFF。

ADD（30）是加法指令，把两个通道内容或一个通道内容和一个常数相加，然后把和送到另一个通道中去，故 ADD 指令中必须指定三个数，即被加数、加数与和数。被加数和加数均可为内部器件或常数，和数是存放于通道内的，可以是 05～17 通道、HR0～HR9 及 DM。

作为一个应用例子如图 5-28 所示，该指令是把通道 CH10 的内容加上常数 2639，其和输出到保持继电器 HR9 通道中去。需说明，当相加后有进位时，PLC 自动置 1904 为 ON；当相加结果是 0000 时，置 1906 为 ON。

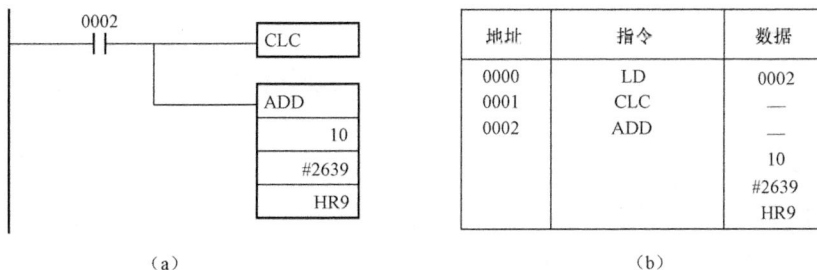

地址	指令	数据
0000	LD	0002
0001	CLC	—
0002	ADD	—
		10
		#2639
		HR9

图 5-28　ADD 指令的使用举例

（a）梯形图；（b）程序表

SUB（31）是减法指令，把一个通道的内容减去另一个通道的内容或一个常数，其差送到第三个通道中去。作为应用例子如图 5-29 所示，当输入点 0002 ON 时，内部辅助继电器 CH10 通道的内容减去保持继电器 HR8 的内容，其差送到保持继电器 HR9 中。若差值为负有借位，则标志位 1904 置为 ON；其差为 0000 时，1906 置为 ON。

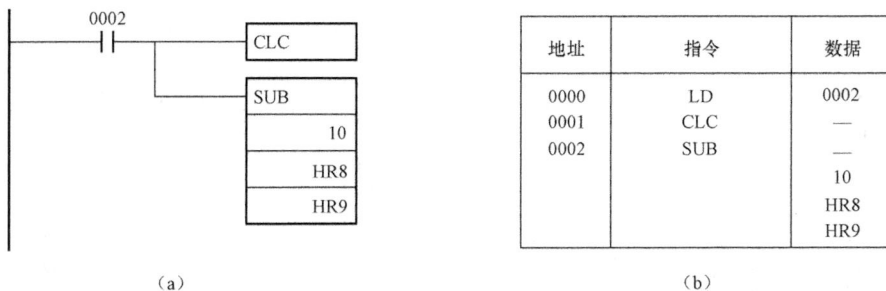

地址	指令	数据
0000	LD	0002
0001	CLC	—
0002	SUB	—
		10
		HR8
		HR9

图 5-29　SUB 指令的使用举例

（a）梯形图；（b）程序表

第六章 欧姆龙 PLC C200H 组成及指令系统

第一节 C200H PLC 系统的组成

一、系统的基本组成

C200H PLC 系统为模块式结构，图 6-1（a）所示为一个基本配置的 PLC 系统，它包括有 CPU 单元、存储器单元、I/O 单元和母板。

（1）CPU 单元。也称 CPU 模块，如图 6-1（b）所示为它的面板外形图。它的显示部分有 POWER（电源）、RUN（运行）、ALARM（报警）、ERROR（异常）和 OUT INHIBIT（输出禁止）五种指示灯。C200H 的 CPU 有 CPU01-E、CPU11-E（用 100～120V 或 200～240V AC 电源）和 CPU04-E（用 24V DC 电源）三种型号，图 6-1（b）中实际是 CPU01-E 和 CPU04-E 的面板。

接线端子共有 10 个，其中有接地、接电源、24V 直流电源和运转时的 ON 等端子。存储器单元安装连接部分用来安装一个存储器单元。

近年来，C200H 的 CPU 单元又在不断地改进，如已开发出 CPU21、23 和 31 等型号。

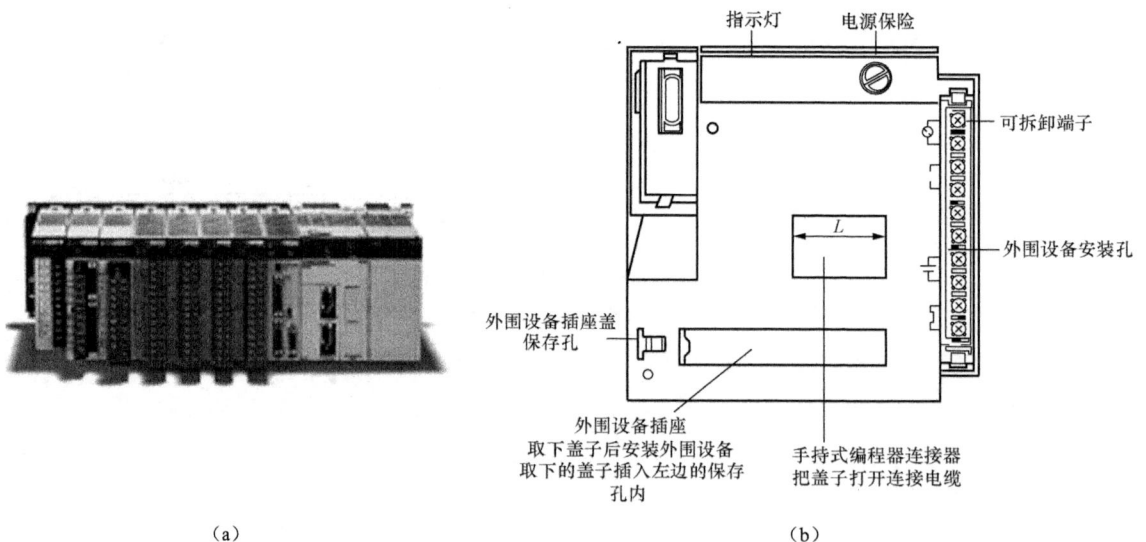

（a）   （b）

图 6-1 C200H PLC 基本配置图

（a）系统外形图；（b）面板外形图

（2）存储器单元。C200H PLC 的存储器单元分为 RAM、EPROM 和 EEPROM 三类。内存容量有 4K 和 8K 两种，但其中有一部分给系统使用（作部分 DM），故用户只可使用其中 2878 或 6974 字。在关断电源的情况下，后备电池可支持 RAM 内容达 5 年之久，若采用大电容则可支持 20 天。

存储器先安装在存储盒上，然后再装入 CPU 单元。在存储器单元侧面有两个开关：SW-1

是写入/保护开关；SW-2 是工作状态设定开关。

（3）I/O 单元。该单元用于处理输入与输出。它有 A 型和 B 型两种型号，分别示于图 6-2 中。它上面有型号标牌、I/O 指示灯、接线端子板、安装锁爪孔等。

I/O 指示灯与 I/O 点数对应，接线端子板有 COM 端、I 或 O 点。

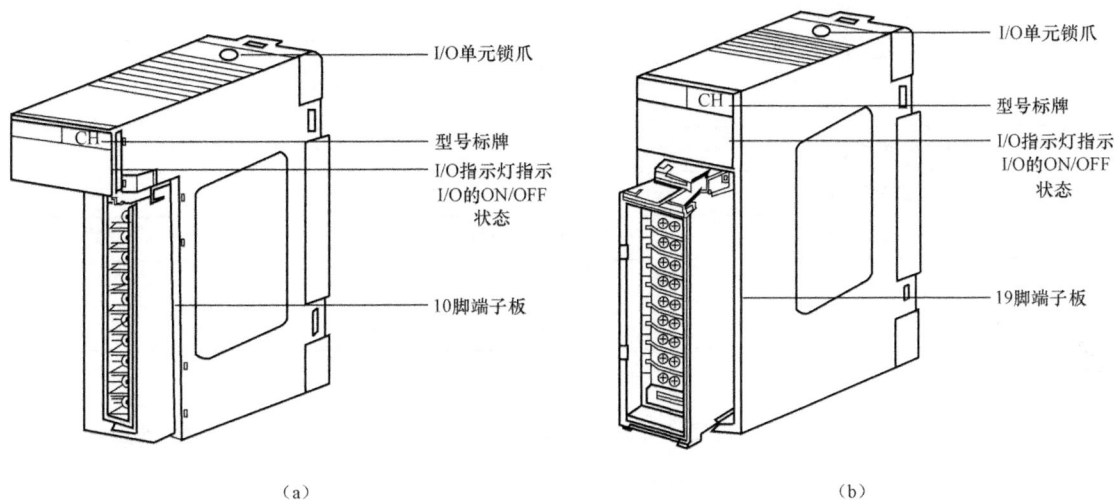

（a）　　　　　　　　　　　　　　　　　　　　　（b）

图 6-2　I/O 单元外观

（a）A 型 I/O 单元；（b）B 型 I/O 单元

（4）母板。母板（底板）为总线式结构，通过总线实现 CPU 与 I/O 单元等其他工作单元的联系。母板结构简单，它是一块带有插槽的平板，可以安装 CPU 单元、I/O 单元和特殊单元等。根据母板上插槽数目的不同，可分为 3、5、8、10 槽（以 I/O 槽计）4 种。

当 I/O 点数较多时，还可接 1～2 个 I/O 扩展装置。I/O 扩展装置母板与 CPU 装置母板相同，但在 I/O 扩展装置母板中需安装电源管理单元，CPU 单元与扩展 I/O 母板之间距离不得超过 12m。

二、系统的配置

C200H PLC 系统的组成根据需要可大可小。除基本系统外，还可配置远程 I/O 主、从单元、远程终端、模入模出单元、温度单元、高速计数单元、传感器单元、上位连接单元和网络链接单元等。C200H 系统的最大配置是在原配置的基础上，再配上远程 I/O 主、从单元和远程终端。一台 C200H 最多可配两个远程主单元，而从单元最多可配 5 个，远程终端则可达 32 个。在 CPU 母板或扩展 I/O 母板上配置远程主单元，而在另外的扩展母板上配置远程从单元。它们可用双绞线或光纤连接。用双绞线连接的远程从单元距离主机可达 200m，而用光纤连接则可达 800m。

第二节　C200H PLC 的内部器件

C200H PLC 的内部器件与 P 型机类似，如表 6-1 所示，下面作一简单介绍。

表 6-1　　　　　　　　　　　　　　　C200H 内部器件通道分配

区	通　道
I/O（输入/输出）	000～027（对 I/O 没有用的通道可以当工作位通道）
IR（工作位即内部辅助继电器）	030～250
SR（特殊继电器）	251～255
TR（暂存继电器）	TR0～TR7（是位，没有通道，只有 8 个位）
HR（保持继电器）	HR00～HR99
AR（辅助继电器）	AR00～AR27
LR（链接继电器）	LR00～LR63
TC（定时器，计数器）	TM000～TM511
DM（数据存储器）	DM0000～DM0999（读/写）
	DM1000～DM1999（只读）

1. 输入输出继电器 I/O

I/O 继电器区是 PLC 系统外部输入输出设备状态的映像区，共有 30 个通道，地址为 000～029。每个通道对应一个 I/O 单元，每个继电器与 I/O 单元的一个 I/O 端子相对应。与 P 型机不同的是使用比较灵活，输入输出继电器可混合使用。每个 I/O 单元占用的通道号由它在机架中的槽位决定，它们的编号由机架号、槽号和该槽安装的 I/O 单元的点号组成，例如一对 01 号机架扩展母板 1 槽位的 00 点输入单元（该机架有 0～9 槽，每槽装有 16 点输入单元），该输入继电器编号为 01100。C200H 机最多可有 480 个 I/O 继电器。

2. 内部辅助继电器 IR

可供内部辅助继电器使用的有 230 个通道，其编号为 030～250，继电器编号为 03000～25015（后两位为十六进制）。内部辅助继电器可作中间继电器用，也可供特殊单元使用，其中 050～231 通道可作为远程 I/O 从单元、特殊单元以及远程终端 I/O 单元的输入输出继电器区。

3. 保持继电器 HR

HR 起中间继电器的作用，可用于各种数据的存储和操作，有 100 个通道、1600 个位。通道编号为 HR00～HR99，触点编号为 HR0000～HR9915（后两位为十六进制）。

4. 辅助继电器 AR

AR 可掉电保持（有电池支持）。它有 28 个通道，编号为 AR00～AR27。每个通道有 16 个继电器。它们的分配是：AR00～AR06 用于通信时的监控和显示，AR07～AR22 与保持继电器功能相同，AR23～AR27 用于系统运行的监控。

5. 特殊继电器 SR

SR 用于监测 PLC 系统的工作状态，产生时钟脉冲和错误信号等。通道编号为 251～255，继电器编号为 25100～25507（最后两位为十六进制）。251 通道用于远程 I/O 部分单元异常显示。252 通道用于上位链接单元监视与异常显示（除 25215 用于控制输出外），253 通道中 00～07 位记录 PLC 故障代码，08～15 位用于监视 RAM 单元电池、监视扫描周期等。254 通道中，00 为间隔 1min 的时钟脉冲，01 为间隔 0.02s 的时钟脉冲，07 为使用步进指令时的初始化脉冲。255 通道中，00 为间隔 0.1s 的时钟脉冲，01 为间隔 0.2s 的时钟脉冲，02 为间隔 1s 的时钟脉冲，03、04、05、06 和 07 分别为出错标志、进位标志，大于、等于和小于标志。

6. 暂存继电器 TR

TR 没有通道，只有 8 个位，编号为 TR0～TR7，用于存储程序分支点上的数据。

7. 链接继电器 LR

LR 用于通信，作为 PLC 之间交换数据的存储区。它有 64 个通道，通道编号为 LR00～LR63，每个通道有 16 个继电器，故继电器编号为 LR0000～LR6315（后两位为十六进制）。

8. 数据存储器 DM

DM 用于数据的存储和处理，并只能以 16 位的通道为单位来使用，有电池或电容支持，可掉电保持。它们有 2000 个通道，编号为 DM0000～DM1999，其中 DM0000～DM0999 可读/写，这个区不能用于具有位操作的指令中。而 DM1000～1999 是只读，它们是为特殊 I/O 单元提供的参数区，由系统程序或编程器写入。

9. 定时器/计数器 TC

TC 有 512 个定时器/计数器，编号是 000～512。用来存储 TIM/CNT 的设定值和当前值，这个区只能以通道为单位使用。在使用中定时器和计数器不能重复使用同一个编号。注意在高速计时时，若扫描时间超过 10ms，需使用 TIM/CNT000～015，因其他号不能作中断处理。

第三节　C200H 的指令系统

C200H 有丰富的指令，共有 145 条，每条占 1～4 字，基本指令的执行时间是 $0.7\mu s$，输出指令是 $1.25\mu s$，定时/计数指令是 $2.5\mu s$。C200H 指令像 P 型机的指令一样也可分为基本指令和功能指令，其中有少数指令与 P 型机指令相同，但多数不相同，具有自己的特点。下面简要地有选择地分类进行介绍，详细的指令介绍可查阅有关手册。

一、基本指令

这类指令与 P 型机的基本指令是一致的，如 LD、LD-NOT、AND、AND-NOT、OR、OR-NOT、OUT、OUT-NOT、AND-LD、OR-LD 等指令。

二、互锁（分支）和清除互锁（分支结束）指令

互锁（分支）和清除互锁（分支结束）指令有 IL（02）和 ILC（03）指令。

三、程序跳转、跳转结束和程序结束指令

这三条指令是 JMP（04）、JME（05）和 END（01）。

四、锁存指令

锁存指令只有一条，为 KEEP（11）指令。

五、微分指令

微分指令有两条，DIFU（13）和 DIFD（14）指令，它们的含义同 P 型机。但是，在 C200H 机中有许多特殊功能的指令也具有微分特性（这是 C200H 指令系统的一个特点），这样便在这些功能指令的助记符前加@符号，成为具有微分性质的指令，表示该功能指令条件满足后的第一个扫描周期执行一次。若要再执行一次，必须在条件解除后再次满足条件才有效。

六、定时器和计数器指令

它们有定时器指令 TIM、高速定时器指令 TIMH（15）、计数器指令 CNT、可逆计数器指令 CNTR（12）以及高速计数器指令 FUN（89）。

七、传送指令

C200H 有多种传送指令，具体如下：

（1）数据传送指令：有数据传送指令 MOV（21）/@MOV（21）和数据求反传送指令 MVN（22）/@MVN（22）。

（2）多通道置数指令：有 BSET（71）/@BSET（71）指令。BSET（71）用于把某一通道的数据或一个常数传送到几个连续的通道中去。其梯形图符号如图 6-3 所示。

（3）块传送指令：有 XFER（70）和@XFER（70）指令。用于将几个连续源通道的内容分别传送到相同数量的连续目标通道中去，源通道和目标通道若在同一个区域，则不能重叠。其梯形图符号如图 6-4 所示。

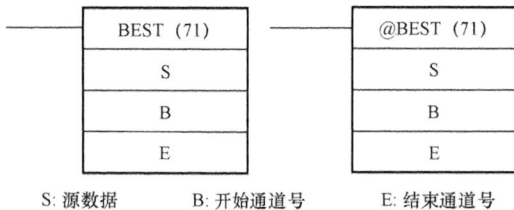

BEST (71)
S
B
E

@BEST (71)
S
B
E

XFER (70)
N
S
D

@XFER (70)
N
S
D

S: 源数据　　B: 开始通道号　　E: 结束通道号

N: 要传送的通道数量　　S: 源通道串的开始通道
D: 目标通道串的开始通道

图 6-3　BEST/@BEST 指令的梯形图符号　　　　图 6-4　XFER/@XFER 指令的梯形图符号

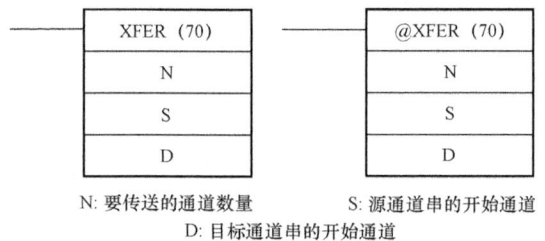

（4）数据交换指令：有 XCHG（73）/@XCHG（73）指令，用于将两个不同通道的数据进行交换。

（5）变址传送指令：有 DIST（80）/@DIST（80）指令，用于将一个通道中的数据或一个立即数传送到指定的目的通道中去，而该目的通道的地址由基地址与偏移量之和决定，其梯形图符号如图 6-5 所示，OF 必须是 BCD 码，且 $DB_S + OF$ 与 DB_S 必须在同一数据区。

（6）变址传送指令：有 COLL（81）/@COLL（81）指令，用于将源通道中的数据传送到目的通道，源通道地址由基地址和偏移量之和决定。梯形图符号如图 6-6 所示。OF 必须是 BCD 码，且 $SB_S + OF$ 与 SB_S 必须在同一数据区。

DIST (80)
S
DB_S
OF

@DIST (80)
S
DB_S
OF

COLL (81)
SB_S
OF
D

@COLL (81)
SB_S
OF
D

S: 源数据　　DB_S: 目的通道基地址　　OF: 偏移量

SB_S: 源通道基地址　　OF: 偏移量　　D: 目的通道

图 6-5　DIST/@DIST 指令的梯形图符号　　　　图 6-6　COLL/@COLL 指令的梯形图符号

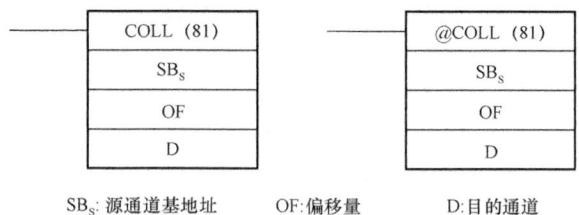

（7）位传送指令：有 MOVB（82）/@MOVB（82）指令，用于将源数据中的指定位传送到目的通道中的指定位。其中源位和目标位由控制通道中的 BCD 数指定。梯形图符号与控制数据格式如图 6-7 所示。

（8）数字传送指令：有 MOVD（83）/@MOVD（83）指令，用于将指定通道中的十六进制数或 1 个立即数（十六进制数）传送到目的通道中，且可按数字位分别传送到目的通道中的指定数字位。一次最多可传送 4 位十六进制数（即 16 个二进制数）。梯形图符号与控制数据格式如图 6-8 所示。

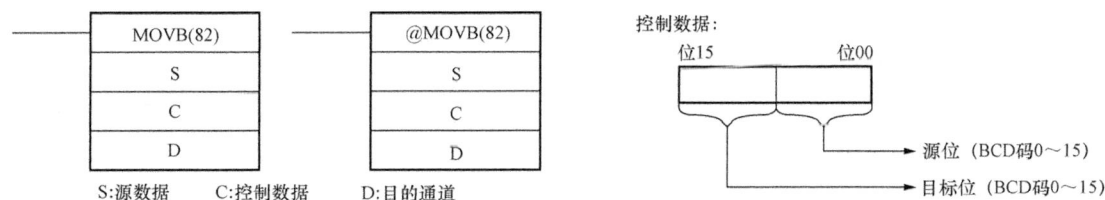

图 6-7　MOVB/@MOVB 指令的梯形图符号与控制数据格式

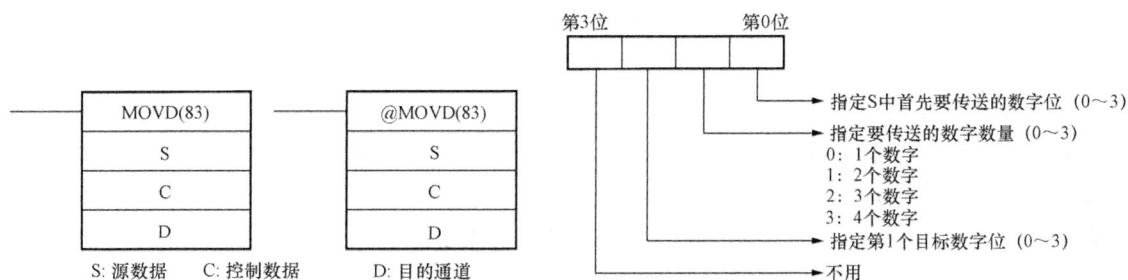

图 6-8　MOVD/@MOVD 指令的梯形图符号与控制数据格式

八、移位指令

它有多种不同移位方法的指令。

（1）位移位指令：有 SFT（10）指令，用于将指定通道的数据左移 1 位。

（2）字移位指令：有 WSFT（16）/@WSFT（16）指令，用于以通道为单位进行移位。

（3）双向移位指令：有 SFTR（84）/@SFTR（84）指令用于将指定的一个或几个连续通道的数据按位左移或右移。指令的梯形图符号和控制通道数据格式如图 6-9 所示。

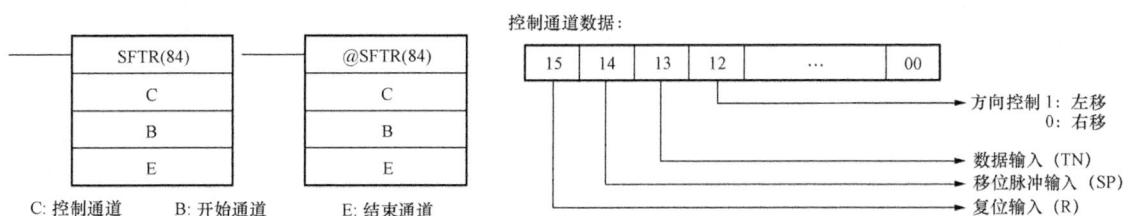

图 6-9　SFTR（84）/@SFTR（84）指令梯形图符号与控制通道数据格式

要保证指令正确执行，要求 B≤E，且 B 和 E 须在同一数据区。同时还需提供一个控制通道 C，信号（IN），（SP），（R）和（DR）隐含在控制通道 C 中，其操作过程如下：

当控制通道 C 的 15 位为 ON 时，控制通道的所有位和进位标志都被清 0，且 SFTR 不接受输入数据。

当控制通道 C 的 15 位为 OFF，12 位为 ON，且 SP 发出一次 OFF→ON 变化时，数据输入位的状态移到 B 通道的第 0 位，数据串依次左移，而 E 通道的第 15 位移到进位标志 CY。

当控制通道 C 的 15、12 位为 OFF，且 SP 由 OFF→ON 变化时，数据输入位的状态移到 E 通道的第 15 位，数据串依次右移，而 B 通道的第 0 位移入进位标志 CY。

（4）算术左移和右移指令。

算术左移指令 ASL（25）/@ASL（25）用于将一个通道中的数据向左移动 1 位，其最低位（位 0）补 0，最高位（位 15）移入进（借）位位（CY）。

算术右移指令 ASR（26）/@ASR（26）用于将一个通道中的数据向右移动 1 位，其最低位（位 0）移入进（借）位位（CY），最高位（位 15）补 0。ASL/ASR 指令操作如图 6-10 所示。

图 6-10　ASL/ASR 指令操作示意图
（a）左移；（b）右移

（5）循环左移和右移指令。

循环左移指令 ROL（27）/@ROL（27）用于将一个通道的数据和进（借）位位（CY）一起循环向左移 1 位。

循环右移指令 ROR（28）/@ROR（28）用于将一个通道中的数据和进（借）位位（CY）一起循环向右移 1 位。ROL/ROR 指令操作如图 6-11 所示。

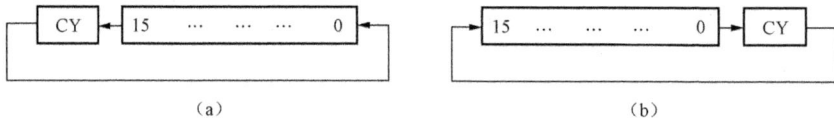

图 6-11　ROL/ROR 指令操作示意图
（a）循环左移；（b）循环右移

（6）数字左移和数字右移指令。数字左移指令 SLD（74）/@SLD（74）用于将一个或连续几个通道中的数据依次左移一个数字（4 位二进制），而数字右移指令 SRD（75）/@SRD（75）是将上述的数据依次右移一个数字（4 位二进制）。SLD（74）/SRD（75）指令梯形图符号如图 6-12 所示。

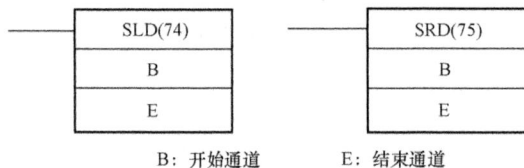

图 6-12　SLD/SRD 指令梯形图符号

九、比较指令

（1）数据比较指令：有 CMP（20）/@CMP（20）指令，用于比较两个通道中的数据，指令执行结果影响标志 EQ、LE、GR。

（2）块比较指令：有 BCMP（68）/@BCMP（68）指令，它首先要指定一个数据（十六进制），同时还指定一个数据块和一个存放比较结果的通道，该数据与数据块中 16 组数据逐一进行比较，这里每组有连续两个通道，其中第一个通道的数据小，第二个通道的数据大。如果指定的数据是在这两个数据范围之内，则比较结果为“1”，写入结果通道的对应位，否则写入“0”。

（3）表比较指令：有 TCMP（85）/@TCMP（85）指令，它是用指定的一个数据（十六进制）与指定的一个数据表中 16 个连续通道内的数据逐一作比较，若相等，则把“1”写入存放比较结果通道的对应位，否则写入“0”。

十、数制转换指令

（1）BCD 数转换为二进制数指令。BIN（23）/@BIN（23）指令是将一个通道中的 4 位

BCD 码转换成 16 位二进制数，并将其输出到目的通道中。

（2）双通道 BCD 数转换成二进制数指令。BINL（58）/@BINL（58）指令是将双通道的 8 位 BCD 码（占两个通道）转换成 32 位二进制数，其结果存入目的通道。

（3）其他转换指令。有二进制转换成 BCD 码指令 BCD（24）/@BCD（24），双通道二进制转换成 BCD 码指令 BCDL（59）/@BCDL（59），数字译码指令 MLPX（76）/@MLPX（76），数字编码指令 DMPX（77）/@DMPX（77），七段显示译码指令 SDEC（78）/@SDEC（78），ASCII 码转换指令 ASC（86）/@ASC（86）。

十一、BCD 运算指令

（1）加 1 和减 1 指令。

加 1 指令 INC（38）/@INC（38）是将 4 位 BCD 码内容加 1，指令运算结果不影响 CY，这 4 位 BCD 数取值区域为 IR、HR、AR、LR、DM 等。

减 1 指令 DEC（39）/@DEC（39）是将 4 位 BCD 码内容减 1，运算结果不影响 CY，4 位 BCD 数取值区域同 INC 指令。

（2）置进位标志和清进位标志指令。

置进位标志指令 STC（40）/@STC（40）指令是置进位标志 CY 为"1"。清进位标志指令 CLC（41）/@CLC（41）把进位标志 CY 变为"0"。

（3）BCD 加法指令。

ADD（30）/@ADD（30）指令是将两个 4 位 BCD 数相加，其结果输送到指定的通道中去。进位标志（CY）参加运算，即（被加数）+（加数）+CY→（结果通道）。当相加有进位时，CY 置 1。

（4）双字长 BCD 加法指令。

ADDL（54）/@ADDL（54）指令是将两个通道中的 8 位 BCD 数作带进位的加法，其结果输送到指定通道。

（5）BCD 减法指令。

SUB（31）/@SUB（31）指令是把两个 4 位 BCD 数作带借位的减法，其结果输送到指定通道中。

（6）双字长 BCD 减法指令。

SUBL（55）/@SUBL（55）指令是对两个 8 位 BCD 数作减法，并影响借位标志，其结果输送到指定通道中。

（7）其他运算指令。

BCD 乘法指令有：基本乘法指令 MUL（32）/@MUL（32），双字长乘法指令 MULL（56）/@MULL（56），基本除法指令 DIV（33）/@DIV（33），双字长除法指令 DIVL（57）/@DIVL（57），浮点数除法指令 FDIV（79）/@FDIV（79），求平方根指令 ROOT（72）/@ROOT（72）等。

十二、二进制数运算指令

这类指令有二进制加法指令 ADB（50）/@ADB（50）、二进制减法指令 SBB（51）/@SBB（51）、二进制乘法指令 MLB（52）/@MLB（52）、二进制除法指令 DVB（53）/@DVB（53）等，都用于完成 16 位二进制数的算术运算。

十三、逻辑运算指令

这类指令有求"反"指令 COM（29）/@COM（29）、逻辑"与"指令 ANDW（34）/@ANDW

（34）、逻辑"或"指令 ORW（35）/@ORW（35）、逻辑"异或"指令 XORW（36）/@XORW
（36）和逻辑"异或非"指令 XNRW（37）/@XNRW（37）。

十四、子程序指令

子程序是把一个大的控制任务分为较小的任务，以便能够重复调用某一组指令。在主程序中要调用一个子程序时，CPU 就暂停正在执行的主程序，而转去执行子程序中的指令。子程序执行完后，CPU 才回到原来的主程序，且从调用子程序指令的下一条指令开始执行。

（1）子程序定义指令。SBN（92）和 RET（93）指令分别用于子程序段的开始和结束。

（2）子程序调用指令。SBS（91）/@SBS（91）指令用于调用子程序，当在主程序执行中遇到 SBS N 时，程序就转向子程序 N（N 为一个 2 位数字的子程序标号），当在子程序执行过程中遇到 RET 时，就返回执行主程序中 SBS N 后面的指令。子程序可以嵌套子程序，嵌套级数≤16 级。

十五、步进指令

对于一个大型的控制程序，常可划分为一系列的程序段，每个程序段对应一个实际工艺过程。步进指令则用来定义这些程序段，在各程序段之间建立连接点。特别适合顺序控制方面的应用。这类指令有单步指令 STEP（08）和步进指令 SNXT（09）。其梯形图符号如图 6-13 所示。图中的 N 是程序段的编号，实际是一个位地址号，用于各程序段的通路控制。其取值区域为 IR、HR、AR 和 LR 继电器，其编号可按顺序编排。这里使用过的器件不能再作它用。

N：程序段编号

图 6-13　STEP N 和 SNXT N 指令的梯形图符号

STEP（08）N 和 SNXT（09）N 指令用来定义程序段，其中 N 的值是相同的（实际是程序段的标识符）。不带 N 的 STEP（08）表示一系列由 STEP（06）N 和 SNXT（09）N 所定义的程序段的结束。它们的具体使用是：步进程序段由 SNXT（09）N 指令开头（它对前面用过的定时器复位，并把数据区清零），紧跟着是 STEP（08）N 指令（N 是程序段的开始标记），然后是该程序段各指令集。在一系列步进程序段之后要紧跟一条 SNXT（09）N 指令，其中 N 值是无意义的，可使用任何未被使用用的数据区地址，在该指令之后还要用不带操作数的 STEP（08）指令来标志这一系列程序段的结束。

注意：在步进程序中不能使用 END、IL / ILC、JMP / JME、SBN 指令。

图 6-14 所示为步进指令的编程举例，当输入 00000 为 ON 时，开始执行 LR2005 程序段。当输入 00001 变为 ON 时，LR2005 程序段中使用的数据区各状态如下：

输出 IR、HR、AR 和 LR 位均为 OFF；

定时器均复位；

计数器、移位寄存器和 KEEP 指令所用位均保持原状态。

注意：如果一个步进指令使用了一个在程序的其他地方已使用过的编号，将会产生一个重复输出的错误。

十六、专用指令

C200H 指令中还设有专用指令，用于一些专门的场合。

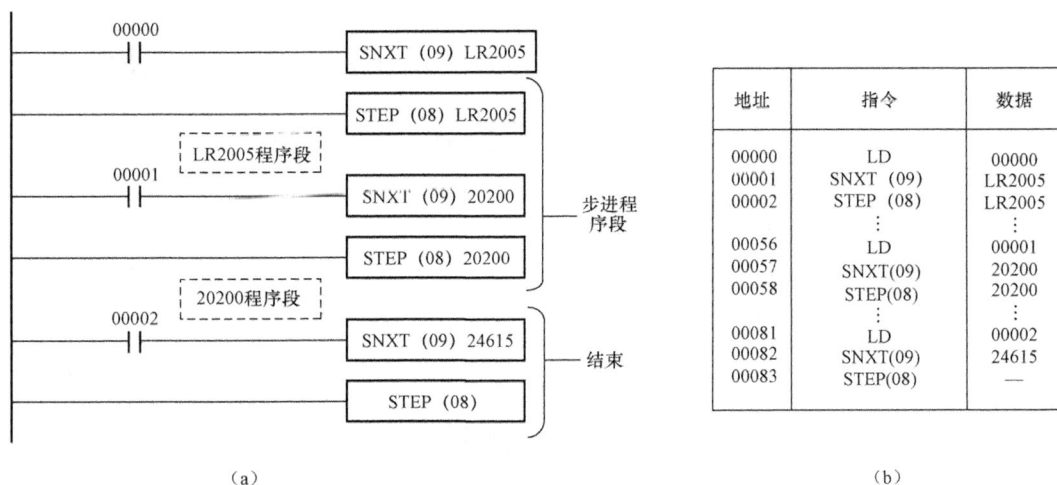

图 6-14　步进指令的编程举例
(a) 梯形图；(b) 程序表

（1）故障报警指令 FAL（06）/@FAL（06）、FALS（07）用于故障诊断。

（2）信息显示指令 MSG（46）/@MSG（46）可将 8 个连续通道中用 ASCII 码表示的 16 个字符送到编程器屏幕上显示。

（3）位计数指令 FUN（67）/@FUN（67）可对指定的通道中值为"1"的位进行计数，并将计数结果输出至指定通道中。

（4）系统定时器设置指令 WDT（94）/@WDT（94）用来改变系统定时器（看门狗）的设定值。

（5）I/O 刷新指令 IORF（97）/@IORF（97）可以随时刷新指定的一组 I/O 通道。

第四节　C200H 的远程单元及标准模块

C200H PLC 性能优异，它不仅表现在有丰富的指令系统、快速的运算处理方面，而且更重要的反映在具有多种类的 I/O 单元和功能齐全的特殊接口单元。这使 C200H 机具有多种通道，能与上级计算机系统、工业现场设备和其他 PLC 组成有一定规模的计算机控制与管理系统。限于篇幅，这里仅简单介绍远程单元，并给出标准模块型号及其说明。

1. 远程主单元

远程单元包括有远程 I/O 主单元、从单元和远程终端。

（1）远程主单元。远程主单元有导线式和光纤式两种。这两种主单元的外观不相同，但都有显示部分、设定开关和接线端子等。它们与 I/O 单元一样，安装在 CPU 或扩展 I/O 装置母板的安装槽上，通过插针插座相连接与 CPU 建立电联系，并用机械卡子自动锁紧在母板上。

（2）远程从单元。远程从单元也有导线式和光纤式两种。这两种外观都有显示部分，指示不同的工作状态；有接线端子排，用以接电源、地线和 ON 输出触点；还有 DIP 开关可对从单元编号作设定。导线式从单元有接传送线的两个端子，而光纤式从单元有一个小盖板，里面有连接光缆的插座。

　　从单元安装在从单元母板上。这种母板与 CPU 母板或扩展 I/O 装置母板通用。在从单元母板的 I/O 槽可安装各种 I/O 单元，通过扩展电缆，可连接远程从单元的扩展机架，但全系统从单元数不能超过 5 个。

　　（3）远程终端。远程终端也有导线式与光纤式两种，这里不作介绍。

　　（4）远程单元工作举例。图 6-15 所示为双绞线传送的远程单元工作框图，远程主单元接在 CPU 装置上。主单元包括有 CPU、系统内存、工作内存、内部 I/O 口、传送接口等，在 CPU 的控制下进行并行信号与串行信号的互相转换，并通过 RS-485 串行口收发信号。

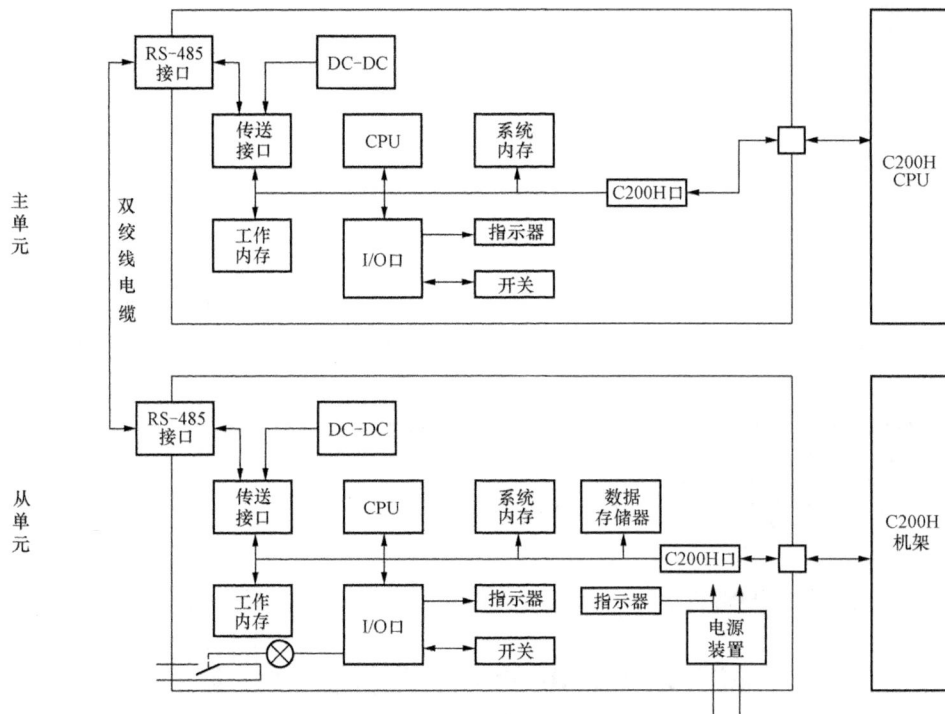

图 6-15　双绞线传送的远程工作单元工作框图

　　从单元的情况与主单元相似，但它还有内部数据存储器、电源部分及一对可用作监控的触点。

　　2. 标准模块简介

　　C200H 采用的是模块式结构，这些模块有 CPU、基本单元的模块，也有输入单元和输出单元模块，以及特殊 I/O 单元。只要组合得当，就可得到功能强大的 PLC 系统。表 6-2 所示为 C200H 标准模块型号及说明，以供选用。

表 6-2　　　　　　　　　　　　　　**C200H 标准模块型号及说明**

名　　称	说　　明	型　　号
（a）CPU 及有关单元		
母板	10 槽	C200H-BC101
	8 槽	C200H-BC081-V1

续表

名 称	说 明		型 号
母板	5 槽		C200H-BC051-V1
	3 槽		C200H-BC031
CPU	电源：100～120V AC 或 200～240V AC	输出电流：3A（I/O 单元：1.6A）	C200H-CPU01-E
		可安装的 SYSMAC 网络链接单元或 SYSMAC 链接单元	C200H-CPU11-E
	电源：24V DC	输出电流：3A（I/O 单元：1.6A）	C200H-CPU03-E
存储器单元	RAM 单元，电源支持	3K 字程序，1K 字数据存储区	C200H-MR431
		7K 字程序，1K 字数据存储区	C200H-MR831
	RAM 单元，电容支持	3K 字程序，1K 字数据存储区	C200H-MR432
		7K 字程序，1K 字数据存储区	C200H-MR832
	EPROM 单元①，7K 字程序，1K 字数据存储区		C200H-MP831
	EEPROM 单元，3K 字程序，1K 字数据存储区		C200H-ME431
	EEPROM 单元，7K 字程序，1K 字数据存储区		C200H-ME831
EPROM 芯数	27128，200ns，12.5V		ROM-IB-B
	27128，150ns，12.5V		ROM-ID-B
扩展 I/O 装置电源	100～120V AC 或 200～240V AC（可选择）		C200H-S224
	24V DC		C200H-S221
I/O 连接电缆	30cm		C200H-CN311
	70cm		C200H-CN711
	2m		C200H-CN221
	5m		C200H-CN521
	10m		C200H-CN131

（b）输入、输出单元

名 称	说 明		型 号
直流输入单元	12～24V DC	8 点	C200H-ID211
	24V DC	16 点	C200H-ID212
无压触点单元	NPN（负公共端）	8 点	C200H-ID001
	PNP（正公共端）	8 点	C200H-ID002
AC 输入单元	100V AC	8 点	C200H-IA121
	100V AC	16 点	C200H-IA122
	200V AC	8 点	C200H-IA221
	200V AC	16 点	C200H-IA222
AC/DC 输入单元	12～24V AC/DC	8 点	C200H-IM211
	24V AC/DC	16 点	C200H-IM212
继电器输出单元	2A，250V AC/24V DC 独立触点	8 点	C200H-OC221
	2A，250V AC/24V DC 独立触点	12 点	C200H-OC222
	2A，250V AC/24V DC 独立触点	16 点	C200H-OC225
	2A，250V AC/24V DC 独立触点	5 点	C200H-OC223
	2A，250V AC/24V DC 独立触点	8 点	C200H-OC224

续表

名　称	说　明		型　号
晶体管输出单元	1A，12V～48V DC	8 点	C200H-OD411
	0.3A，24V DC	12 点	C200H-OD211
	0.3A，24V DC	16 点	C200H-OD212
	2.1A，24V DC	8 点	C200H-OD213
	0.8A，24V DC（PNP 输出，短路保护）	8 点	C200H-OD214
	0.3A，5～24V DC（电源型式，正公共端）	8 点	C200H-OD216
	0.3A，5～24V DC（电源型式，正公共端）	12 点	C200H-OD217
可控硅输出单元	1A，200V AC	8 点	C200H-OA221
	0.3A，200V AC	12 点	C200H-OA222
	1A，120V AC	8 点	C200H-OA121-E
（c）特殊 I/O 单元			
高速计数单元	BCD，7 位数，50kHz，线驱动	1 路	C200H-CT001-V1
	BCD，7 位数，75kHz，线驱动	1 路	C200H-CT002
位控单元	脉冲串输出	单轴向	C200H-NC111
	单轴向伺服驱动器，线驱动器	单轴向	C200H-NC112
	脉冲串输出	双轴向	C200H-NC211
模拟定时单元	0.1～1.0s/1～10s/10s～1min/1～10min（可选择）	4 路	C200H-TM001
温度传感器单元	热电偶 K（CA）/I（IC）		C200H-TS001
	热电偶 K（CA）/L（FC-CUNT）（德国标准）		C200H-TS002
	电阻温度球泡（Pt100Ω）		C200H-TS101
	电阻温度球泡（Pt100Ω）（德国/日本 1989）		C200H-TS102
ASCII 单元	24K 字节 RAM，24K 字节 EEPROM		C200H-ASC02
声音单元			C200H-OV001
ID 传感器	电磁感应		C200H-IDS01
直流输入单元	5V DC（TTL 输入），高速输入功能	32 点	C200H-ID501
	24V DC，快速响应功能	32 点	C200H-ID215
晶体管输出单元	0.1A，24V DC（可在 32 点静态输出或动态输出之间选择）	32 点	C200H-OD215
	35mA，5V DC（动态输出或者 32 个静态输出可以选择）	32 点	C200H-OD501
直流输入/晶体管输出单元	24V DC（可选择 16 点静态 I/O 或动态 I/O）其中 8 点可作为快速响应输入	16 点	C200H-MD215
	5V DC（可选择 16 点静态 I/O 或动态 I/O）其中 8 点可作为快速响应输入	16 点	C200H-MD501
	12V DC（可选择 16 点静态 I/O 或动态 I/O）其中 8 点可作为快速响应输入	16 点	C200H-MD115
连接电缆	适用 RS-232C 接口	2m	C200H-CN224

　注　晶体管输出单元 C200H-OD212 和继电器输出单元 C200H-OC225 一定要安装在 C200H-BC051-V1 或者 C200H-BC051-V1 的底板上。

　① EPROM 要单独购买。

第七章 PLC 的程序设计方法

第一节 PLC 的编程方法与规则

PLC 是专为工业控制而开发的装置，它的程序编制和安装维修任务主要由工厂第一线的电气技术人员及高级电工承担，因此，PLC 从结构到操作系统的设计都尽可能地使用户能够很快地熟练掌握它的应用技术。目前，PLC 的编程方法主要有两种：命令语句表达式（指令助记符）和与电气原理图十分相似的梯形图。

一、命令语句表达式编程

1. 基本格式

在许多超小型 PLC 产品中，没有 CRT 图形显示器，用户编制的程序用一系列 PLC 指令语句将控制逻辑和关系表达出来，并通过简易编程器将指令逐条键入 PLC 内存中。PLC 的指令与微机的汇编指令相似，每条指令规定了 CPU 如何动作。虽然目前不同型号的 PLC 指令的语句形式不同，但 PLC 指令都由操作码和操作数组成。

操作码——指定执行什么功能；

操作数——指定执行某一功能操作所需数据的所在地址及运算结果存放地址。

2. 编程规则

（1）程序以指令列按序编制，指令语句的顺序与控制逻辑有密切关系，随意颠倒和删除指令都会引起程序出错或逻辑出错。

（2）操作数必须是所用机器允许范围内的参数，参数超出元素允许范围将引起程序出错（有些 PLC 在键入指令时具有操作数超出允许范围出错提示功能）。

（3）命令语句表达式指令编程与梯形图编程相互对应，两者可以相互转换。

（4）为了让 CPU 区别不同的编程元素，每个独立的元素应指定一个互不重复的参数。

二、梯形图编程

梯形图是在电气控制系统中继电器—接触器原理图基础上演变而来的，它形象、直观、易掌握，对于从事电气控制领域的工程技术人员尤为适用，是目前 PLC 的主要编程方法。

1. 梯形图编程格式

（1）每个梯形图网络由多个梯级组成，每个输出元素构成一个梯级，每个梯级可由多个支路组成，左侧安排触点（动断、动合），组成输出执行条件的逻辑控制，最右侧的元素必须是输出元素，如图 7-1 所示。

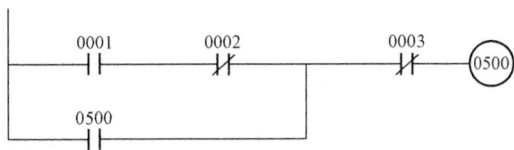

图 7-1 一个梯级的梯形图

（2）梯形图中每个编程元素应按一定的规格加标字母数字串，不同的编程元素常用不同的字母符号和一定的数字串来表示。

（3）在一个程序中，同一个位号可以多次用作输入，但不能重复用作输出。

（4）梯形图程序结尾必须以 END 指令结束。

2. 梯形图编程规则

PLC 实际上是一种工业控制用微型计算机，因此，梯形图不能完全等同于电气原理图，它具有由计算机决定的若干特点。在设计梯形图和编制程序时应遵照梯形图编程规则。

（1）几个串联支路相并联，应将触点多的支路放在梯级的上面，如图 7-2 所示；几个并联回路相串联，应将触点多的并联回路放在梯级的左面，如图 7-3 所示，这样安排可减少用户程序内存占用量和缩短程序扫描时间。

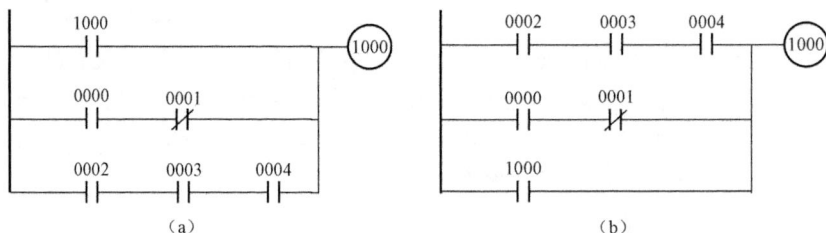

图 7-2　梯形图画法之一
（a）不合理；（b）合理

图 7-2（a）程序：

```
LD      1000
LD      0000
AND     NOT     0001
OR      LD
LD      0002
AND     0003
AND     0004
OR      LD
OUT     1000
```

图 7-2（b）程序：

```
LD      0002
AND     0003
AND     0004
LD      0000
AND     NOT     0001
OR      LD
OR      1000
OUT     1000
```

由此可见，图 7-2（a）梯形图程序比图 7-2（b）多一条指令（OR　LD）。

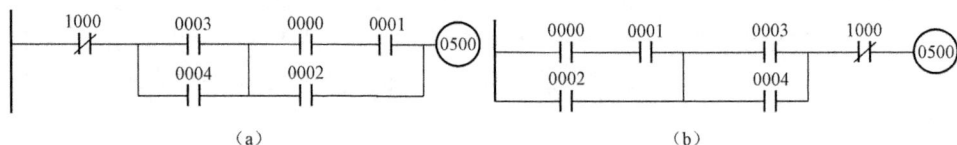

图 7-3　梯形图画法之二
（a）不合理；（b）合理

图 7-3（a）程序：

```
LD      NOT     1000
LD      0003
OR      0004
AND     LD
LD      0000
AND     0001
OR      0002
AND     LD
OUT     0500
```

图 7-3（b）程序：

```
LD      0000
AND     0001
OR      0002
LD      0003
OR      0004
AND     LD
AND     NOT     1000
OUT     0500
```

图 7-3（a）梯形图程序也比图 7-3（b）多一条指令（AND　LD）。

（2）触点应画在水平线上，不画在垂直线上，不包含触点的分支应画在垂直分支上，不画在水平分支上，以便识别触点组合和对输出线圈的控制路径。如图 7-4 所示，左图无法编程，修改后的右图成为逻辑不变的、可以编程的梯形图。图 7-5 给出了另一个例子，左图按梯形图规则重画后，成为便于编程和看清控制路径的右图。

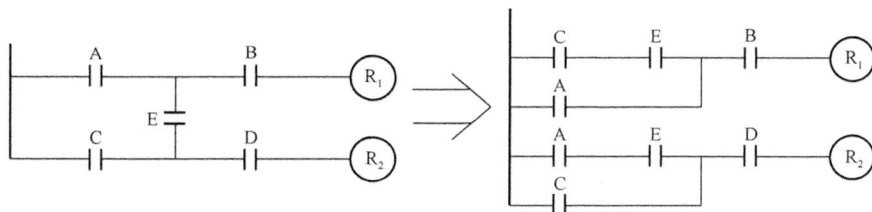

图 7-4　梯形图画法之三

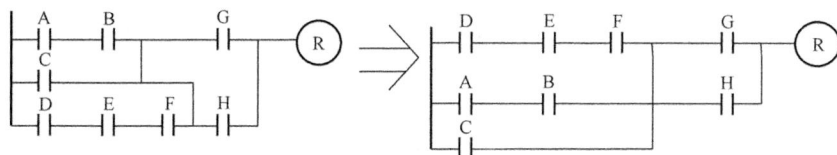

图 7-5　梯形图画法之四

（3）梯形图和命令语句表达式编程具有对应关系。由梯形图转换成指令必须按照从左到右、自上而下的原则进行，以图 7-6 所示梯形图为例，其编程顺序如图 7-7 所示。

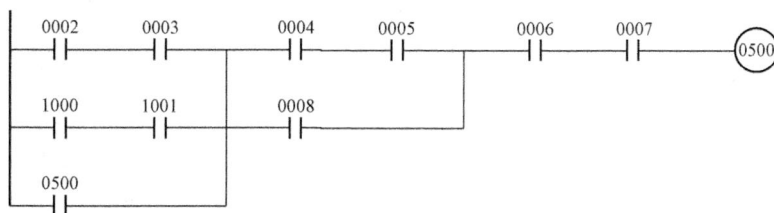

图 7-6　梯形图示例

3. 编程注意事项

（1）不能简单地按电气原理图方式编程。由前面列出的梯形图特点可知，梯形图不同于一般的继电接触器线路图，在编写梯形图时必须留意，稍不注意就会使程序出错。例如，图 7-8 程序段 A 的设计意图是每隔 1h 使 CNT 004 接通一次。程序中利用定时器 T000 内 1min 接通一次的脉冲信号作为计数器的 CP 脉冲输入，CNT 004 计满 60 次后发出一脉冲信号。如果从一般的电气原理图角度看程序，程序段 A 是能正常工作的，因为电气线路上任一元件动作，其触点不论在线路上面还是在线路的下面，都能同时进行电路的切换，但根据梯形图特点，当程序执行到 c 或 d 点时，T000 计时时间到，T000 动合闭合，CNT 004 的 CP 端信号有效，CNT 004 作减一计数；而当程序执行到 d、e、f、g、h 点及 b 点之前或 h 点之后的任一瞬间，T000 计时满 1min，CNT 004 均不能得到 T000 接通的脉冲信号。例如，程序扫描到 e 点时 T000 才计时到，T000 变为"1"，但由于执行的 LD T000 指令取到的是"0"，所以本次扫描

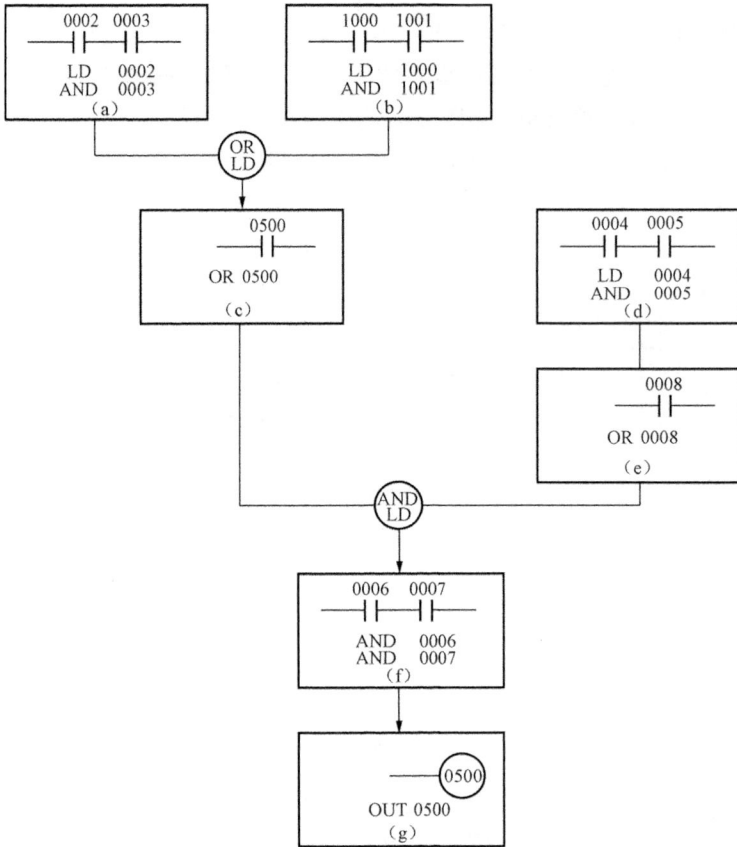

图 7-7　编程顺序示意图

周期中 CNT 004 的 CP 端没有脉冲输入。而在下一个扫描周期中的 b 点，LD NOT T000 将
"1" 取反得 "0"，执行 OUT T000 指令将 T000 复位，T000 又恢复 "0" 状态，再执行下面
程序时由于 T000 又为 "0"，计数器 CP 端仍无脉冲输入，这样 CNT 004 将漏计 T000 一次
脉冲信号而产生定时出错。根据梯形图特点，将图 7-8 略加修改，得到的图 7-9 梯形图就能
正确实现设计意图。

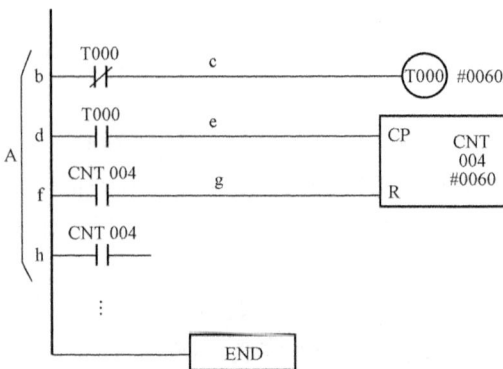

图 7-8　计数器错误编程　　　　　　　　　图 7-9　计数器改进编程

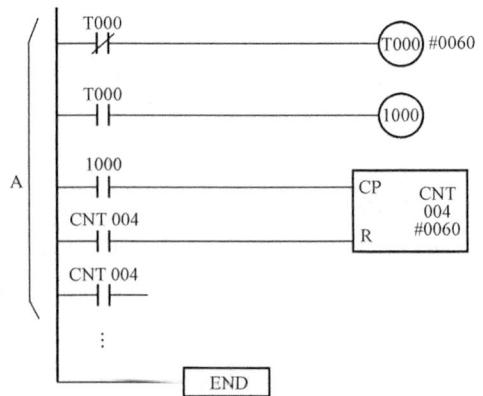

（2）电平信号与脉冲跳变信号。在 PLC 指令中有不少指令的执行条件是以跳变信号作为触发条件的，它与电平触发有本质区别，例如 PLC 中的移位寄存器的移位 CP 和计数器的计数 CP 均为跳变触发信号。图 7-10 中，如果 0001 信号保持电平不变（无论是高电平还是低电平），移位寄存器和计数器状态也将保持不变，仅当 0001 输入端上次采样信号为"0"，本次采样信号为"1"时，移位寄存器右移一位，计数器 CNT 004 减一计数。还应指出，对于脉冲输入信号，PLC 对其有脉宽要求。如果输入脉冲的脉宽 t_3 小于 PLC 工作扫描周期，脉冲信号将可能未被采集而丢失，如图 7-11 所示，PLC 工作扫描周期 T，其中 t_1 为输入采样阶段，t 为程序运行阶段，t_2 为输出刷新阶段，当 $t_3<T$，PLC 采样就不能保证采入 0001 信号，所以要保证采样正确，输入信号脉宽必须大于 PLC 工作扫描周期。

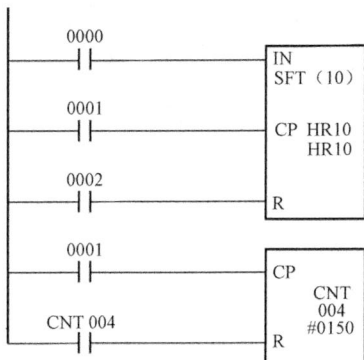

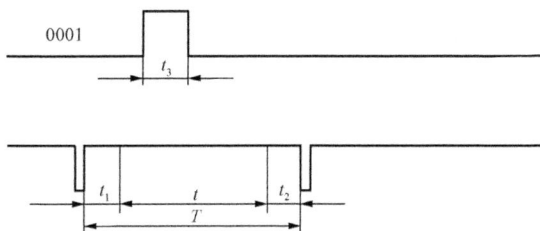

图 7-10　CP 脉冲输入　　　　图 7-11　输入信号与扫描周期的关系

（3）线圈重复输出问题。PLC 程序检验时经常会遇到重复输出的出错提示，这条提示是指用户程序中出现了同一编号元素有两次以上的输出。一般来说，PLC 用户程序中不允许出现重复输出编程，其原因是 PLC 在执行程序时是将运算结果存入相应元素的状态寄存器中，如果同一编号元素在一个扫描周期内输出两次以上，也就是说对该元素进行了两次以上的运算，当运算结果不一致时，输出状态取决于后一次写入状态寄存器的运算结果。但如果能保证一次扫描中不会发生重复输出，则重复使用同编号元素输出是容许的。如图 7-12 所示，虽然程序段 A

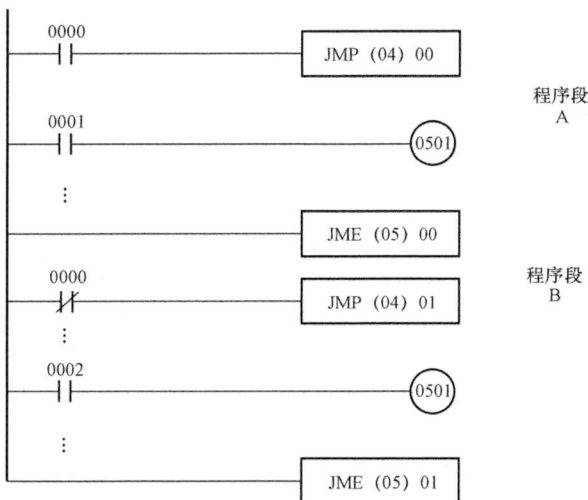

图 7-12　允许重复输出的例子

和程序段 B 中都包含了 OUT 0501 指令，但程序执行过程中不可能在一个扫描周期同时执行程序段 A 和程序段 B（跳步的条件为非的关系），所以这样程序是容许的。

（4）输入端子连接。可编程序控制器的输入形式有多种，正确、合理地连接是 PLC 正常运行的首要条件。输入端连接不当，不但会影响输入信号接收，严重时会直接损坏 PLC 的输入端。目前，常用的开关量输入线路有无压触点输入单元、交/直流输入单元、交流输入单元三种，如图 7-13（a）、（b）、（c）所示。

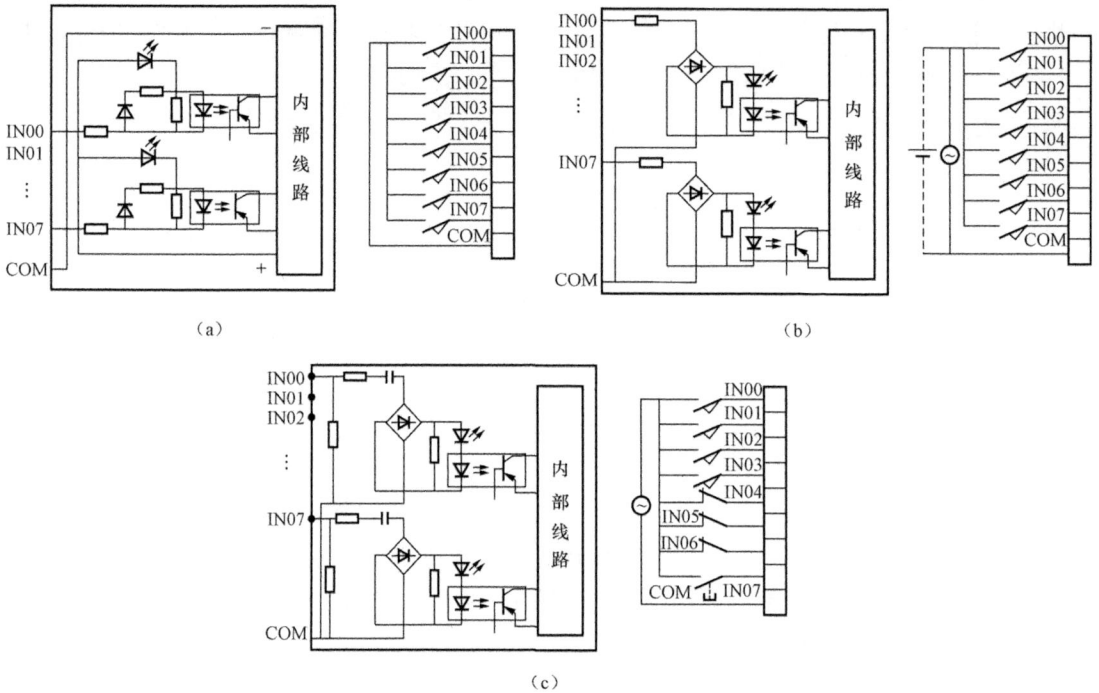

（a）

（b）

（c）

图 7-13　PLC 输入单元

（a）无压触点输入；（b）交/直流输入；（c）交流输入

PLC 输入端的连接必须根据它的输入线路而定，连接时应注意以下几种情况：

1）输入是否需外接电源。

2）输入串接电源类型：交/直流任意或指定交流。

3）电源幅值及极性要求。

（5）输出端子连接。与 PLC 输入端连接相似，开关量输出端的连接也取决于输出电路结构。当负载确定后，由负载电源的类型及控制动作频率，选择 PLC 的相应的输出模块。一般可供选择的模块有继电器、晶体管和晶闸管三种。其中，晶体管的动作频率最高，晶闸管次之，继电器允许动作频率最低。各种元件输出接线如图 7-14 所示。连接时应引起注意的是：

1）负载电源类型：交/直流任意或指定交流、直流。

2）负载电源幅值和极性要求。

3）负载容量及性质。

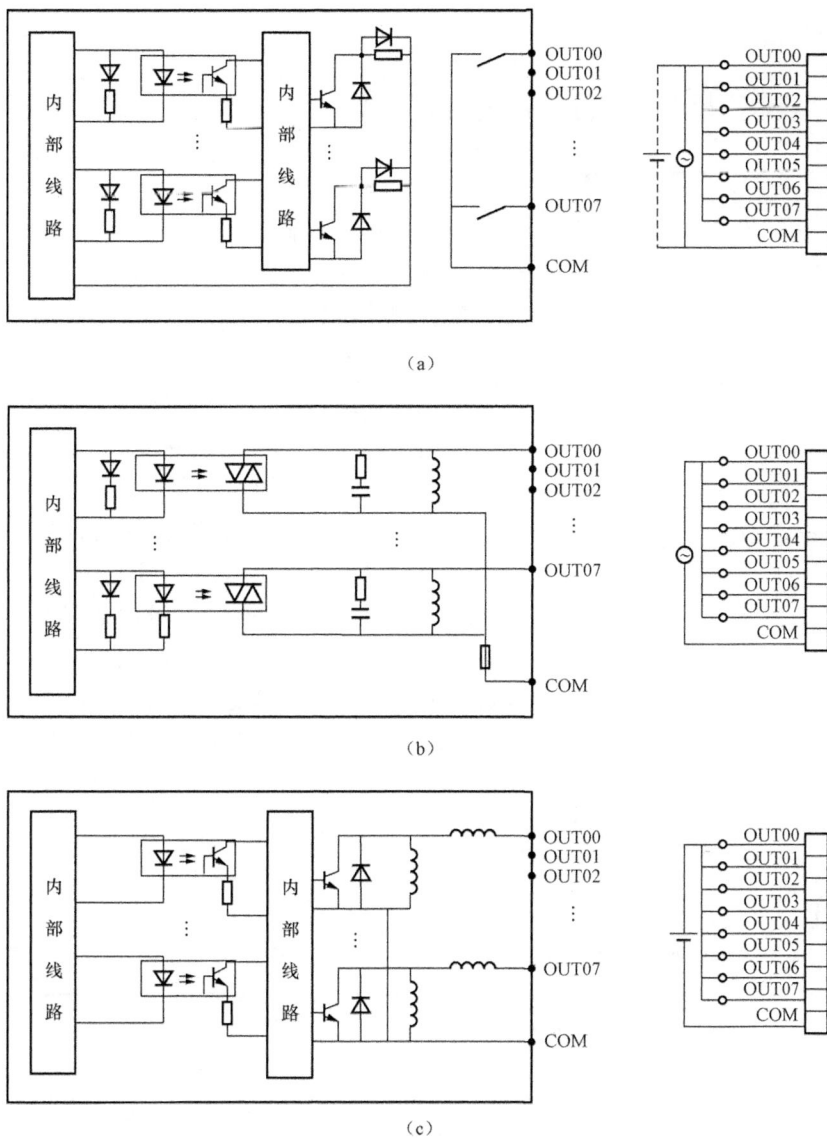

图 7-14 各种元件输出接线图

（a）继电器输出；（b）晶闸管输出；（c）晶体管输出

PLC 输出端对电源有具体要求。例如选用晶闸管作输出模块，电源误用直流，则输出一经触发，该管子将无法关断。另外还要考虑输出元件和负载性质。例如采用半导体元件作输出模块，控制的负载为感性，那么感性负载在受控通断瞬间产生的反向过电压有害于输出元件，尽管 PLC 已在输出电路结构上考虑了保护电路，但从输出元件使用寿命和安全角度出发，仍应并接过电压吸收电路，以保护输出元件，如图 7-15 所示。

（6）输入/输出点数统计。PLC 采用模块式结构，使输入、输出点数可较灵活地组合。但在实际应用中常会碰到两个问题：一个是 PLC 可扩展 I/O 点数有限；另一个是增加 I/O 扩展单元将提高成本。所以，在系统设计时我们应合理地使用 I/O 点，尽可能减少使用 I/O 点数。

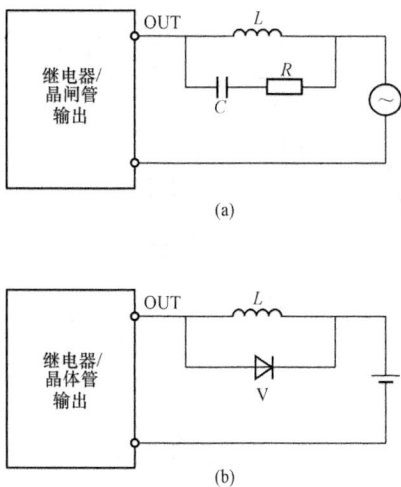

图 7-15　输出保护电路

1）输入点数统计。从表面上看，系统的输入点数等于系统的输入信号数。但实际应用过程中，可根据系统控制的不同层次或工步将信号归属于相应的层次中，在保证输入信号正确可靠的前提下，合理地将多个输入信号共用一个输入通道。其基本实施方法如图 7-16 所示。设系统有三个相互独立的层次，且系统中各输入信号都能保证只出现在各自的层次程序运行阶段，那么系统就能可靠地用一个输入通道采入多个分属于不同层次的信号，如图 7-17 所示。如果系统中信号不能保证只出现在各自层次程序运行阶段，简单地套用上述方法，系统会因输入信号混淆而出错。这种情况下，必须采用层次程序输出标志触点，选通相应层次输入信号，如图 7-18 所示，以避免输入信号间的相互干扰。这样，系统可用较少输入点，采入较多的外部信号。

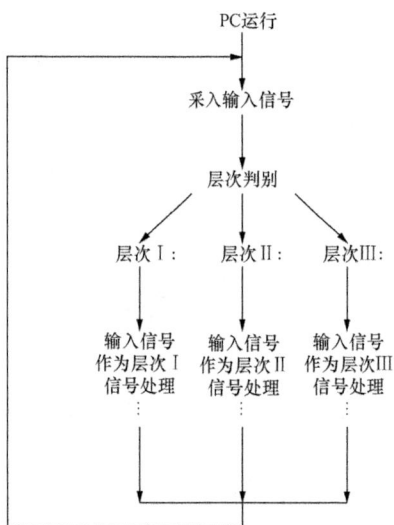

2）输出点统计。PLC 的输出点具有一定的带载能力。在输出触点容量允许的情况下，可直接驱动负载。若负载需要多副触点或触点容量不够时，通常用 PLC 输出点驱动接触器线圈或其他执行元件，由接触器或其他执

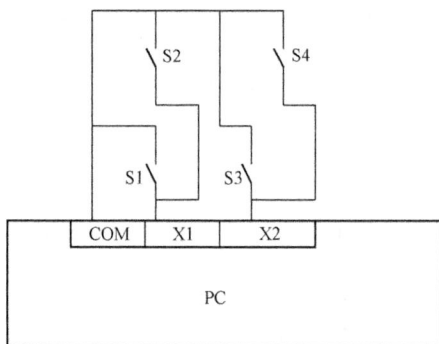

图 7-16　信号分层采入流程图

图 7-17　共用输入

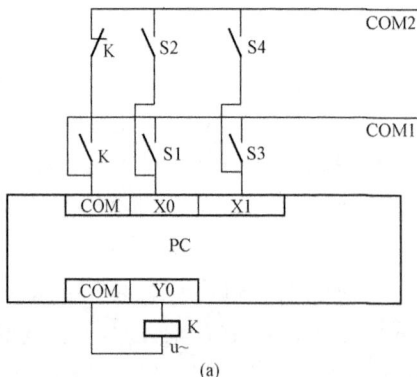

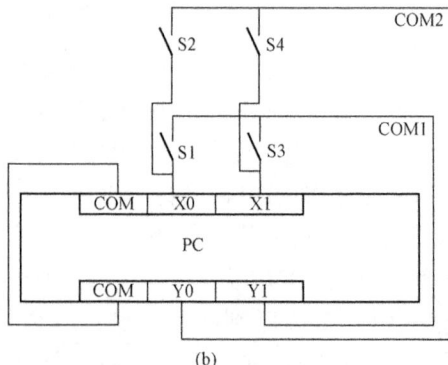

图 7-18　分时选通输入

行元件去驱动负载。所以，减少输出点的方法是采用 **X—Y** 矩阵译码法。图 7-19 中采用 8 个输出点，组成 4×4 译码距阵，当 **X**、**Y** 行列中均有一个输出点有效时，受控的 16 个接触器中便有一个线圈受激。这样，用 8 个输出点可控制 16 个不同控制逻辑要求的负载，实际使用时应注意分时刻选通，避免触点在一个扫描周期内重复输出。

（7）消除开关量输入信号"抖动"干扰。实际应用中，有些传感器在输入接通信号时，由于外界干扰会发生触点时通时断的"振动"现象。这种干扰会直接影响 PLC 的控制。如图 7-20 所示，输入 0000 的"抖动"，使

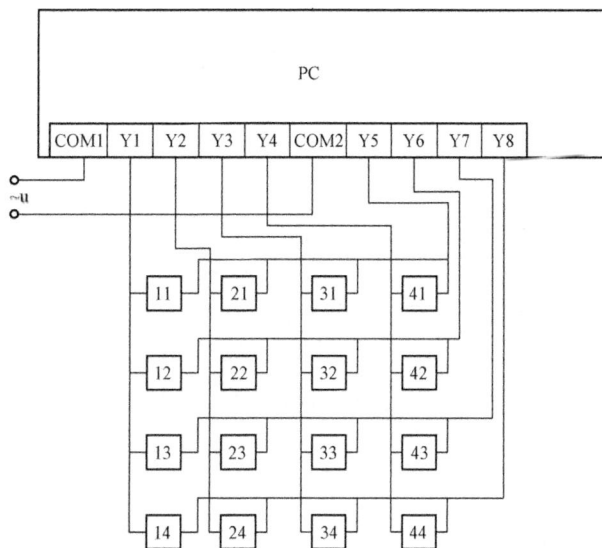

图 7-19　矩阵译码输出

输出 1000 也发生触点"振动"。消除这种干扰的方法之一是采用计数器经适当编程来实现，其梯形图如图 7-21 所示。当"振动"干扰使输入 0000 断开时间间隔 $t_A < K \times 0.1s$，计数器输出为"0"，输出继电器 1000 保持导通，不影响 PLC 正常工作。仅当输入 0000 断开时间间隔 $t_A > K \times 0.1s$，计数器 CNT000 计满 K 次使输出为"1"，输出继电器 1000 则断开（K 为计数器预置的常数），从而影响 PLC 正常工作。

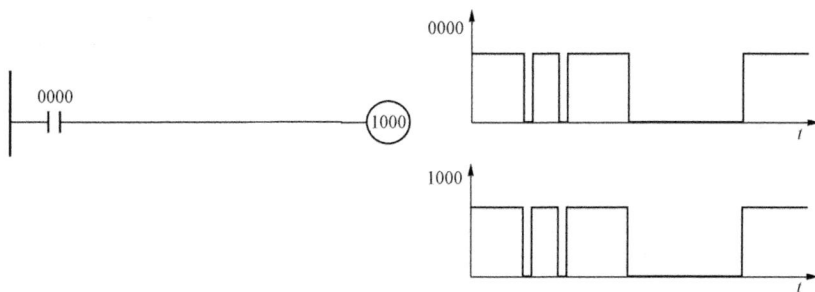

图 7-20　输入干扰影响

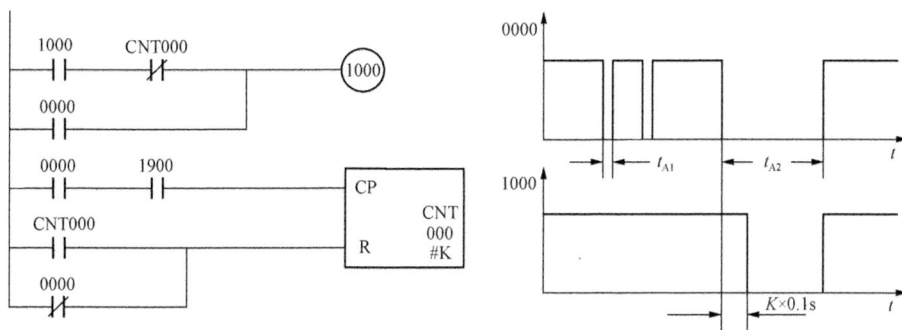

图 7-21　消除输入干扰方式（1900 为 0.1s 脉冲）

第二节　PLC 程序的设计方法

可编程序控制器在控制系统中的主要任务是将控制要求转化为指令程序去进行控制，其应用可分为开关量控制（逻辑控制）和模拟量控制（过程控制）两大类。对开关量控制主要介绍以下几种程序设计方法。

一、转换法

转换法就是将继电器电路图转换成与原有功能相同的 PLC 内部的梯形图。

1. 基本方法

根据继电器电路图来设计 PLC 的梯形图时，关键是要抓住它们的一一对应关系，即控制功能的对应、逻辑功能的对应以及继电器硬件元件和 PLC 软件元件的对应。

2. 设计步骤

（1）了解和熟悉被控设备的工艺过程和机械的动作情况，根据继电器电路图分析和掌握控制系统的工作原理，这样才能在设计和调试系统时心中有数。

（2）确定 PLC 的输入信号和输出信号，画出 PLC 的外部接线图。

（3）确定 PLC 梯形图中的辅助继电器（M）和定时器（T）的元件号。

（4）根据上述对应关系画出 PLC 的梯形图。

（5）根据被控设备的工艺过程和机械的动作情况以及梯形图编程的基本规则，优化梯形图，使梯形图既符合控制要求，又具有合理性、条理性和可靠性。

（6）根据梯形图写出其对应的指令表程序。

3. 程序设计实例

图 7-22 是三相异步电动机正反转控制的继电器电路图，试将该继电器电路图转换为功能相同的 PLC 的外部接线图和梯形图。

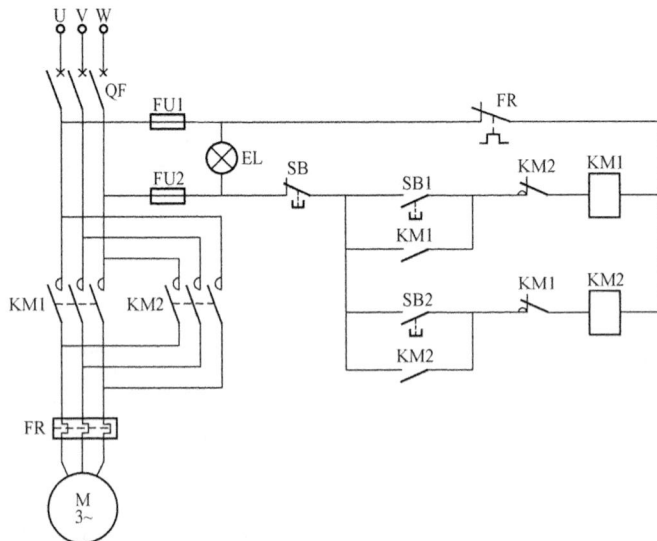

图 7-22　三相异步电动机正反转控制的继电器电路图

（1）分析动作原理。

（2）确定输入/输出信号。

（3）画出 PLC 的外部接线图，如图 7-23（a）所示。

（4）画出对应的梯形图，如图 7-23（b）所示。

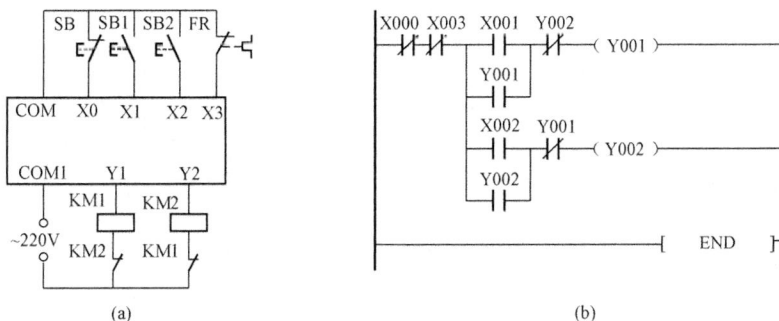

图 7-23　电动机正反转的外部接线图和继电器电路图所对应的梯形图

（a）外部接线图；（b）梯形图

（5）画出优化梯形图，如图 7-24 所示。

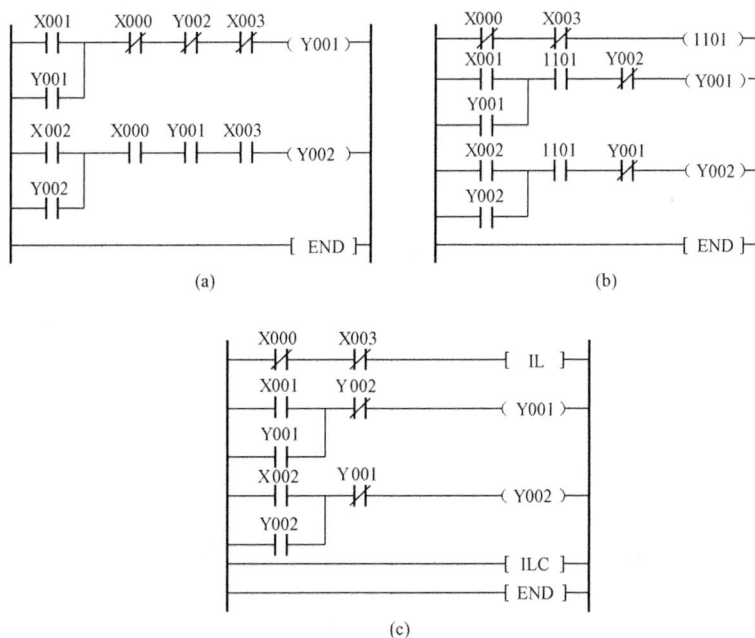

图 7-24　电动机正反转的优化梯形图

（a）简单优化；（b）用辅助继电器优化；（c）用 IL/ILC 指令优化

二、逻辑法

1. 基本方法

用逻辑法设计梯形图，必须在逻辑函数表达式与梯形图之间建立一种一一对应关系，即梯形图中动合触点用原变量（元件）表示，动断触点用反变量（元件上加一小横线）表示见表 7-1。

表 7-1　　　　　　　　　　　　　　　逻辑表达式与梯形图之间关系

逻辑函数表达式	梯形图	逻辑函数表达式	梯形图
逻辑"与" $M0=X1 \cdot X2$	X001　X002　—(M0)	"与"运算式 $M0=X1 \cdot X2 \cdots Xn$	X001　X002　Xn　—(M0)
逻辑"或" $M0=X1+X2$	X001 —(M0) X002	"或/与"运算式 $M0=(X1+M0) \cdot X2 \cdot \overline{X3}$	X001　X002　X003 —(M0) M0
逻辑"非" $M0=\overline{X1}$	X001 —(M0)	"与/或"运算式 $M0=(X1 \cdot X2)+(X3 \cdot X4)$	X001　X002 —(M0) X003　X004

2. 设计步骤

（1）通过分析控制要求，明确控制任务和控制内容。

（2）确定 PLC 的软元件（输入信号、输出信号、辅助继电器 M 和定时器 T），画出 PLC 的外部接线图。

（3）将控制任务、要求转换为逻辑函数（线圈）和逻辑变量（触点），分析触点与线圈的逻辑关系，列出真值表。

（4）写出逻辑函数表达式。

（5）根据逻辑函数表达式画出梯形图。

（6）优化梯形图。

3. 应用示例

【实例 1】　用逻辑法设计三相异步电动机 Y，D 降压起动控制的梯形图。

解　（1）明确控制任务和控制内容。Y，D 降压起动控制电路如图 2-3 所示。

（2）确定 PLC 的软元件，画出 PLC 的外部接线图，如图 7-25 所示。

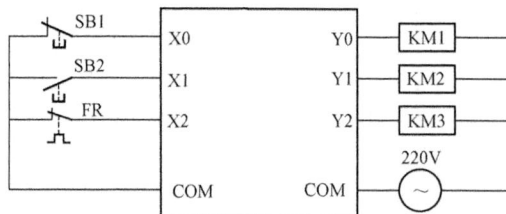

图 7-25　电动机 Y，D 降压起动 PLC 外部接线图

（3）列出真值表，见表 7-2。

表 7-2　　　　三相异步电动机 **Y，D** 降压起动过程输入（触点）与输出（线圈）的真值表

输入/输出 起动过程	输入（触点）							输出（线圈）			
	X0	X1	X2	T0	Y0	Y1	Y2	T0	Y0	Y1	Y2
Y 起动	0	1	0						1		
	0		0	1					1		
T0 延时	0	1	0			0		1			
	0	0		1		0		1			

输入/输出　　起动过程	输入（触点）							输出（线圈）			
	X0	X1	X2	T0	Y0	Y1	Y2	T0	Y0	Y1	Y2
Y 运行	0	1	0	0		0					1
	0		0	0	1	0					1
Y-△转换（T0 延时）	0	1	0	1			0			1	
	0		0	1	1		0			1	
△运行	0	1	0			1	0			1	
	0	0		1	1		0			1	

（4）列出逻辑函数表达式。

（5）画出梯形图，如图 7-26 所示。

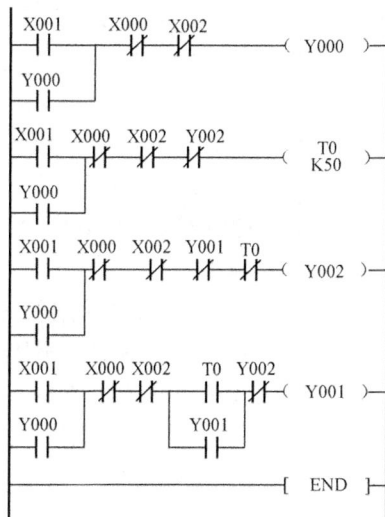

图 7-26　电动机 Y，D 降压起动梯形图

（6）画出优化梯形图，用辅助继电器优化梯形图，如图 7-27 所示。

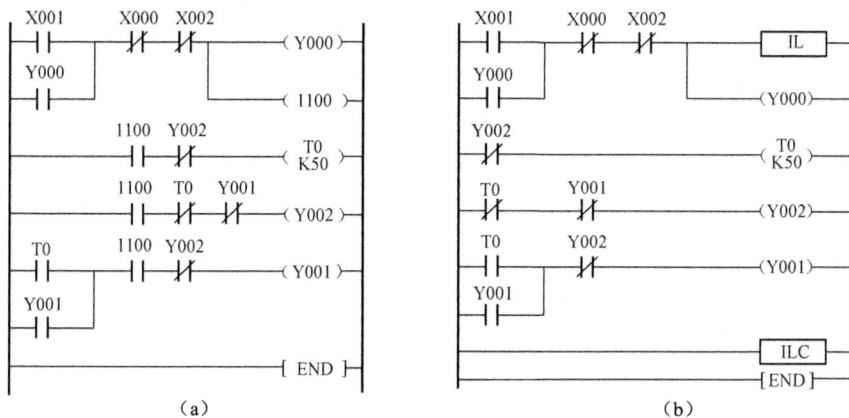

（a）　　　　　　　　　　　　　　（b）

图 7-27　电动机 Y，D 降压起动优化梯形图

（a）用辅助继电器优化；（b）用 IL/ILC 指令优化

由真值表可列出输入与输出的逻辑函数表达式为

$$Y_0 = \overline{X}_0 X_1 \overline{X}_2 + \overline{X}_0 \overline{X}_2 Y_0 = \overline{X}_0 \overline{X}_2 (X_1 + Y_0)$$

$$Y_1 = \overline{X}_0 X_1 \overline{X}_2 T_0 \overline{Y}_2 + \overline{X}_0 \overline{X}_2 T_0 Y_0 \overline{Y}_2 + \overline{X}_0 X_1 \overline{X}_2 Y_1 \overline{Y}_2 + \overline{X}_0 \overline{X}_2 Y_0 Y_1 \overline{Y}_2$$

$$= \overline{X}_0 \overline{X}_2 \overline{Y}_2 (X_1 T_0 + T_0 Y_0 + X_1 Y_1 + Y_0 Y_1)$$

$$= \overline{X}_0 \overline{X}_2 \overline{Y}_2 [T_0 (X_1 + Y_0) + Y_1 (X_1 + Y_0)]$$

$$= \overline{X}_0 \overline{X}_2 \overline{Y}_2 (X_1 + Y_0)(T_0 + Y_1)$$

$$Y_2 = \overline{X}_0 X_1 \overline{X}_2 \overline{T}_0 \overline{Y}_1 + \overline{X}_0 \overline{X}_2 \overline{T}_0 Y_0 \overline{Y}_1 = \overline{X}_0 \overline{X}_2 \overline{T}_0 \overline{Y}_1 (X_1 + Y_0)$$

$$T_0 = \overline{X}_0 X_1 \overline{X}_2 \overline{Y}_2 + \overline{X}_0 \overline{X}_2 Y_0 \overline{Y}_2 = \overline{X}_0 \overline{X}_2 \overline{Y}_2 (X_1 + Y_0)$$

【实例 2】 PLC 在集选电梯外呼信号停站控制中的应用。现以集选电梯外呼信号停站控制为例，介绍其工作情况，示意图如图 7-28 所示。

（1）三层电梯动作控制要求

1）当电梯位于 1 层或 2 层时，若按 3 层的向下外呼按钮 SB23，则电梯上升到 3 层，压合行程开关 SQ3，停止电梯上升。

2）当电梯位于 1 层时，若按 2 层的向上外呼按钮 SB12，则电梯上升到 2 层，压合行程开关 SQ2，停止电梯上升。

3）当电梯位于 2 层或 3 层时，若按 1 层的向上外呼按钮 SB11，则电梯下降到 1 层，压合行程开关 SQ1 停止电梯下降。

4）当电梯位于 3 层时，若按 2 层的向下外呼按钮 SB22，则电梯下降到 2 层，压合行程开关 SQ2，停止电梯下降。

5）当电梯位于 1 层时，若按 2 层的向下外呼按钮 SB22，此时 3 层的向下外呼按钮 SB23 不按，则电梯上升到 2 层，压合行程开关 SQ2 停止电梯上升。

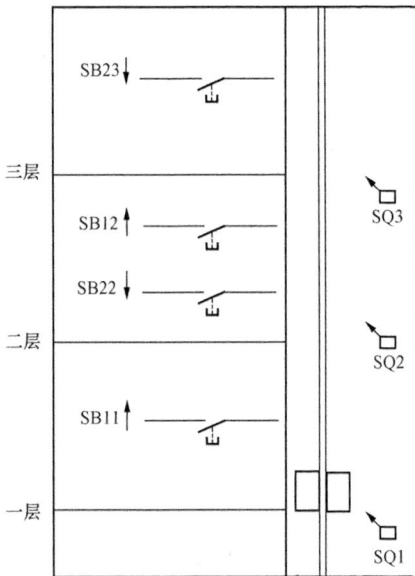

图 7-28　电梯外呼信号停站控制示意图

6）当电梯位于 3 层时，若下方仅出现 2 层的向上外呼信号 SB12，即 1 层的向上外呼按钮 SB11 不按，则电梯下降到 2 层，压合行程开关 SQ2 停止电梯下降。

7）电梯在上升途中，不允许下降，即任何反向的向下外呼按钮按下均无效。

8）电梯在下降途中，不允许上升，即任何反向的上升外呼按钮按下均无效。

（2）逻辑设计。下面我们逐条对上面的动作要求用逻辑设计法进行设计：

对 1）：这条输出为电梯上升，用输出继电器 0500 表示。其进入条件是 SB23 呼叫，且电梯位于 1 层或 2 层。分别用 SQ1 或 SQ2 表示在 1 层或 2 层停的位置。因此，进入条件表示为：$(SQ1+SQ2) \times SB23$，退出条件是 SQ3 动作。因此，0500 的逻辑方程为 $\big[(SQ1+SQ2) \times SB23 +0500\big] \times \overline{SQ3}$。

对 2）：这条输出也是电梯上升，进入条件为 $SQ1 \times SB12$，退出条件为 SQ2 动作，因此，0500 的逻辑方程为 $0500 = \big[(SQ1 \times SB12) + 0500\big] \times \overline{SQ2}$。

对 3）：这种情况输出为电梯下降，用输出继电器 0501 表示。进入条件为 $(SQ2+SQ3)\times SB11$，退出条件为 SQ1 动作。因此，0501 的逻辑方程为 $0501=\left[(SQ2+SQ3)\times SB11+0501\right]\times\overline{SQ1}$。

对 4）：这种情况输出也为电梯下降，进入条件为 $SQ3\times SB22$，退出条件为 SQ2 动作。因此，0501 的逻辑方程为 $0501=(SQ3\times SB22+0501)\times\overline{SQ2}$。

对 5）：这条输出是电梯上升，进入条件为 $SQ1\times SB22\times\overline{SB23}$，退出条件为 SQ2 动作。因此，0500 的逻辑方程为 $0500=\left(SQ1\times SB22\times\overline{SB23}+0500\right)\times\overline{SQ2}$。

对 6）：这条输出是电梯下降，进入条件为 $SQ3\times SB12\times\overline{SB11}$，退出条件为 SQ2 动作，因此，0501 的逻辑方程为 $0501=\left(SQ3\times SB12\times\overline{SB11}+0501\right)\times\overline{SQ2}$。

对 7）：为了满足电梯在上升途中，不允许下降，只需在 0501 逻辑式中串联 0500 的"非"，也就是实现联锁。当 0500 动作时，不允许 0501 动作。

对 8）：同上，只是在 0500 中串联 0501 的"非"。

将上面的逻辑方程整理如下：

$$0500=\left\{\begin{array}{l}\left[(SQ1+SQ2)\times SB23+0500\right]\times\overline{SQ3}+(SQ1\times SB12+0500)\\ \times\overline{SQ2}+\left(SQ1\times SB22\times\overline{SB23}+0500\right)\times\overline{SQ2}\end{array}\right\}\times\overline{0501}$$

$$=\left\{\begin{array}{l}\left[(0000+0001)\times0006+0500\right]\times\overline{0002}+(0000\times0004+0500)\\ \times\overline{0001}+\left(0000\times0005\times\overline{0006}+0500\right)\times\overline{0001}\end{array}\right\}\times\overline{0501}$$

$$0501=\left\{\begin{array}{l}\left[(SQ2+SQ3)\times SB11+0501\right]\times\overline{SQ1}+(SQ3\times SB22+0501)\\ \times\overline{SQ2}+\left(SQ3\times SB12\times\overline{SB11}+0501\right)\times\overline{SQ2}\end{array}\right\}\times\overline{0500}$$

$$=\left\{\begin{array}{l}\left[(0001+0002)\times0003+0501\right]\times\overline{0000}+(0002\times0005+0501)\\ \times\overline{0001}+\left(0002\times0004\times\overline{0003}+0501\right)\times\overline{0001}\end{array}\right\}\times\overline{0500}$$

（3）I/O 元件地址分配见表 7-3。

表 7-3　　　　　　　　　　　　　　　　I/O 元件地址分配表

序号	输入 0000～0006	输出 0500～0501	序号	输入 0000～0006	输出 0500～0501
1	SQ1 0000	上升 0500	5	SB12 0004	
2	SQ2 0001	下降 0501	6	SB22 0005	
3	SQ3 0002		7	SB23 0006	
4	SQ4 0003				

（4）画出梯形图并写出相对应的指令程序。控制梯形图如图 7-29 所示。

三、移位寄存器在 PLC 程序设计中的应用

1. 用移位寄存器 SFC 指令实现单一顺序控制的原则

（1）用移位寄存器的一位代表顺序过程中某一步的状态。当该位为"1"时，表示执行该位对应的步；当该位为"0"时，表示该位对应的步没有动作。

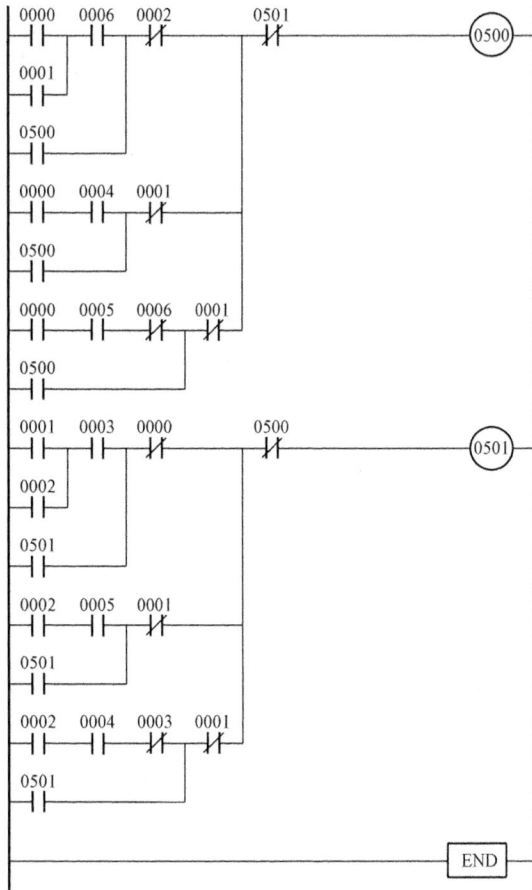

图 7-29　三层电梯外呼控制示意图

（2）移位寄存器的位数至少要与过程的步数一样多。

（3）设置数据输入端（DATA 端），保证按步顺序执行。

由于在单一顺序控制中，系统每一个时刻只有一个状态动作。对移位寄存器来说，就是整个移位寄存器中所有位只应有一位为逻辑"1"。因此，在移位寄存器中的数据输入端必须采用一个逻辑网络，使得系统在初始状态时，数据输入端为逻辑"1"，而在其他时刻为逻辑"0"。这样，每来一个移位脉冲，此逻辑"1"就在移位寄存器中移一位，表明开启下一状态，关闭当前状态。

假设某过程有 n 步，表示状态的移位寄存器位为 M_1、M_2、…、M_n，初始状态逻辑条件为 X_0，则数据输入端的逻辑网络的逻辑表达式为

$$X = X_0 \cdot \overline{M_1} \cdot \overline{M_2} \cdots \overline{M_n}$$

当在初始状态时 $X_0=1$，而 M_1、M_2、…、M_n 为"0"，所以该式为逻辑"1"。而当系统动作到其他状态时，M_1、M_2、…、M_n 中至少有一个为"1"，从而保证该式为逻辑"0"。

（4）移位信号端（EN）设置。由于步与步之间的转换是通过转移条件来控制的，因此移位寄存器的移位动作也是由转移条件来控制的。为了严格控制按顺序执行，防止转移条件的重复使用而引起误动作，每个转移条件必须加约束，即上一步对应的移位寄存器为"1"时，本步才能在转移条件满足时起动。

（5）移位寄存器的复位。当需要由外部开关控制移位动作结束时，可用 R 指令将移位寄存器复位来实现。

2. 应用示例

PLC 在机械手搬物控制中的应用。

（1）装置简介。参照图 7-30 机械手搬运货物动作示意图，机械手搬物动作按下述顺序进行：

1）原位状态下，按起动按钮，传送带 B 开始运行；机械手从右下限开始上升。

2）上升到上限行程开关受压动作，上升动作结束；机械手开始左旋。

3）左旋到左限行程开关受压动作，左旋动作结束；机械手开始下降。

4）下降到下限行程开关受压动作，下降动作结束；传送带 A 起动。

5）传送带 A 上物体进入光电开关测量区，光电开关动作，传送带 A 停止；机械手开始抓物。

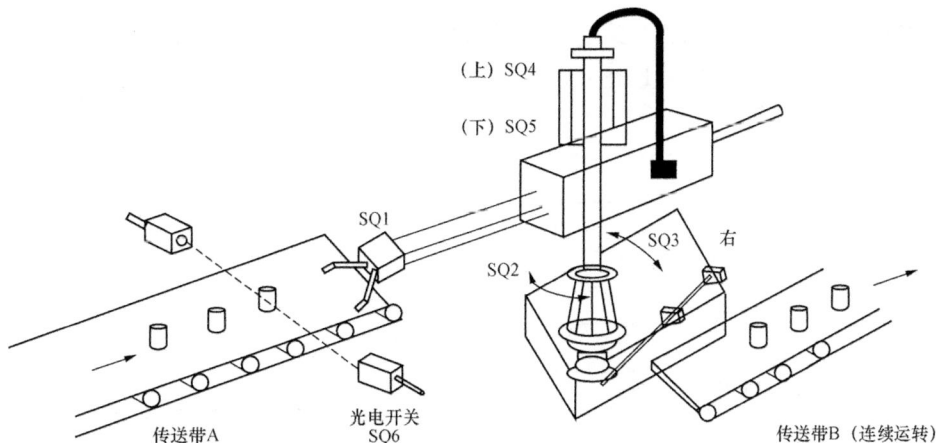

图 7-30　机械手搬运货物动作示意图

6）机械手抓物，直到已抓紧（机械手上传感元件发出有效信号 SQ1），抓物动作结束；上升运动开始。

7）上升到上限行程开关受压动作，上升运动结束；机械手开始右旋。

8）右旋到右限行程开关受压动作，右旋运动结束；机械手下降。

9）下降到下限行程开关受压动作，下降运动结束；放物动作开始。

10）经 t_1 延时，放物动作结束，一个工作循环完毕。这一过程不断重复，直至按下停止按钮，系统才停止工作。传送带 B 随机械手起动而开始运行，随工作结束而停止。

（2）输入/输出。由机械手执行机构与 PLC 输入、输出关系可知：

1）输入为八个开关量信号。

2）输出也为八个开关量信号。

3）工步状态采用带掉电保护的 HR 继电器。

（3）安排 I/O 端口和所用的内部继电器地址。表 7-4 为 I/O 端口和所用内部继电器地址分配表。

表 7-4　　　　　　　　　　　　I/O 端口和所用的内部继电器地址分配表

序号	输　　入	输　　出	保持继电器	计　时　器	内部继电器
1	0000 起动（SB1）	0500-传输带 A	HR000-上升工步	TIM00-放物保持	1815-初始化脉冲
2	0001-停止（SB2）	0501-传输带 B	HR001-左旋工步		1000-中间继电器
3	0002-抓物已抓紧（SQ1）	0502-左旋转	HR002-下降工步		1001-中间继电器
4	0003-左旋限位（SQ2）	0503-右旋转	HR003-开传送带 A		
5	0004-右旋限位（SQ3）	0504-下降	HR004-抓物工步		
6	0005-上升限位（SQ4）	0505-上升	HR005-上升工步		
7	0006-下降限位（SQ5）	0506-抓物	HR006-右旋工步		
8	0007-物体检测到位（SQ6）	0507-放物	HR007-下降工步		
9			HR008-放物工步		
			HR009-恢复初始		

（4）PLC 控制功能流程图（步进工序采用移位寄存器）。根据工步及工步转换条件绘出 PLC 控制功能流程图，如图 7-31 所示。

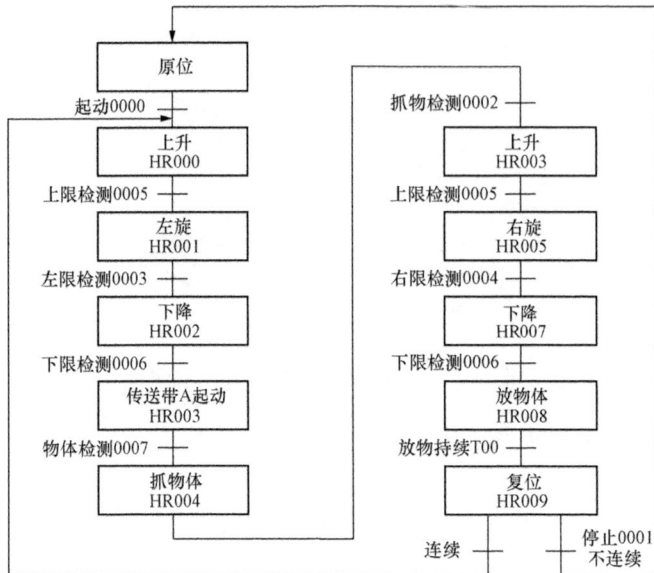

图 7-31　PLC 控制功能流程图

（5）梯形图绘制。根据控制功能流程图，采用移位寄存器控制法绘制相应的梯形图，如图 7-32 所示。内部继电器 1000 作为系统运行标志，HR0 通道作为移位寄存器，其中 HR000～HR008 分别对应于工艺周期中 9 个系统状态工步序号。系统加电时，特殊功能继电器 1815 使 SFT 复位。系统起动时用微分指令使内部继电器 1001 接通一次，产生一次移位脉冲，由于此时 SFT 输入端状态为 ON，故"1"移入 HR0 的最低位，即 HR000 为"1"，指示系统处于第 0 状态，同时控制系统执行 0 状态下的输出，即驱动机械手上升。以后系统状态每变化一次，就产生一次移位脉冲，由于此时 SFT 输入端状态均为 OFF，故使 HR0 通道中的"1"向左移动一位，系统状态号递增，系统按工艺要求顺序动作。当"1"移入 HR009 位时，先断开微分指令 DIFU 的输入，接着使移位寄存器 SFT 复位端接通而复位，这时 HR009 又被复位为 0。当 CPU 在下一次扫描周期中执行到微分指令时，由于 HR009 已被清零，则微分指令又一次输出，内部继电器 1001 再次接通一次，产生一次移位脉冲，使"1"再次移入 HR0 最低位，又开始下一个工艺周期。如此重复下去，直至按下停止按钮使系统停止运行。

四、顺序设计法（顺序功能图法）

（一）顺序设计法的基本概念

顺序设计法，又称步进设计法，应用这种方法可以使设计者在对 PLC 控制系统进行程序设计时有章可循。而顺序功能图（SFC）则是描述这种设计方法的图形化语言。对于一个比较复杂的系统，往往可以分为若干个子系统。然后，从分析功能入手，使系统每一步的操作都具有明确的含义。这就方便了设计人员与操作人员在设计思想方面进行沟通，也方便了系统运行时的调试和检查。

为了学习顺序设计法，必须先了解和掌握顺序功能图的相关知识。顺序设计法所使用的编程工具是顺序功能图（SFC）设计语言。顺序功能图（SFC）设计语言以功能为主线，条理清楚，执行 SFC 图时，只有处在活动步的命令和操作被执行，且对活动步后面的转换进行扫描，因此，整个程序的扫描时间要比其他语言编制出的程序扫描时间大大缩短。

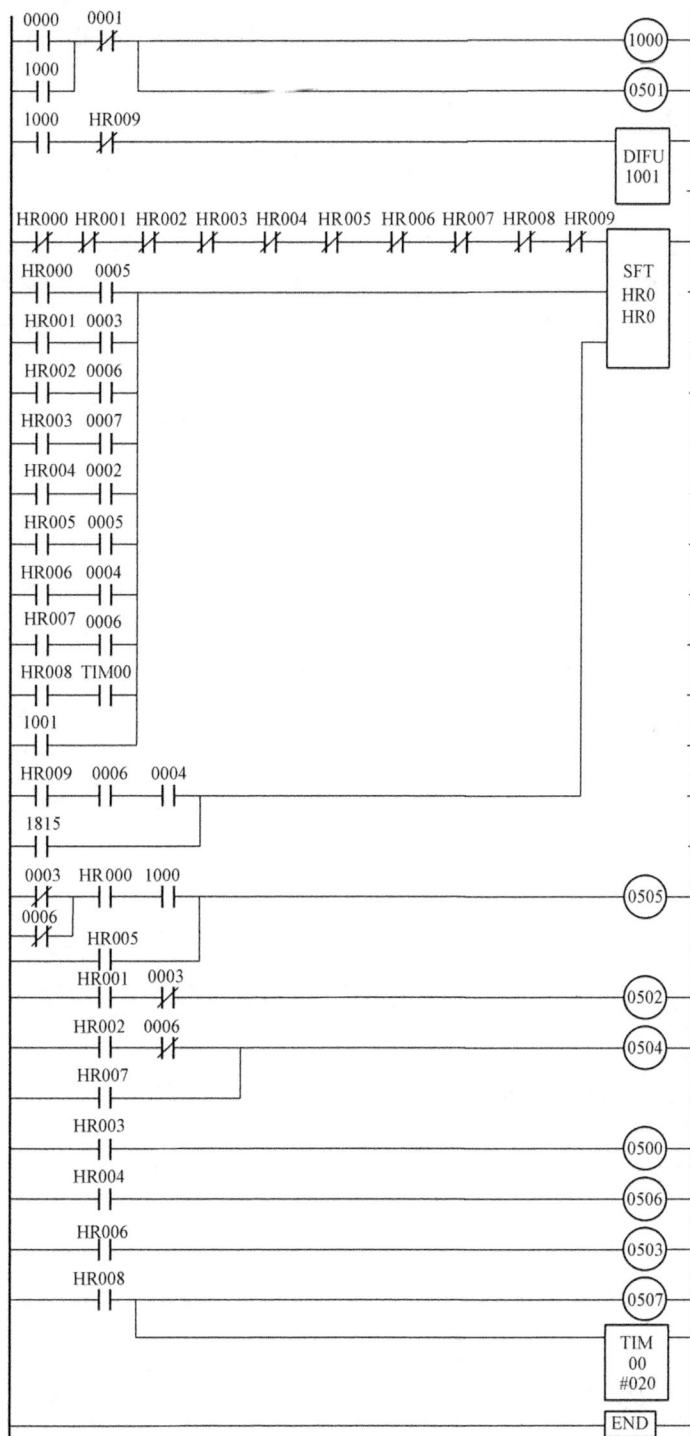

图 7-32 PLC 控制梯形图

　　但是，顺序功能图只是提供描述系统功能的原则和方法，并不涉及系统采用的具体技术。这就是说，从 SFC 图中只可以了解系统具有的功能和特性，以及系统的控制过程，至于这些功能和特性是如何被实现的，过程是怎样具体被执行的，还是看不出来。此外，顺序功能图画出来以后，还不能直接作为 PLC 可以识别的和可操作的程序，因此，它还只是一种辅助却好用的编程工具。

（二）顺序功能图的组成

顺序功能图由工作步、有向连线和转换及转换条件三部分组成。

1. 工作步

如果把一个控制过程分解成若干个相对独立又彼此连续的阶段，每个阶段又都是一个稳定的状态，那么，在 SFC 图中就称其为工作步，简称"步"。用一个矩形框表示，框中注明该步的序号，可以用数字 1、2、3、…表示，也可以用 PLC 中的辅助继电器（如 W）及编号表示，如图 7-33 所示。

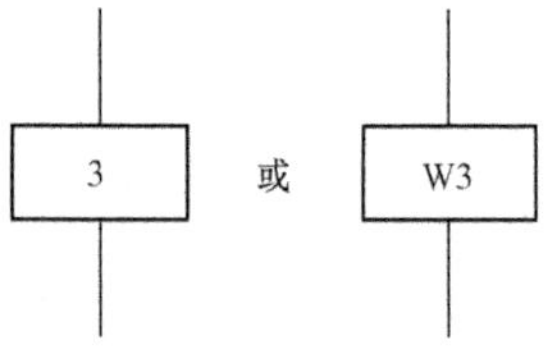

步有"活动步"及"非活动步"两种状态。它们分别对应于数字电路中的二进制逻辑变量的"1"和"0"。当某一步处于活动步时，即为"1"，这时，与该步有关的动作和命令才能被执行。

（1）初始步。初始步是指系统初始状态的工作步，是系统运行的起点。每一个系统都应有一个初始步，且习惯上用双线矩形框表示，如图 7-34（a）所示。系统通电后，初始步必须首先变成活动步，系统才能运行。

图 7-33　SFC 中步的表示方法

（2）子步。在较复杂的程序中，设计时为了突出主要矛盾，可以把某一步或某几步用一个子步代替，如图 7-34（b）所示。该步可以包括一系列子步，甚至子步中还包含更详细的子步。这样做的目的是逻辑性强，还可减少出错的机会。

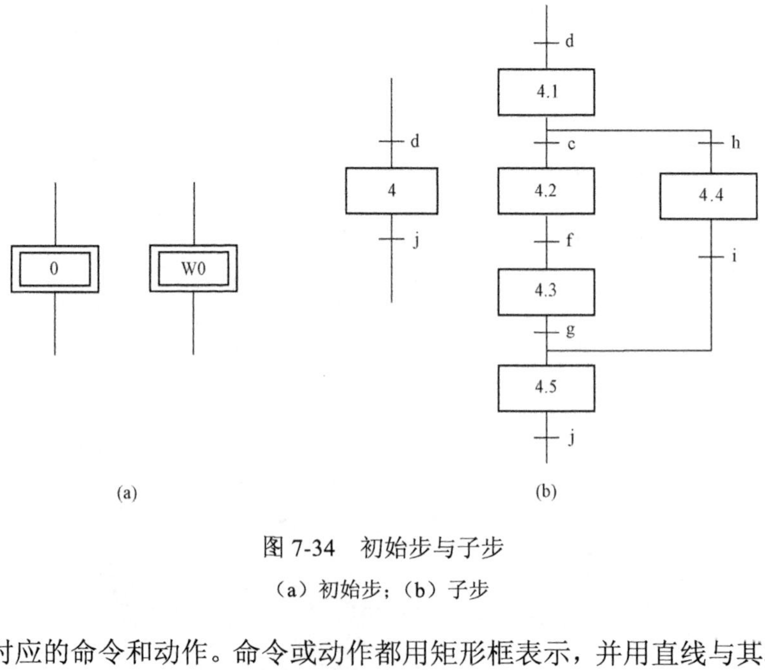

图 7-34　初始步与子步

（a）初始步；（b）子步

（3）与步对应的命令和动作。命令或动作都用矩形框表示，并用直线与其相应的步相连。一个步可同时连接几个命令或动作，而这些命令或动作既可以水平布置，也可以垂直布置。

但是，它们之间没有先后顺序的差别，如图 7-35 所示。

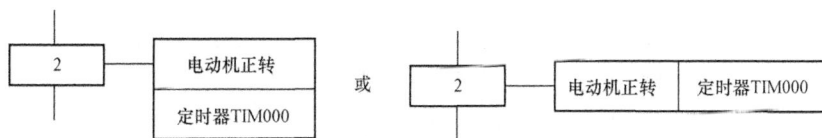

图 7-35　与步有关的命令或动作

命令和动作还有存储型及非存储型之分。关于命令和动作的说明是用标在矩形框中的文字或符号语句表示。如"接通 1#电磁阀"是命令，"1#电磁阀接通"则是动作，见表 7-5。

表 7-5　　　　　　　　　　　　与步对应的命令和动作

符　号	说　明	符　号	说　明
	非存储型： 第 7 步为活动步时，黄灯亮 第 7 步为非活动步时，黄灯灭		存储型动作： 第 10 步为活动步时，阀门打开 第 10 步为非活动步时，阀门继续打开

2. 有向连线

有向连线又称为弧。它作为步与步之间的连接，并把转换接到步，如图 7-36 所示。

在 SFC 图中，随着控制过程的顺序实现，工作步的状态也按顺序进展。进展的方向习惯是由上到下，由左到右。所以，这两个方向的有向连线的箭头可以不画。否则，就应该画出箭头，以标明步的进展方向。如果因为篇幅限制，或由于结构复杂 SFC 图必须中断时，在中断处应当注明下一步的序号及所在的页码。

3. 转换及转换条件

转换的符号是与有向连线垂直交叉的一根短直线，如图 7-37 所示。转换的作用是把 2 个相邻的步隔开，而步的进展是靠转换来完成的。也就是说在 SFC 图中，步的活动状态的进展是按有向连线所规定的路线进行的，而进展又是由一个或几个转换来实现的。

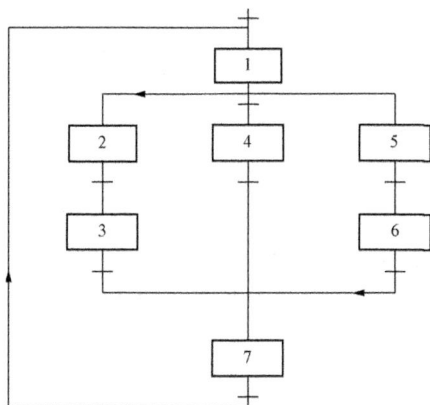

图 7-36　有向连接

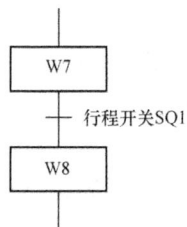

图 7-37　转换与转换条件

转换条件是在"转换"符号的旁边加注的说明，它表示与每个转换相关的逻辑命令。转换条件可以用文字语句、布尔表达式和图形符号三种方式表示，见表 7-6。

表 7-6　　　　　　　　　　　　　　转换条件的表示方法

转换条件的表示	注　　释	转换条件的表示	注　　释
＋　按起动按钮	用文字语句说明转换条件	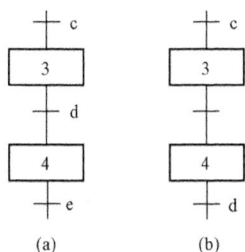	用图形符号表示转换条件
＋ $\overline{A} \cdot B$	用布尔代数表示转换条件		

4. 顺序功能图的组成规则与说明

（1）SFC 图中的"步"是控制系统进展过程的一个稳定状态，而与步相关的动作或命令才是 PLC 的输出。不过，这个输出可能是输出继电器的执行动作，也可能是内部辅助继电器的联锁动作。

（2）SFC 图中的步与步不允许直接相连。必须由转换及转换条件将它们隔开，如图 7-38 所示。

（3）SFC 图中的转换与转换之间的不允许直接相连，必须由步将它们隔开，如图 7-39 所示。

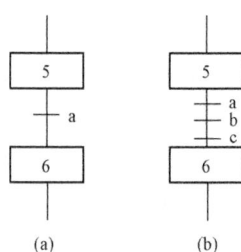

图 7-38　步的连接规则
（a）正确；（b）不正确

图 7-39　转换的连接规则
（a）正确；（b）不正确

（4）SFC 图中至少应有一个初始步。

（5）自控系统重复执行同一工艺过程时，一般应由步和有向连线组成闭环，即构成循环序列。

（三）顺序功能图的基本形式

顺序功能图的基本形式有单一顺序、并发顺序、选择顺序和循环四种。

（1）单一顺序。单一顺序指其动作是一个接着一个的完成的，每步仅连接一个转移，一个转移后也仅连接一个步。其功能图如图 7-40 所示。

（2）选择顺序。选择顺序是指在某一步后有若干个单一顺序等待选择，当某一顺序的转移条件满足时，则选择进入该顺序。注意，一次仅能选择进入一个顺序。选择顺序的功能图如图 7-41 所示。

某步（如图 7-41 中第 5 步）之后需要选择时，在该步之下连接一条水平线，水平线下连接各个单一顺序，它们的转移条件标注在线下，为了保证一次选择一个顺序及选择的优先权，还必须对各个转移条件加以约束。当选择顺序结束时，再画一条水平线，水平线下不允许直接跟着转移。注意观察不难发现，选择顺序开始和结束的转移条件均在两条水平线之内。

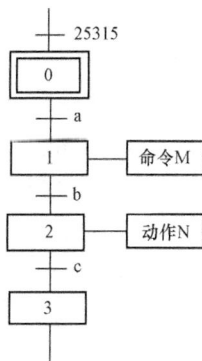

图 7-40　单一顺序功能图

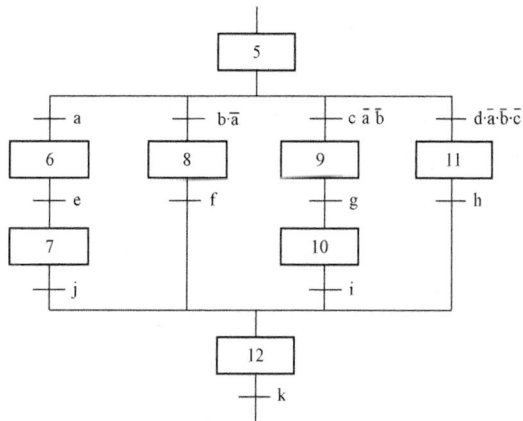

图 7-41　选择顺序功能图

（3）并发顺序。并发顺序是指在某一转移条件下，同时起动若干个顺序。并发顺序的开始和结束均用双水平线表示，如图 7-42 所示。注意，并发顺序开始和结束的转移条件均在两条水平线之外（恰与选择顺序相反）。

（4）循环。在某控制过程执行时，有些步要反复执行，称之为循环。循环可分为局部循环和全局循环，如图 7-43 所示。循环起动信号可由计时器、计数器或其他检测元件发出。

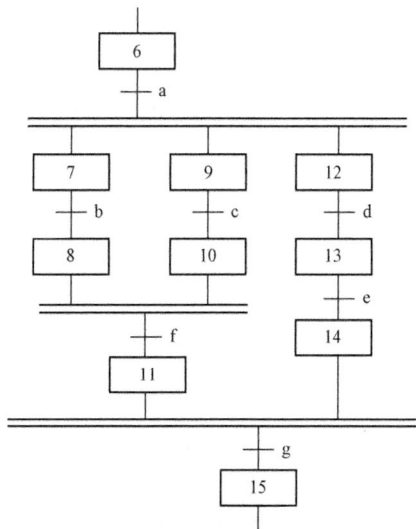

图 7-42　并发顺序功能图

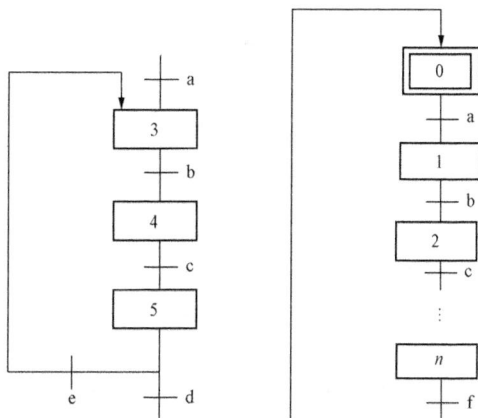

图 7-43　循环功能图

在很多情况下，控制系统功能图是由这四种基本形式组合而成的。

（四）由顺序功能图编制梯形图

当根据生产的工艺过程设计出顺序功能图（SFC）以后，还需要将它编制成梯形图语言，才能让 PLC 执行。以下将提出 3 种编制梯形图的方法，即自锁控制法、置位复位指令法和步进指令法。

由顺序功能图编制梯形图时，要注意以下几点：

（1）如果初始步不能变为活动步，则顺序功能图永远不能实现顺序控制。在欧姆龙 C 系列 PLC 中，专用继电器标志位可以作为系统初始化脉冲，使初始步变为活动步。

（2）欲实现从 n 步到 $n+1$ 步的转换，必须满足的条件是：第 n 步必须是活动步，代表该步的辅助继电器为 ON（或者"1"状态），同时，第 n 步与第 $n+1$ 步之间的转换条件为"1"。

（3）转换实现后应完成的操作是：应使所有的由有向连线和相应的转换符号相连的前级步变成非活动步、后续步都被激活变为活动步。这里"所有的前级步、后续步"是指在并列性结构序列中，"分支"以下有 2 个或者 2 个以上的后续步，而在"合并"以上也有不只 1 个的前级步。编程时一定要注意。

1. 用自锁电路编制梯形图

（1）单序列结构的编程方法。这是一种最简单又普遍的编程方法。下面通过波轮式洗衣机的洗衣阶段作为例子加以说明。洗衣机示意图如图 7-44 所示。

当桶内放好衣物、洗涤剂，并注满适量水以后，按下起动按钮，洗衣筒先正转 20s，暂停 2s，然后反转 20s，再停 2s，继续下一个循环。

显然，一个循环可以分成 4 步：即正转→暂停→反转→暂停。另外，我们把洗衣前的准备工作当作初始步。用辅助继电器 W 作为步的符号，W0 为初始步，W1～W4 代表一个循环中的 4 步。定时器 T1～T4 的动合触点就是各步之间的转换条件。洗衣的顺序功能如图 7-45 所示。

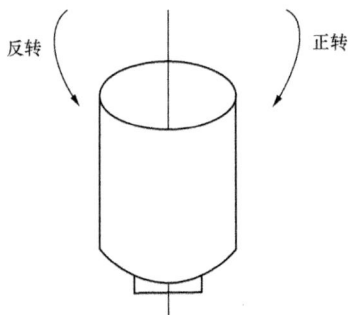

图 7-44　波轮式洗衣机示意图　　　图 7-45　洗衣的顺序功能图

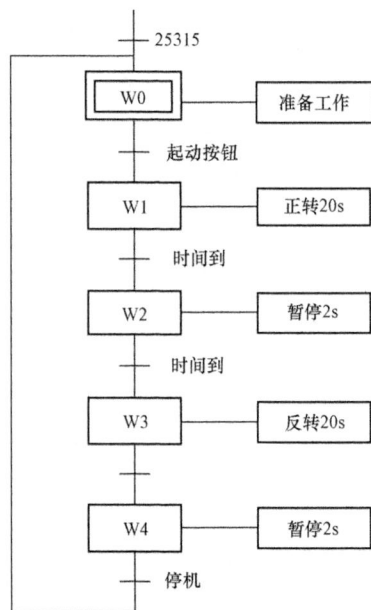

根据顺序功能图的编程规则，若从 W1 步转换到 W2 步，W1 步应是活动步，且转换条件 T1 的动合触点应当闭合（ON），W2 变为活动步后，W1 步即刻变为非活动步。这个规则利用电动机的起动、停止和自锁电路是不难实现的。例如：控制电路中，需要 2 个条件同时满足时，只要把 2 个触点串联（逻辑与）即可。若欲使前级步变为非活动步，只要用后一步的动断触点串联在前一步的线圈回路中即可，如图 7-46 所示。

从图 7-46 可以清晰地看出：代表步号的辅助继电器与该步的输出线圈并联，这恰恰表示了顺序功能图是根据输出变量的状态来划分的。这种编制梯形图的方法比较规范，便于理解，具有易于阅读与容易查错的优点。

如遇到某一输出继电器在几步中都为接通（ON）状态，只要将代表各步的辅助继电器的动合触点并联起来，再去驱动该输出继电器的线圈即可。

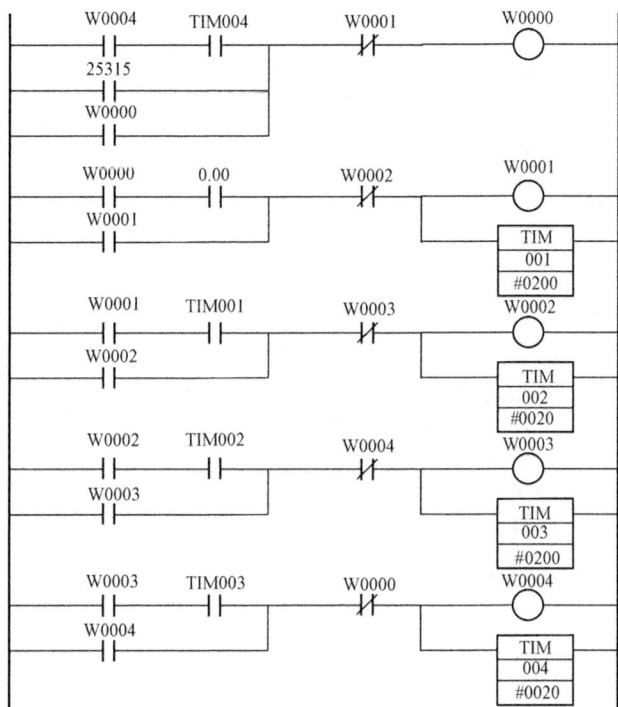

图 7-46　洗衣机的梯形图

（2）选择性序列的编制方法。选择性序列的含义是在序列中出现分支以后，每次只能有一条支路满足转换条件，其他支路是不可能同时满足转换条件的。如选择开关自动/手动形成的 2 条支路，如图 7-47 所示。

从图 7-47 中可看出，W0 步后面的 W1 步和 W2 步构成选择性序列分支。因为 0.00 与 $\overline{0.00}$ 不可能同时为 "1"，即手动和自动不可能同时实施。因此，W1 步、W2 步之间只能有一步变为活动步。但是，不管 W1 步还是 W2 步哪一步成为活动步，均应使 W0 步变成非活动步。在梯形图 7-48 中，W1 与 W2 的动断触点串联到 W0 的线圈回路中就起到这个作用。W4

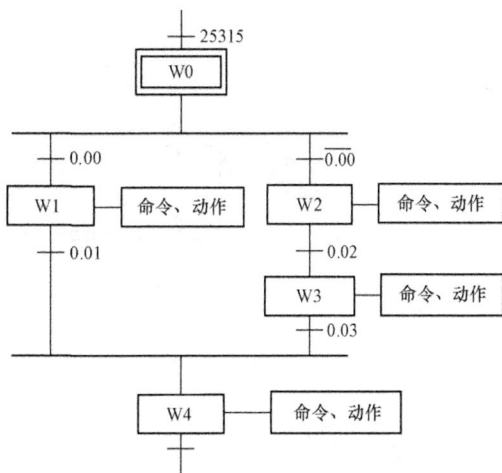

图 7-47　选择性序列顺序功能图

步作为分支的合并点。W1 步或 W3 步都有可能使 W4 步变为活动步。所以，他们使 W4 步变成活动步的转换条件应当并联。

梯形图 7-48 中未画出与各步有关的命令和动作的执行指令。

（3）并列性序列的编制方法。并列性序列的含义是：当某一步变成活动步，而且转换条件满足为 "1" 时，它的 2 个或 2 个以上的分支的后续步应同时成为活动步。如某个开关的动作后，有几个部件同时得到命令或动作，如图 7-49 所示。

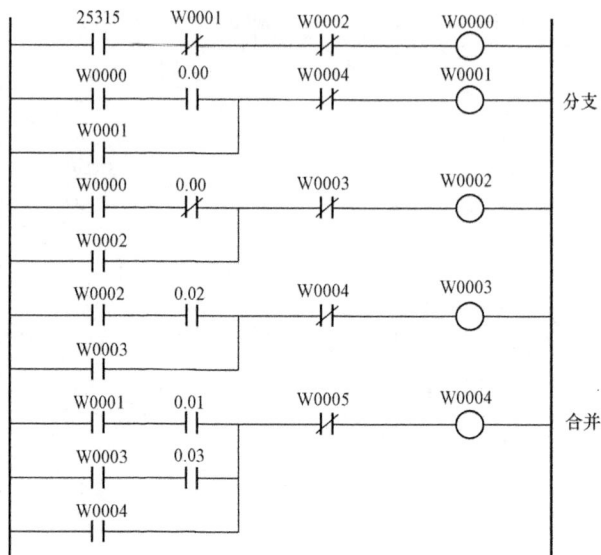

图 7-48 选择性序列梯形图

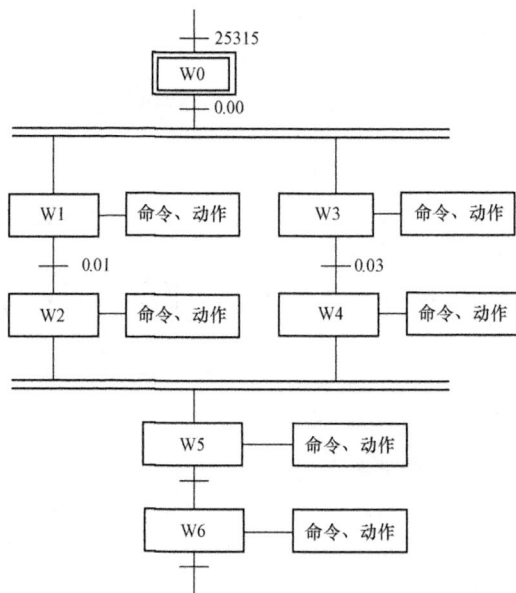

图 7-49 并列性序列的顺序功能图

　　对应的梯形图如图 7-50 所示。从图 7-50 可看出，在转换条件 0.00 为 1 时，W0 步的后续步 W1 步与 W3 步同时变成活动步，并且用它们的动断触点使 W0 步变为非活动步。这就是并列性序列的分支编程的处理方法。分支需要合并时，只需要将待合并的分支（图 7-50 中的 W2 步、W4 步）的辅助继电器的动合触点与公共的转换条件（图 7-50 中的 0.05）串联起来（逻辑与），使后续步 W5 变成活动步，就可以实现合并了。不要忘记，代表合并后的后续步（W5）的动断触点应同时将前级步（W1 步、W2 步）变为非活动步。

2. 用置位与复位指令编制梯形图

（1）简述。与其他品牌的 PLC 一样，欧姆龙 C 系列 PLC 有一对置位（SET）指令和复位（RSET）指令。SET 指令可使操作位保持，直到该操作位被 RSET 指令复位为止。如果用它们控制电动机的起停，则可用图 7-51 实现，且无须再用自锁电路。

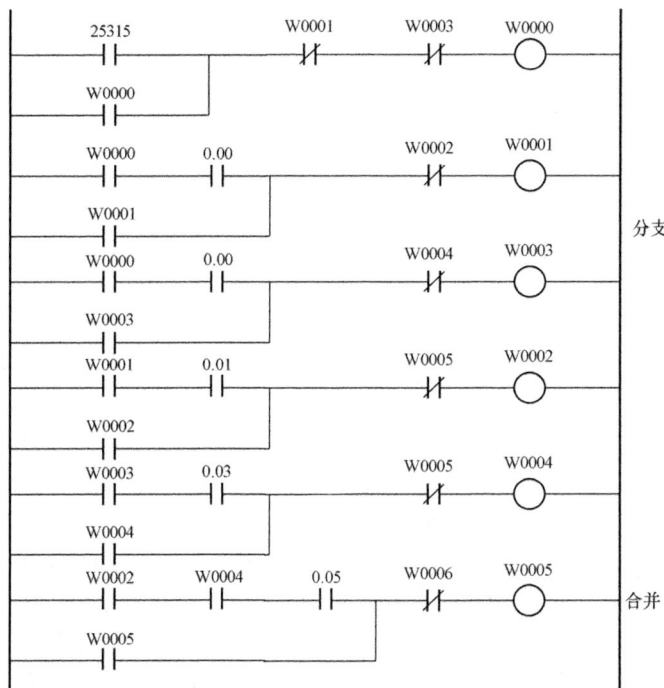

图 7-50　并列性序列的梯形图

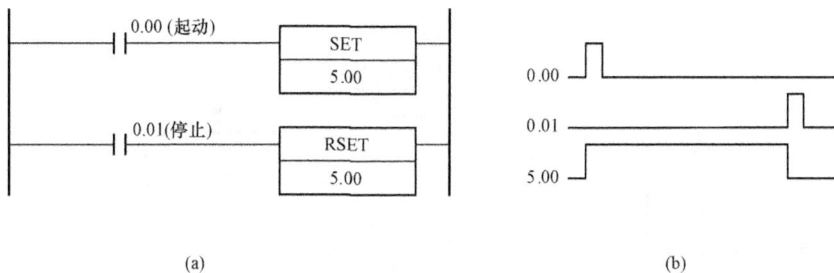

(a)　　　　　　　　　　　　(b)

图 7-51　SET 及 RSET 指令实现电机起停控制

（a）梯形图；（b）时序图

根据由顺序功能图编制梯形图的规则，SET 与 RSET 这对指令能够做到与转换实现有着严格的对应关系，如图 7-52 所示。

当图 7-52 中的 W0 步为活动步（ON），且转换条件 0.01 为 1 时，W1 被置位成活动步，而 W0 被复位为非活动步。SET 指令恰好在 W0 与 0.01 均为 1 时，使 W1 置 1，RSET 则使 W0 复位为 0。

这种对应关系可以使 SFC 图中用代表步的辅助继电器组成的控制电路的设计都能采用。有多少个转换就可以有多少个这样的电路块相对应。这在较复杂的梯形图编制时十分有用，且不易出错。

（2）单序列结构的编制方法。X62W 万能铣床工作台纵向往复的自动循环控制有多种形式。现以向左一次进给的往复单循环为例，根据其原理绘制顺序功能图及编制梯形图。图 7-53 所示为纵向进给单循环示意图。

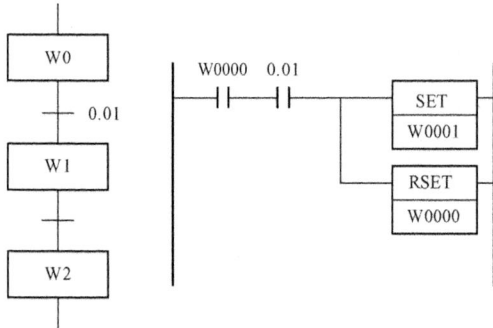

图 7-52　转换规则与置位复位指令的对应关系　　　图 7-53　工作台纵向进给单循环示意图

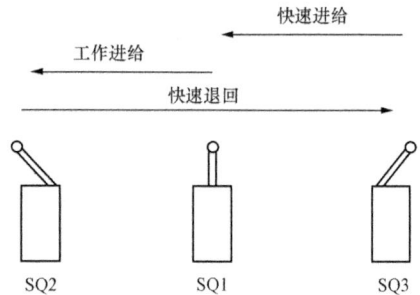

进给循环前的初始条件是：主轴电动机（铣刀）已起动，进给方向已做好选择，每次的进给量已经确定，各挡块及限位开关已调整完毕。这时按下进给起动按钮 0.00，快速牵引电磁铁吸合，工作台向左快速移动，碰到行程开关 SQ1，快速牵引电磁铁释放，工作台改为工作进给。碰上左限位开关 SQ2 后，工作台向右快速返回，压上右限位开关 SQ3 以后，工作台回到原来位置、自动停止，准备进行下一次进给循环，如图 7-54 所示。

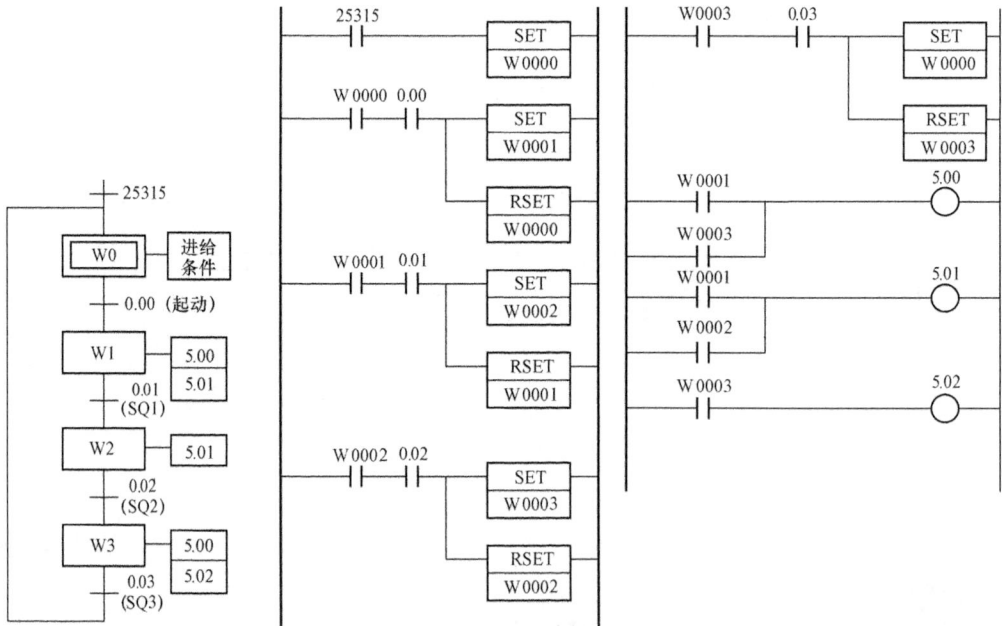

图 7-54　工作台进给的 SFC 图及梯形图

（3）选择性序列结构的编制方法。图 7-55 所示为选择性序列结构 SFC 图。从图中不难看出，转换条件 0.00 与 0.00 是不可能同时满足的。因此，单就每一分支而言，完全和单序列结构相似，每一步的置位与复位单元电路，都是由前级步对应的辅助继电器和转换条件对应触点串联，再配合一对 SET 与 RSET 指令组成。在对"分支"编制梯形图时，可见到有 2 条 RSET 指令都是复位前级步 W0 的。因为不管哪条分支被选择都要使前级步 W0 变为非活动步。在对"合并"编制梯形图时，可见到 2 条 SET 指令都是使后续步 W4 成为活动步。与其配套的 RSET 指令却是使不同的前级步（W1、W3）变成非活动步，这与选择的那一条分支有关，但也不会同时执行，如图 7-56 所示。

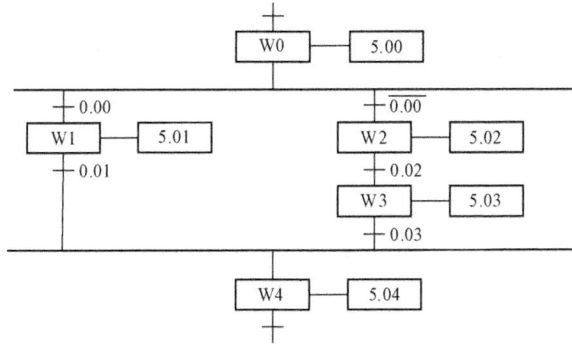

图 7-55　选择性序列结构 SFC 图

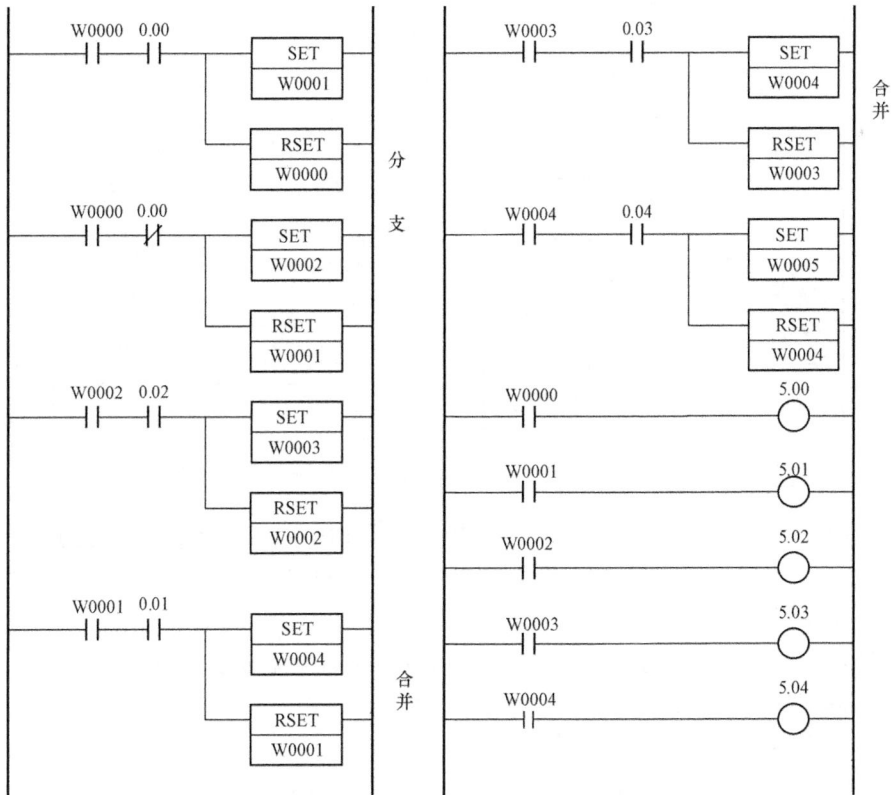

图 7-56　选择性序列的梯形图

（4）并列性结构的编制方法。图 7-57 及图 7-58 是并列性结构的顺序功能图及梯形图。

使用 SET 及 RSET 指令编程的关键仍然是在对"分支"及"合并"的处理方法上。

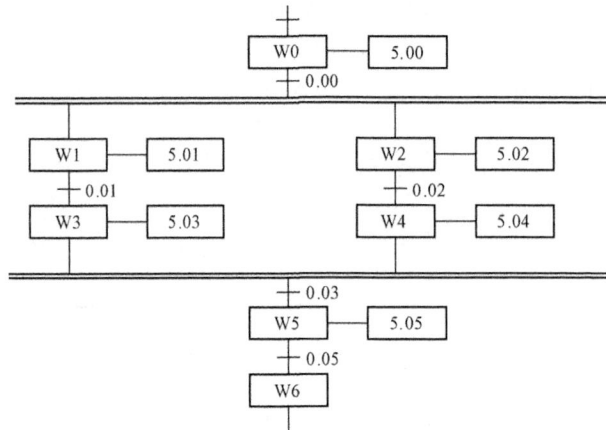

图 7-57　并列性序列的顺序功能图

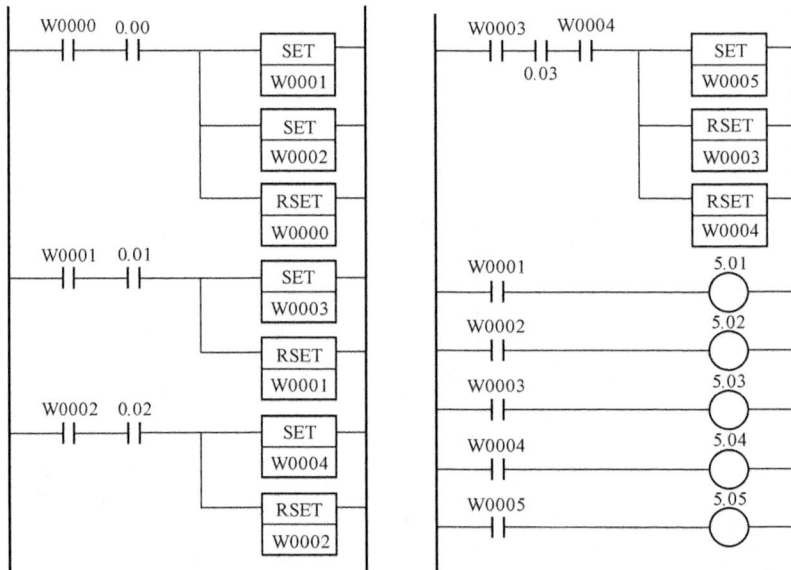

图 7-58　并列性序列的梯形图

从图 7-58 中可明显看出，并列分支的编程方式是利用同一个条件（W0&0.00）同时使分支下的后续步 W1 及 W3 步置位，只用 1 条 RSET 指令使前级步 W0 复位。对合并的编程方式则是将合并前的前级步 W3、W4 与转换条件 0.03 相串联（逻辑与）后，用 SET 指令使 W5 步成为活动步，再用 2 条 RSET 指令，分别使 W3 与 W4 步复位成为非活动步。

3. 用步进指令编制梯形图

（1）SNXT 与 STEP 指令的使用规则。

1）SNXT（09）为步进设置指令，STEP（08）为步进指令。由顺序功能图编制梯形图时，通常成对使用。

2）使用 SNXT 指令时，必须有步的编号。编号的取值数据区是 IR、HR、W、LR。

3）使用 SNXT 指令驱动某一工作步时，该步的前级步应是活动步，而且它的转换条件为 1，该步被触发为活动步后，它的前级步就变成非活动步，而与前级步连接的 STEP 指令所执行的命令和动作立即被终止。

4）STEP 指令配对使用时，步的编号应当相同。STEP 指令的含义是：该步变为活动步以后，与该步相关联的命令和动作被执行。不带操作数的 STEP 指令，用于步进程序段的结束。

5）用步进指令编制的程序段中不允许有 JMP、IL 和 END 指令，也不允许有子程序定义指令。在子程序内也不允许有步进指令。

6）用步进指令编制梯形图的顺序是：W1 步驱动（触发）条件的存取→SNXT、W1→STEP、W1→W1 步程序段应当执行的命令和动作→W2 步驱动（触发）的条件的存取……，最后一步是：不带操作数的 STEP 指令，表示步进程序段的结束。

7）程序运行中，如果某步由活动步变为非活动步后，意味着该步进程序段内的各继电器被置 0（OFF），计时器被复位，只有计数器、移位寄存器和 KEEP（锁存）继电器的状态被保持。

（2）单序列结构的编制方法。以送货小车往返 1 次为例，其示意图如图 7-59 所示，其顺序功能图及梯形图如图 7-60 和图 7-61 所示。

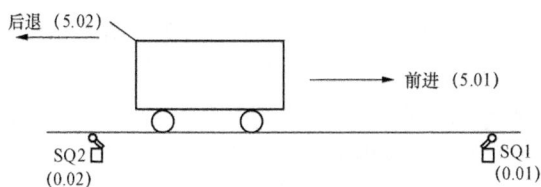

图 7-59　送货小车工作示意图

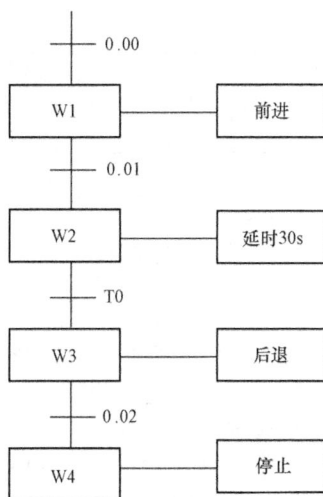

图 7-60　送货小车的 SFC 图

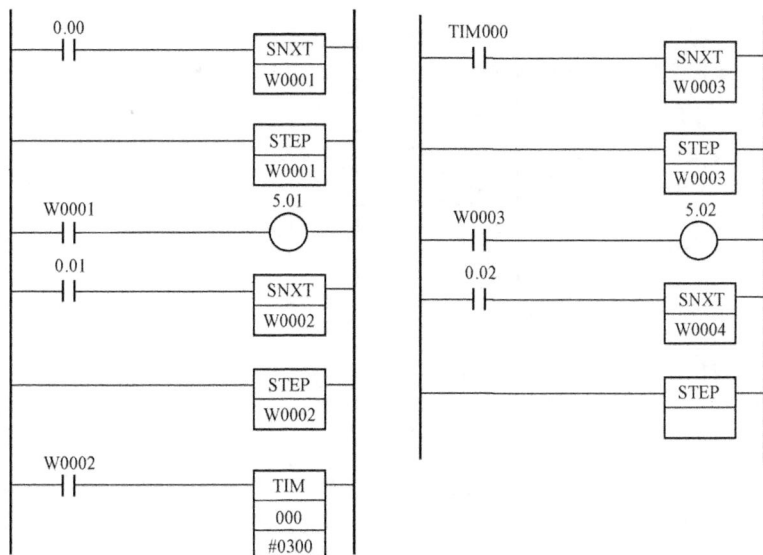

图 7-61　送货小车的梯形图

　　按下起动按钮 0.00 后，W1 步置 1，SNXT 指令使 W1 步变成活动步，STEP W1 表示 W1 步程序段应该完成的动作是送货小车前进，即输出继电器 5.01 通电（ON）。当小车碰上限位开关 0.01 后（动合触点闭合），W2 步变为活动步（置 1），同时 W1 步变为非活动步（置 0）。STEP W2 表示 W2 步下的程序段被执行：定时器 T0 开始计时，30s 后，T0 的动合触点闭合（ON），W3 步置 1 变成活动步，W2 步变为非活动步。STEP W3 步置 1 变成活动步，W2 步变成非活动步。STEP W3 表示允许执行 W3 步相关的命令和动作——小车后退，输出继电器 5.02 通电（ON）。当小车碰到限位开关 0.02 后，小车停车。最后一步的 STEP 无编号，表示该程序段结束。

　　（3）选择性序列结构的编制方法。图 7-62 所示为选择性序列结构的顺序功能图，图 7-63 为其对应的梯形图。

　　编制梯形图的关键问题是对"分支"及"合并"的处理方法。只要这个问题得到解决，其他问题与单序列结构相似。

　　对"分支"编程的思路是：先假设某分支被选中（如左侧分支），则用 SNXT W1、SNXT W2，设置指令后，用 STEP W1 表示已选择了左侧分支，并应执行与 W1 步相关的命令和动作。一旦转换条件 0.02 满足变 ON 后（置 1）即用 SNXT W3 触发置 1。但此时并不急于编制执行 W3 步相

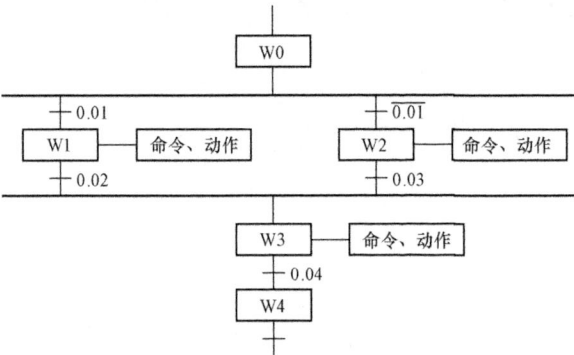

图 7-62　选择性序列的 SFC 图

关的动作和指令，只是让 W3 变为活动步后待命。然后转回来编制 STEP W2，这表示如果右侧分支被选中时该指令即可使 PLC 执行右侧分支与 W2 步相关的命令和动作。因此，从梯形图 7-63 看出，当转换条件 0.03 置 1 后，同样也可使 W3 步成为活动步。下面再继续编写指令 STEP W3 就表示了选择性序列的"合并"的处理方式。

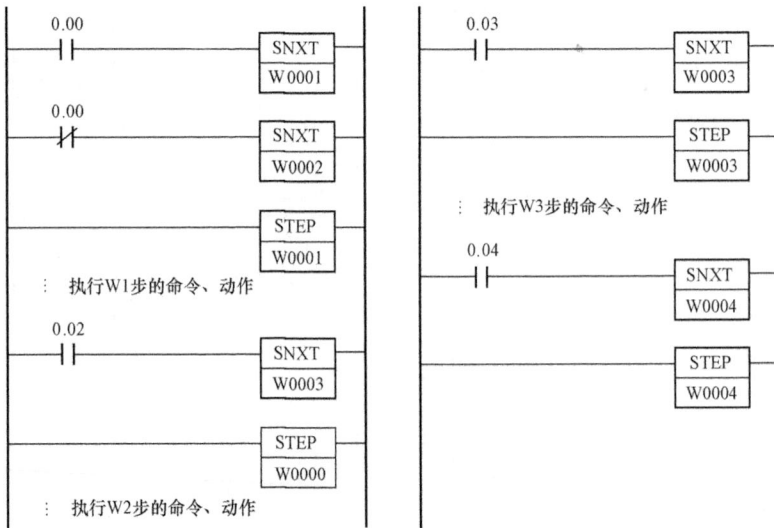

图 7-63　选择性序列的梯形图

还要补充说明的是，不管从 W1 步进展到 W3 步，还是从 W2 步进展到 W3 步，只要 W3 步被触发置 1（见图 7-62），则前级步的定时器即被复位，除 HR 继电器、CNT 计数器及移位寄存器的数据被保持外，其余继电器全部断电（OFF）。

（4）并列性序列结构的编制方法。图 7-64、图 7-65 表示并列性序列结构的顺序功能图和梯形图。

从图 7-64 可知，当 W0 步变为活动步，且转换条件 0.00 置 1 后，同时触发 W1 步和 W2 步（SNXT W1、SNXT W2），使它们触发为活动步，这是对并列性序列分支的处理方式。STEP W1 指令是使与 W1 步相关的命令和动作被执行。转换条件 0.01 置 1 后，W3 步成为活动步，W1 步变为非活动步。同理，STEP W3 指令是使 W3 步相关的命令和动作执行。转换条件 0.02 置 1 后，W4 步成为活动步、W2 步变为非活动步。

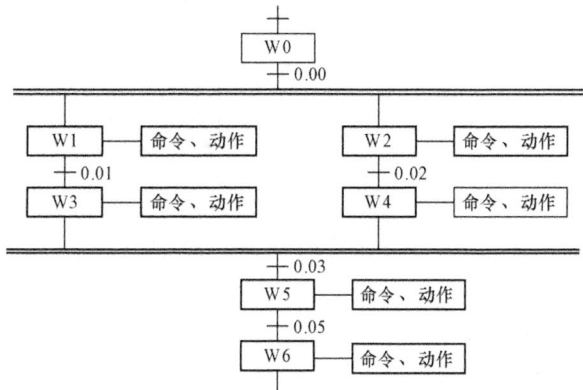

图 7-64 并列性序列的 SFC 图

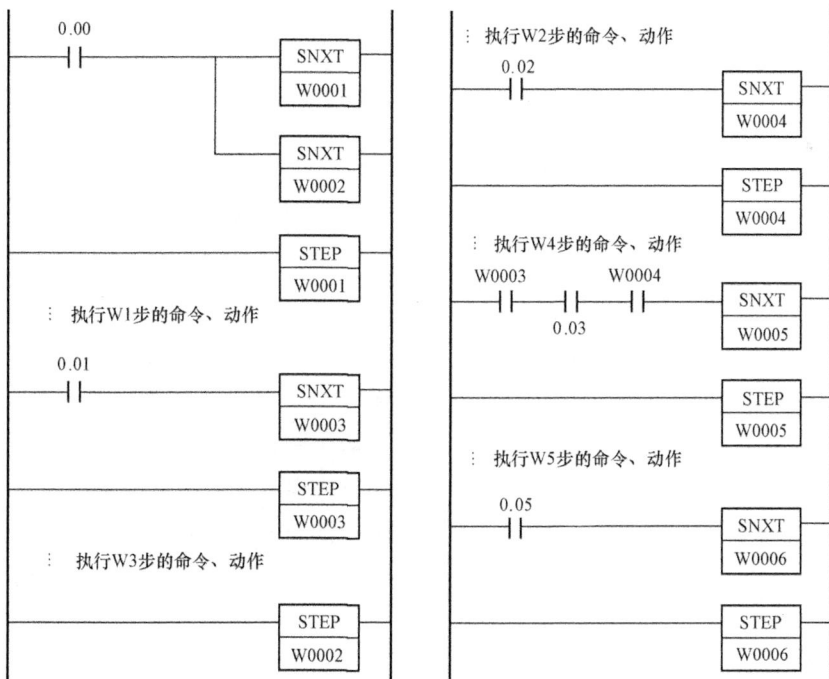

图 7-65 并列性序列结构的梯形图

在程序执行的合并阶段，也必须符合绘制顺序功能图的规则。尽管 W3 步、W4 步的程序段内应当执行的命令和动作可能不同，它们完成的时间也可能不相等，但是只有在 W3 步与 W4 步都是活动步，而且转换条件 0.03 置 1 后，才能使 SNXT W5 指令将 W5 步触发为 1，变成活动步，从而实现分支的合并，同时把 W3 步和 W4 步转变为非活动步。实际应用中，为了实现合并的同时转换，还会在合并发生前的分支内设 1 个"虚步"，该步没有与之相关的命令和动作，只是起等待作用。

其他公司（如西门子、三菱等）的 PLC 产品中也有类似的步进指令，但程序的编制方式与欧姆龙公司的 SNXT 及 STEP 指令用法不同，使用时应予以注意。

（5）应用示例。PLC 在沥青混凝土拌和机上的应用。

1）装置及控制要求简介。

① 装置组成（沥青混凝土拌和生产线）示意图如图 7-66 所示。装置由储料的料仓和称料的料斗组成。在这里将系统作了适当的简化：仅将配料部分作为控制对象，料仓底部由电机驱动螺旋推进器控制各料仓的下料量，称料斗底部由料门的开关控制放料，并将模拟量控制改为开关量。拌和装置拌和三种原料，配比根据工程要求，由料仓放入称料斗中称料，称料完毕后，按一定的顺序放入拌缸中搅拌。

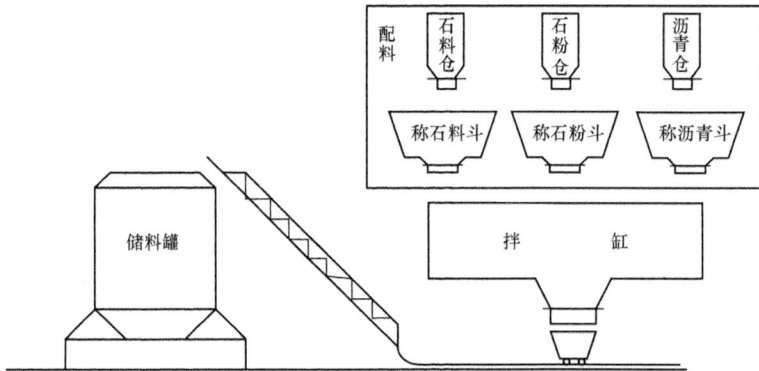

图 7-66   沥青混凝土拌和机生产线示意图

② 拌和机工作要求（称料动作时序图如图 7-67 所示）。系统称料分成石料、石粉和沥青三路。当系统起动，三种储料的料仓同时开始下料，三个称料装置根据工程配方开始称料：石料斗称取石料，当石料重量到，停止石料下料；与此同时，石粉斗称石粉，当石粉重量到，停止石粉下料；同样，沥青斗同步称沥青，当沥青重量到，停止沥青下料。三种料称量全部结束后，先放石料，石料斗门开足后放沥青，沥青斗门开足后放石粉；经一定时间延时，待料全部放完，则将石料斗、石粉斗和沥青斗放料门关闭，三个称料斗关闭后若配料不到设定次数则重新进行下一轮称料，若配料达到设定次数则停机。

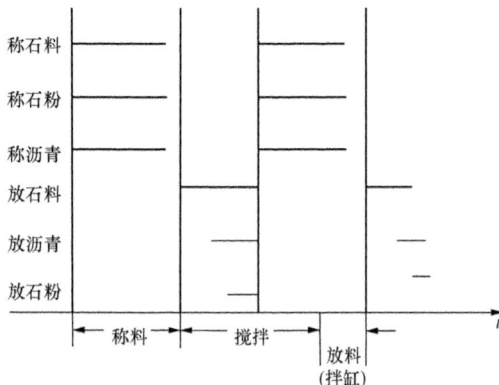

图 7-67   称料动作时序图

2）系统信号关系。根据配料系统控制要求，PLC 输入信号 10 个，输出 9 个，运行状态标志采用掉电保持继电器。三个称料斗称料计量用光电码盘，光电码盘将重量角位移信号转变成脉冲信号，通过 PLC 输入端由 CNT001、CNT002 和 CNT003 分别计数。

为提高配料系统工作效率，程序用步进并行分支形式，同时对石料、石粉和沥青称料进行控制。

3）I/O 端口和所用的内部继电器地址分配见表 7-7。

表 7-7　　　　　　　　　　　　　系统输入/输出信号分配表

序号	输入	输出	保持继电器	计时计数器	内部继电器
1	00001-开石料斗限位	00201-石料仓下料	HR0000-复位 CNT000	CNT000-计配料次数	10010-中间继
2	00002-开沥青斗限位	00202-石粉仓下料	HR0001-	CNT001-计石料重量	电器
3	00003-开石粉斗限位	00203-沥青仓下料	复位 CNT001～ CNT003	CNT002-计石粉重量	
4	00010-称石料计数	00204-开石料斗门	HR0002-石料仓下料	CNT003-计沥青重量	
5	00011-称石粉计数	00205-开沥青斗门	HR0003-停止石料仓下料	TIM000-短延时	
6	00012-称沥青计数	00206-开石粉斗门	HR0004-石粉仓下料	TIM001-从开石粉斗门	
7	00100-起动	00304-关石料斗门	HR0005-停止石粉仓下料	开始的延时时间	
8	00101-关石料斗限位	00305-关沥青斗门	HR0006-沥青仓下料		
9	00102-关沥青斗限位	00306-关石粉斗门	HR0007-停止沥青仓下料		
10	00103-关石粉斗限位		HR0008-开石料斗门		
11			HR0009-开沥青斗门		
12			HR0010-开石粉斗门		
13			HR0011-关石料斗门		
14			关沥青斗门		
15			关石粉斗门		

4）PLC 顺序功能图。根据系统工作工艺流程和工作要求，选用并行分支步进控制方式，绘制的顺序功能图如图 7-68 所示。

5）梯形图绘制。选用并行分支步进控制方式，绘制的配料控制梯形图，如图 7-69 所示。配料控制梯形图说明：

① 计数器 CNT 000 用于计配料次数即循环次数，其设定值$\#K_0$即是设定的循环次数，每配完一次料$\#K_0$值减 1，当$\#K_0$值减为零时，自动停止配料。

计数器 CNT 001，CNT 002，CNT 003 分别用于计石料、石粉和沥青下料重量，其设定值为$\#K_1$，$\#K_2$，$\#K_3$，分别对应其所需配料重量。

② 定时器设定值$\#K_5$所对应的延时时间，应保证各料斗的料能全部放完。

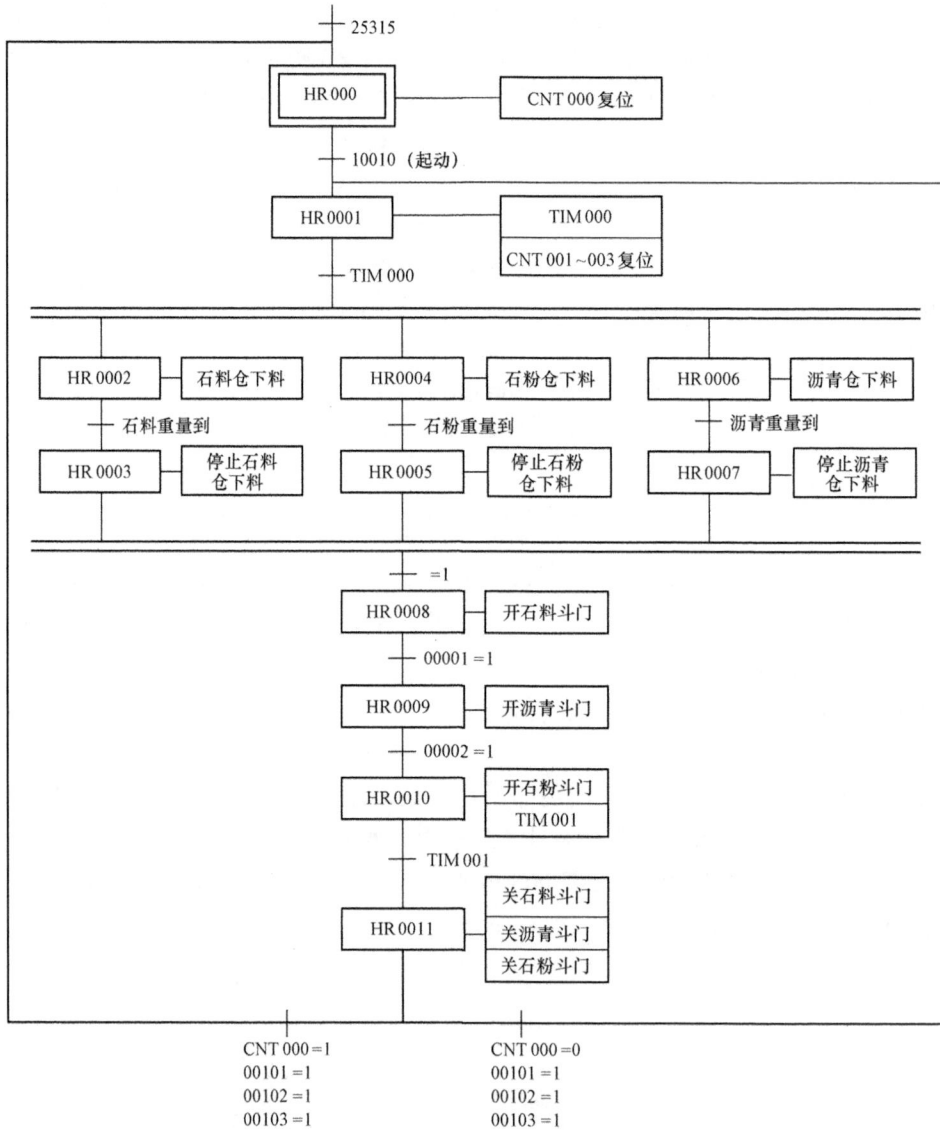

图 7-68　沥青混凝土拌和机顺序功能图

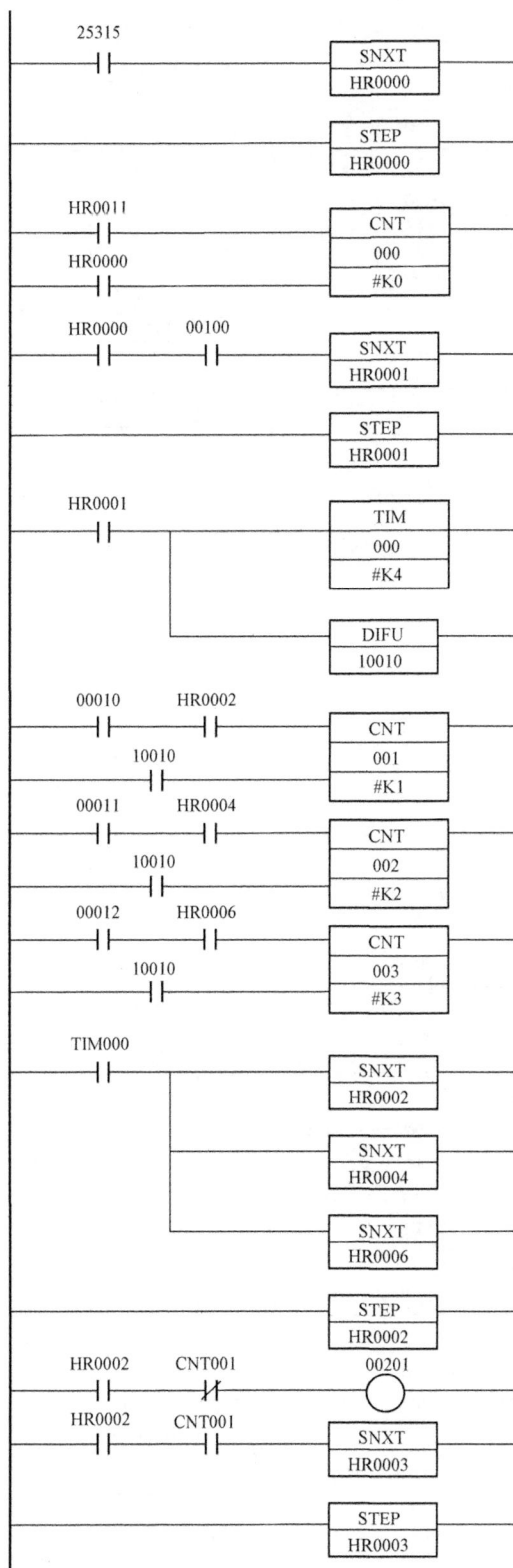

图 7-69　沥青混凝土拌和机配料控制梯形图（一）

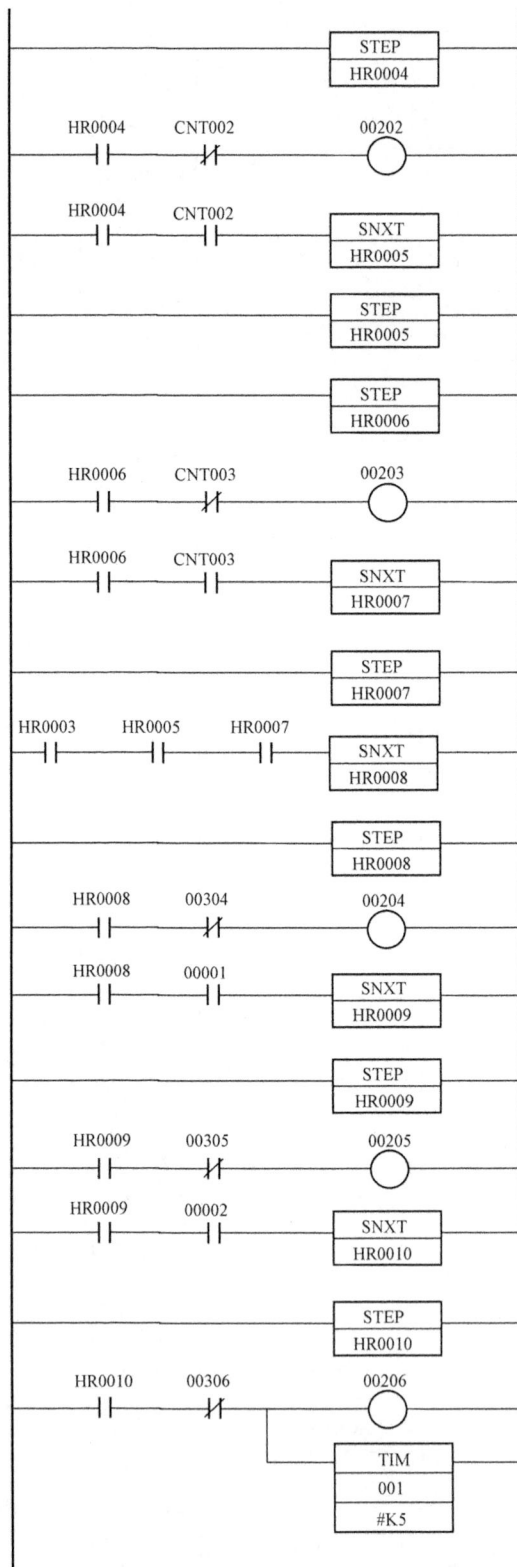

图 7-69 沥青混凝土拌和机配料控制梯形图（二）

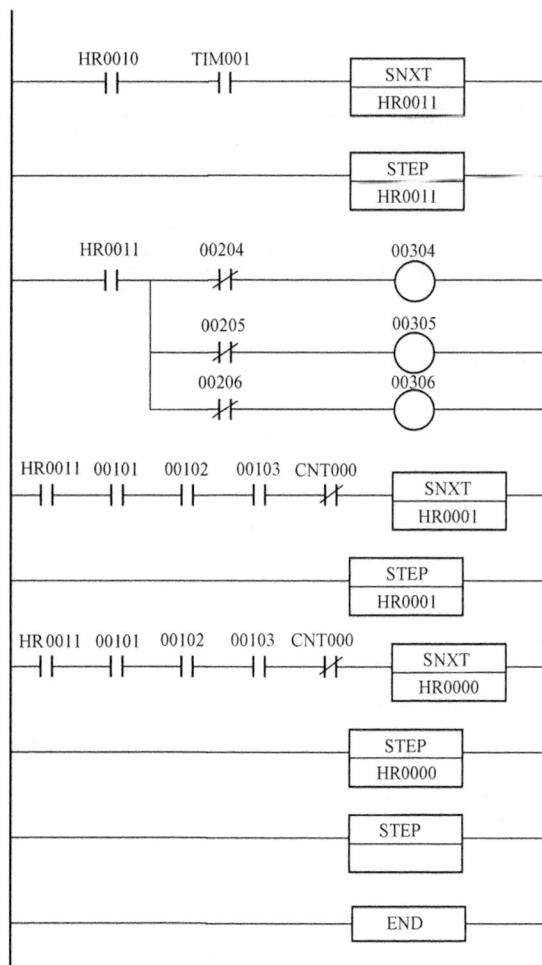

图 7-69 沥青混凝土拌和机配料控制梯形图（三）

第八章　PLC控制系统设计的基本步骤和应用实例

第一节　PLC控制系统设计的基本步骤

可编程序控制器作为受控对象的控制器,其设计基本步骤和内容归纳如图8-1流程图所示。

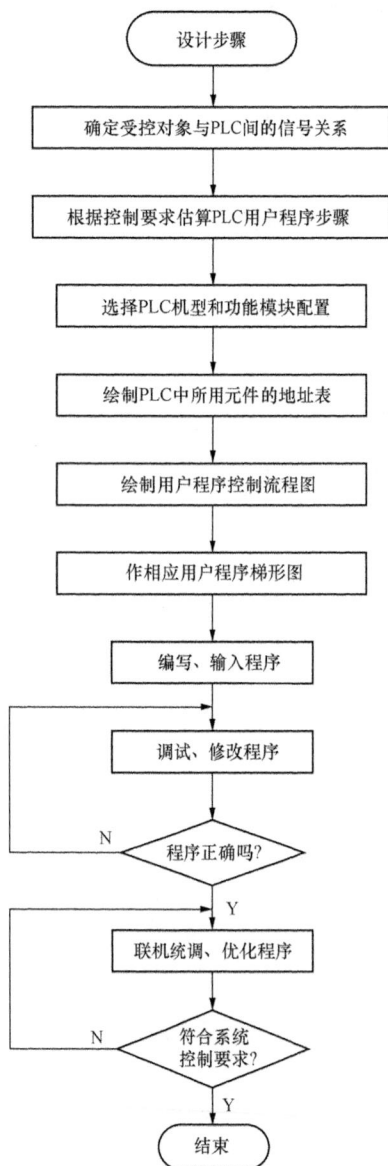

图 8-1　设计步骤流程图

（1）确定受控对象与PLC之间的输入、输出信号关系：哪些信号应从受控对象输入到PLC（如按钮、行程开关等开关信号或温度、压力等模拟信号等）？这些信号与 PLC 输入口匹配情况如何？哪些信号需作处理或需采用 PLC 特殊信号模块？哪些信号需从 PLC 输出到受控对象（如继电器线圈、电磁阀线圈、指示灯等其他执行机构）？信号属于哪种性质（如开关、模拟量等）？输入、输出信号的数量各有多少？

（2）根据控制要求的复杂程度、控制精度，估算用户程序容量（PLC用户程序步数）。

（3）选择 PLC 机型的依据主要根据输入/输出形式与点数、控制方式与速度、控制精度与分辨率以及用户程序的容量。

（4）根据选用的 PLC 所给定的元件地址范围（如输入、输出、辅助继电器、定时器、计数器、数据区等），对每个使用的相关输入、输出信号及内部元件赋予专用的信号名和地址，避免编程过程中重复使用或出错。此外，对输入和输出端安排时，需注意其驱动电压种类和等级。

（5）根据受控对象的控制要求及相关动作转换逻辑，绘制出控制流程图。

（6）由控制流程图绘制相应控制功能的 PLC 用户程序梯形图。

（7）将编写的用户程序输入 PLC，输入工作可有以下几种输入方式：①用简易编程器将对应于梯形图的PLC助记符键入PLC；②用图形编程器或普通个人计算机及专用可控输入梯形图或助记符，经串行口输入到软编程序控制器的用户程序内存中。

（8）输入与负载工作相似的模拟信号，观察 PLC 输出指示及模拟负载响应情况，分段调试程序（通过插入

END 指令的方法），逐步修改、完善程序，直至符合系统控制要求。

（9）将控制系统与受控负载相连，经局部调试后作系统统调，逐步修改、完善系统设计中存在的不足，直到系统工作符合技术指标要求。

第二节　设　计　实　例

目前，世界上发达国家（如美国、日本、西欧等）生产和使用 PLC 的数量日益增加，PLC 作为工业控制器广泛地应用于冶金生产、汽车制造、石油化工、轻工食品、能源、交通等几乎所有的工业领域。PLC 的控制方法也从简单的单机开关量逻辑控制向过程控制、数字控制和多机多级网络控制发展。下面以 PLC 在数控加工中心刀库控制中的应用为例加以说明。

1. 加工中心刀具库换刀方式

数控加工中心的刀库在工件加工过程中，需根据加工工艺要求进行刀具自动换刀，其设备结构如图 8-2 所示。数控机床的换刀一般具有两种控制方法，即固定存取换刀控制和随机存取换刀控制。在固定存取换刀控制中，刀库中各刀具的位置是固定的，刀具选择（CNC 来的 T 代码）指令是以刀套编号为存取地址来控制取刀、存刀动作。即原来从哪一刀套编号中取的刀具，在使用完毕后，仍归还到那一刀套中。而在随机换刀控制中，还刀的位置是随机的，刀具选择（CNC 来的 T 代码）指令与刀套编号无关，是随机变动的，指令仅以刀具自身的直接编号为目标。这种换刀方式在新刀取出后，刀库不需转动，立即随机存入原先使用的刀具，即换刀、存刀一次完成，缩短了换刀时间。图 8-3 所示为以刀套编码的 T 功能处理示意图。

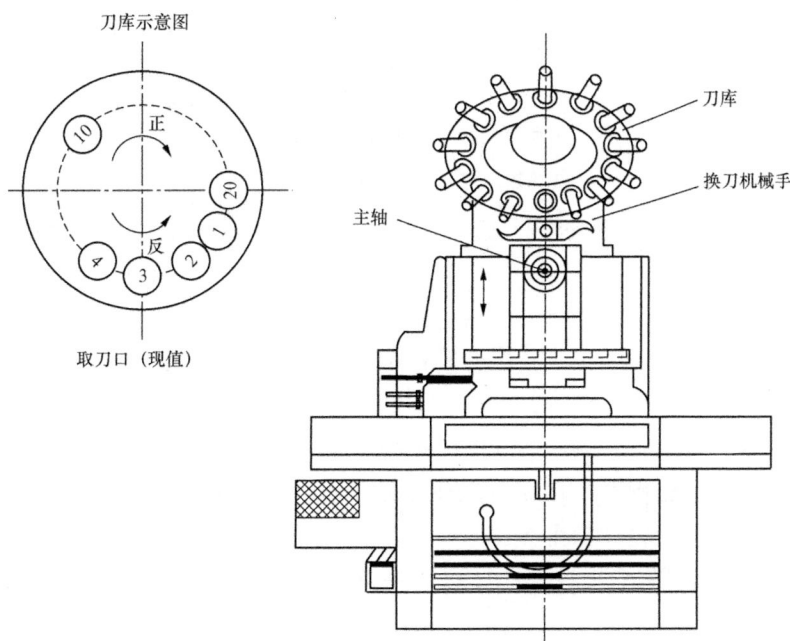

图 8-2　数控加工中心设备结构图

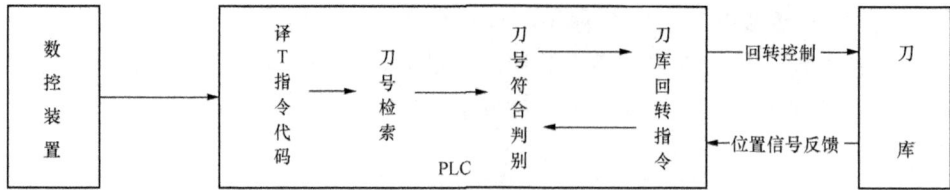

图 8-3　以刀套编码的 T 功能处理示意图

数控系统送出 T 代码指令给 PLC，PLC 经译码后在数据表中检索，找到 T 代码指定的新刀号所在的数据表地址，并与现行刀号比较，如果不符，则将刀库回转控制信号送刀库控制系统，直至定位到新刀号位置，刀库停止回转，并准备换刀。

2. 加工中心刀库换刀定位控制应用

（1）动作要求：

1）根据加工要求，自动将指定刀具转至换刀位置。

2）刀库盘上共有 20 把刀具供选择。

3）为提高换刀效率，要求换刀时按最小旋转角（≤180°）转动。

4）为提高定位精度，当指定刀具号转至离取刀口两个刀具位置时减速。若设定值为 15，现值为 3，则 15－3＝12＞10，置正转标志；若设定值为 6，现值为 3，则 6－3＝3＜10，置反转标志；若设定值为 1，现值为 3，则 1－3＝－2，－2＋20＝18＞10，置正转标志。由于 18＞10，经小于半数处理：20－18＝2＜10，置减速标志。

（2）输入/输出及内部继电器地址分配见表 8-1。

表 8-1　　　　　　　　　　输入/输出及内部继电器地址分配

序号	输　入	输　出	数　据	内部继电器
1	00000-刀具检测	00500-正转	DM010-现值	01200-软件换刀命令
2	00003-复位按钮	00501-反转	DM011-设定值	01201-起动微分
3		00502-减速	DM012-差值	01202-复位微分
4		00503-停车		01203-正转标志
5				01204-反转标志
6				01205-减速标志
7				01206-刀具测量微分
8				01207-停车信号

（3）自动换刀程序流程图。由系统动作要求，设计控制程序流程如图 8-4 所示。

（4）根据程序流程图设计梯形图。

1）PLC 接受 CNC 的 T 指令，经译码后将设定值送 DM011，并发刀库回转控制命令脉冲（1200）。

2）复位按钮按下，#0001 送 DM011，发出 1#刀换刀命令。

自动换刀定位控制的梯形图如图 8-5 所示。

```
                        ┌──────────┐
                        │  起动换刀  │
                        └────┬─────┘
                             │
              ┌──────────────┴──────────────┐
              │ 换刀号→换刀号设定内存          │
              │ 设定值减当前值→差值内存        │
              └──────────────┬──────────────┘
                             │
        N      ◇─────────────┴─────────────◇
      ┌────────│      差值为负值              │
      │        ◇──────────────┬─────────────◇
      │                      │ Y
      │              ┌───────┴────────┐
      │              │ 负值取补→差值内存 │
      │              └───────┬────────┘
      │                      │
      │   N    ◇─────────────┴─────────────◇
    ┌─┼────────│     差值大于10(一半)?        │
    │ │        ◇──────────────┬─────────────◇
    │ │                      │ Y
    │ │              ┌───────┴────────┐
    │ │              │  置正转输出标志   │
    │ │              └───────┬────────┘
 ┌──┴─┴──────┐              │
 │ 设反转输出标志 │     ┌───────┴────────┐
 └──┬────────┘     │  使差值小于一半    │
    │              │ (20减差值→差值内存) │
    │              └───────┬────────┘
    └──────────────┬───────┘
                   │←──────────────────────────────────┐
        N    ◇─────┴─────◇                             │
      ┌──────│  差值≤2?   │                             │
      │      ◇─────┬─────◇                             │
      │            │ Y                                  │
      │      ┌─────┴─────┐                             │
      │      │  置减速标志  │                             │
      │      └─────┬─────┘                             │
      │      ┌─────┴─────┐                             │
      │      │  检测刀具   │                             │
      │      └─────┬─────┘                             │
      │  Y   ◇─────┴─────◇                             │
  ┌───┼──────│   是正转?   │                             │
  │   │      ◇─────┬─────◇                             │
  │   │            │ N                                  │
┌─┴────────┐  ┌────┴─────────┐                        │
│当前刀号减→ │  │当前刀号加→当前值内存│                    │
│当前值内存  │  └────┬─────────┘                        │
└─┬────────┘       │                                  │
  │ ◇────────◇     ◇────────────◇  N                  │
  │ │当前值=0#?│──┐  │  当前值=0#?    │──────────────┐    │
  │ ◇────┬───◇ N│  ◇──────┬──────◇             │    │
  │      │Y     │         │ Y                   │    │
  │ ┌────┴────┐ │  ┌──────┴──────────┐          │    │
  │ │20#→当前  │ │  │1#正转标志有效 输出正│          │    │
  │ │值内存    │ │  │转当前值内存       │          │    │
  │ └────┬────┘ │  └──────┬──────────┘          │    │
  │      └──────┤         │                     │    │
  └─────────────┴─────────┤←────────────────────┘    │
                          │                           │
                 ┌────────┴────────┐                  │
                 │ 差值减1→差值内存   │                  │
                 └────────┬────────┘                  │
        N         ◇───────┴───────◇                   │
      ┌───────────│  设定值等于现值?  │                   │
      │           ◇───────┬───────◇                   │
      │                   │ Y                         │
      │           ┌───────┴───────┐                   │
      │           │   置停车标志     │                   │
      │           └───────┬───────┘                   │
      │           ◇───────┴───────◇   Y               │
      │           │  停车标志有效?    │───────┐          │
      │           ◇───────┬───────◇       │          │
      │                   │ N            ┌─┴─────┐    │
      │         ┌─────────┴─────────┐    │ 停车结束 │    │
      │         │ 正转标志有效 输出正转 │    └───────┘    │
      │         └─────────┬─────────┘                 │
      │         ┌─────────┴─────────┐                 │
      │         │ 反转标志有效 输出反转 │                 │
      │         └─────────┬─────────┘                 │
      │         ┌─────────┴─────────┐                 │
      │         │ 减速标志有效 输出减速 │                 │
      │         └─────────┬─────────┘                 │
      └───────────────────┴──────────────────────────┘
```

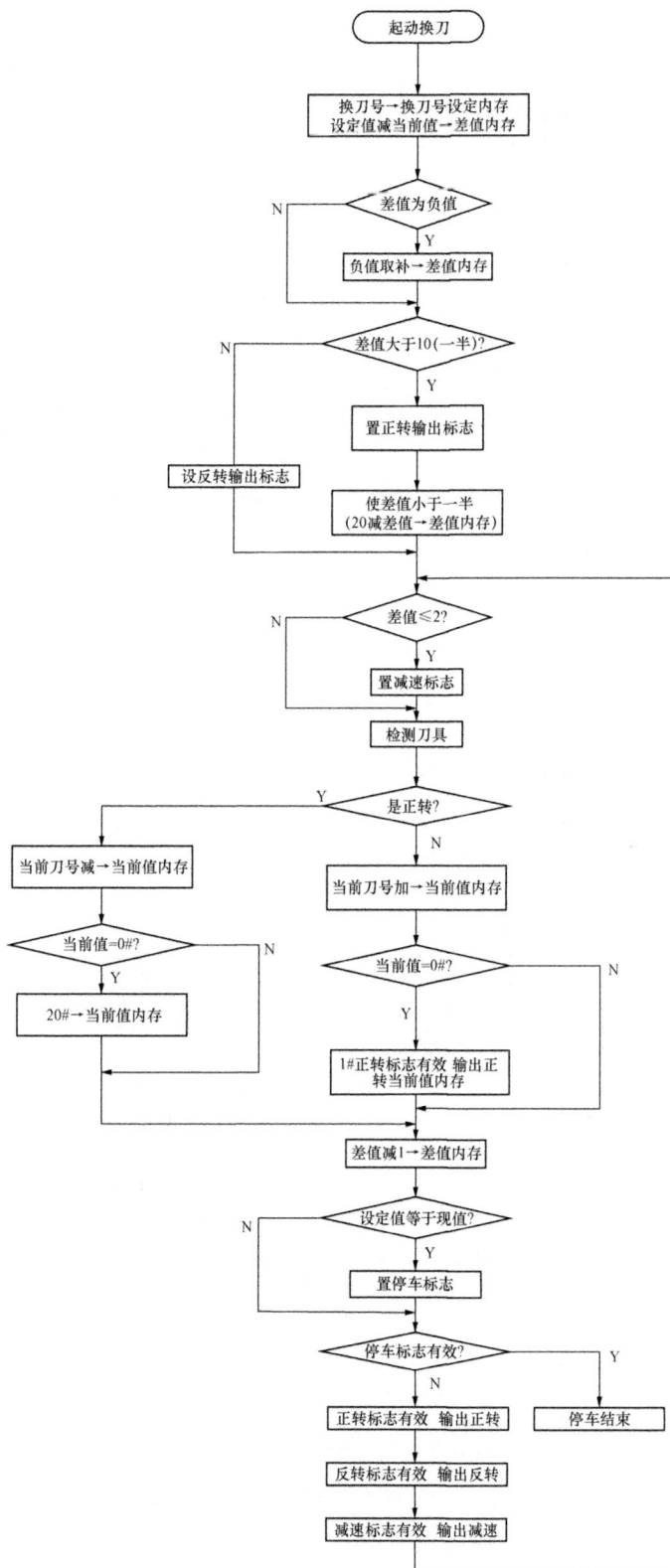

图 8-4 刀库自动换刀程序流程图

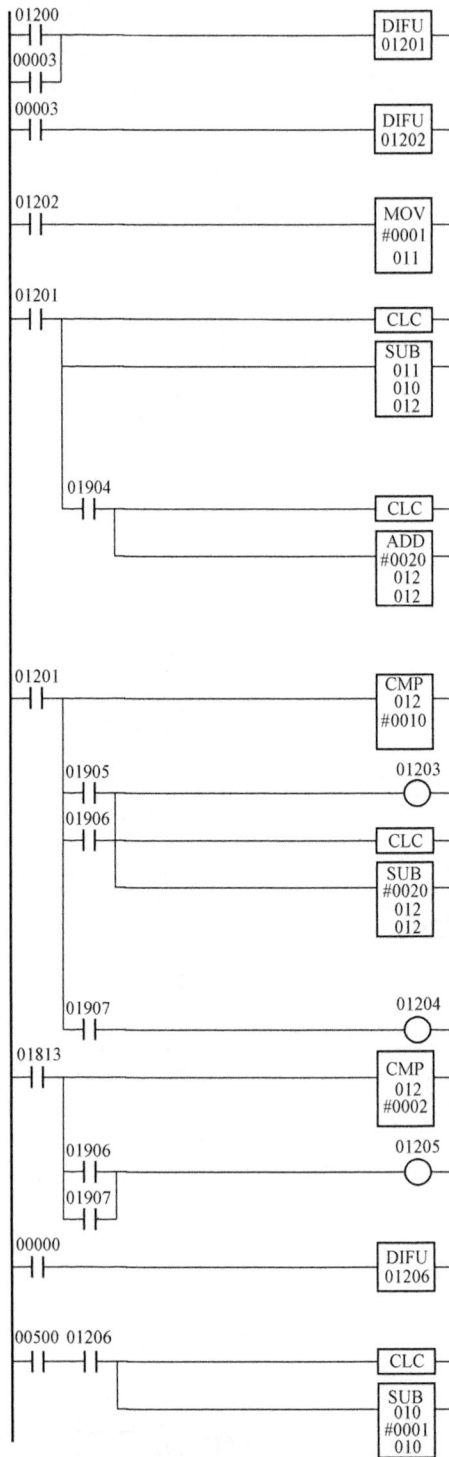

图 8-5　自动换刀定位控制梯形图（一）

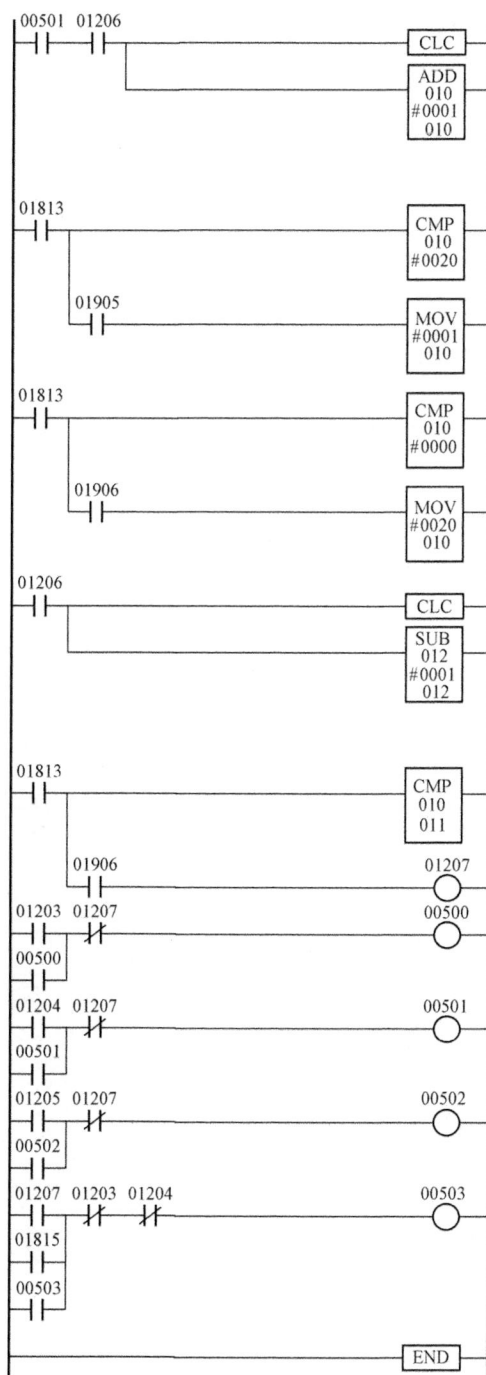

图 8-5　自动换刀定位控制梯形图（二）

程序中特殊继电器说明：

01813—PLC 运行常 ON；

01815—PLC 运行第一个扫描周期为 ON；

01904—运算进位（借位）时为 ON；

01905—比较 S1 大于 S2 时为 ON；

01906—比较 S1 等于 S2 时为 ON；

01907—比较 S1 小于 S2 时为 ON。

附录 A 实验指导书

实验一 常用电器的认识实验

一、实验目的

了解继电接触控制中各种常用电器的结构，动作原理和功能。

二、实验内容

（1）观察各种常用电器的结构，了解其动作原理和功能。

（2）了解主要常用电器的主要性能参数和用途。

三、预习要求

（1）明确实验目的和内容。

（2）了解各种常用电器的结构和动作原理。

四、实验设备

1. 交流接触器

2. 直流接触器

3. 中间继电器

4. 时间继电器

（1）直流电磁式时间继电器；

（2）电磁式时间继电器；

（3）多回路时间继电器；

（4）空气阻尼式时间继电器；

（5）半导体式时间继电器。

5. 热继电器

6. 速度继电器

7. 干簧继电器

8. 行程开关

9. 微动开关

10. 按钮开关

11. 凸轮控制器

12. 空气开关

13. 各种熔断器

14. 单相调压器

15. 刀闸电器

五、实验步骤

（1）观察各种常用电器的外形特征及名牌参数。

（2）将部分电器的外壳打开观察内部结构。

（3）了解常用电器的用途，观察其动作特点。

实验二　三相异步电动机起、保、停、逆自动控制实验

一、实验目的

（1）进一步了解交流接触器、热继电器、常用按钮开关等的结构和接线方式。

（2）熟悉异步电动机正反转电气控制线路及连接方法。

（3）熟悉一般线路中短路保护、过载保护和零压保护的方法。

二、实验内容

（1）设计用闸刀开关、熔断器和热继电器（或空气开关）、交流接触器、按钮开关等组成的电动机起、保、停、逆自动控制线路。

（2）按所设计的控制线路进行接线，通电后进行操作。

（3）参考线路图［见本书图 2-9（b）异步电动机正反转控制电路］。

三、预习要求

（1）明确实验目的、内容和应掌握的操作技能。

（2）画出自己设计的电机起、停、逆自动控制线路。

四、实验设备

（1）继电接触控制实验装置。

（2）三相闸刀开关。

（3）三相异步电动机。

（4）控制变压器。

（5）各种连接导线。

五、实验步骤

（1）观察继电接触控制实验装置的结构、组成和接线特点，了解实验装置上各种电器的结构和动作原理，并记下其名称、规格、数量和主要技术数据。

（2）按照所设计的实验线路进行接线，经反复查对，确认接线无误后，先接通控制电路（不接主电路）进行操作，待各电器的线圈吸合正常，进行点合（快速合闸并断开）无误后，方可合闸进行实验。

六、实验注意事项

（1）必须遵守实验室的规定，注意安全，绝对不允许带电接线，要认真按照实验步骤进行操作，线路接好后，要反复进行检查，注意看接线柱是否拧紧，香蕉插头是否插接可靠，以免实验中脱落引起事故。并经指导老师核对之后，方可合闸进行实验操作。

（2）所有控制触点一律接在各个电器线圈的同一侧，各个线圈的另一侧直接接电源。

（3）须有专人负责闸刀的开合。

七、实验报告要求

（1）写出实验目的、内容、所用电器元件及设备。

（2）画出实验电路图并说明实验控制电路是如何实现失压、过载、短路保护和互锁控制的。

（3）观察和记录实验过程中的各种现象，并进行分析。

实验三　三相异步电动机起动和反转实验

一、实验目的

（1）熟悉电动机铭牌上额定值的意义。

（2）学习测量电动机绝缘电阻的方法。

（3）掌握电动机起动和反转的方法。

二、相关知识

电动机上的铭牌数据是安全、正确使用电机的主要依据。在电动机使用之前，必须要了解清楚铭牌上各数据的意义。

电动机的绝缘电阻是指电机每相绕组和机壳（地）之间以及每相绕组之间的绝缘电阻。如果电动机的额定功率小于100kW、额定电压为380V时，则其绝缘电阻不得小于0.5MΩ。测量绝缘电阻应使用500V的兆欧表。

当异步电动机直接起动时，起动电流很大，为额定电流的4～7倍。这样大的起动电流对线路上其他负载会产生影响。为限制起动电流，往往采用降压起动法：Y—△起动或自耦变压器起动。因此，要根据电网的容量和电机功率以及负载对起动转矩的要求选择正确的起动方法。

三相异步电动机的转向是由三相电源的相序决定的。因此，只要把接在电动机上三根电源线中任意两根对调，电动机即可反转。本实验中电机正反转由倒顺开关实现。

电动机在运行中若断开一相，则为单相运行。单相运行时电机输出功率降低。因此当负载不变的情况下，电机中的电流要增大、且转速降低，声音发沉，如果时间一长，很容易烧坏电机。在使用过程中，要注意电机单相运行故障并及时排除。三相异步电动机接此单相电源时无起动力矩，不能正常起动。

三、预习要求

（1）复习本书中与本实验内容有关的章节，明确在本实验中应掌握的操作技能并认识相应的设备。

（2）已知三相交流电源电压为380V，鼠笼式三相异步电动机的铭牌数据为：电压380/220V，电流6.1/10.5A，接法Y—△，额定功率$P_n=2.8kW$，额定转速$n=1430r/min$。画出该电机直接起动的实验线路图。图中要画出电动机应采用的接法和测量的仪表，并列出所需电表的量程（电流表应考虑能测量起动电流）。

（3）思考题：

1）三相异步电动机定子绕组的6个出线端在Y和△时各应如何连接？各在什么情况下采用？画图说明之。

2）三相异步电动机Y和△连接时起动电流是否一样？原因是什么？

3）一台应△连接的三相异步电动机如果误接成Y连接，将产生什么问题？

4）如果实验室的三相电源电压为380V，三相异步电动机铭牌上电压为380/220V时，是否能采用Y—△起动器来起动该电动机？如果采用了将会发生什么问题？

四、实验设备

1. 鼠笼式三相异步电动机1台

2. 倒顺开关 1 只

3. Y—△起动器 1 台

4. 补偿起动器 1 台

5. 万用表 1 只

6. 交流电压表（0～450V）1 只

7. 交流电流表（0～15A）1 只

8. 兆欧表（500V）1 只

五、实验内容和步骤

1. 直接起动

根据电动机的铭牌数据和三相电源电压为 380V，按附图 A3-1 正确接线，电动机某一相内串入电流表是为了观察起动电流。当合上刀开关时，注意观察电动机的起动情况。读取并记录起动电流的数值填入附表 A3-1 中。

2. Y—△起动（此时三相电源改为 220V）

了解 Y—△起动器的结构、原理及使用方法，按其接线图正确接线（见附图 A3-2）并串入电流表，然后操作 Y—△起动器。注意观察电动机的运行情况，读取并记录起动电流的数据填入附表 A3-1 中。

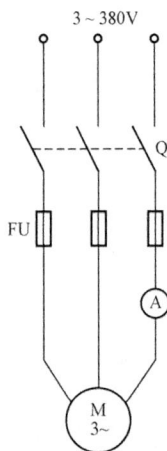

附图 A3-1　直接起动接线图

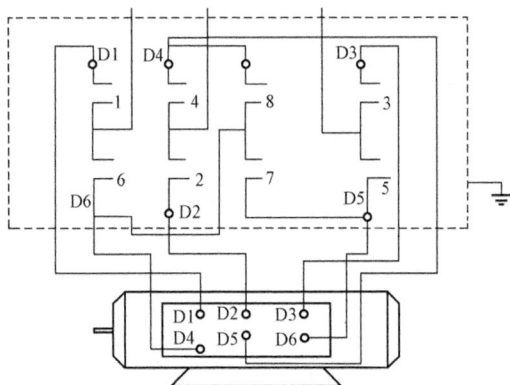

附图 A3-2　Y—△起动接线图

附表 A3-1　　　　　　　　　　电动机的起动电流和额定电流

起动方法	起动电流 I/A	额定电流 I_n/A	比较
直接起动			
Y—△起动			
自耦变压器起动			

3. 反转

了解倒顺开关的结构、原理及使用方法。按其接线图正确接线（见附图 A3-3），然后操作倒顺开关，使电动机正转相反转。

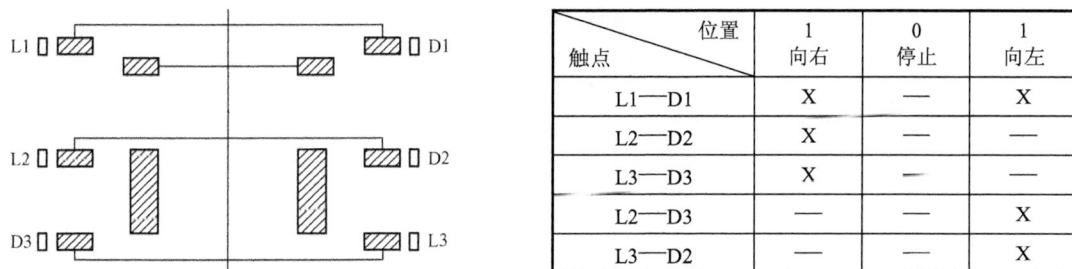

位置 触点	1 向右	0 停止	1 向左
L1—D1	X	—	X
L2—D2	X	—	—
L3—D3	X	—	—
L2—D3	—	—	X
L3—D2	—	—	X

附图 A3-3　倒序开关接线图

六、实验注意事项

（1）起动前要清除电动机周围的障碍物，实验中要注意安全。

（2）接通电源后如果电动机不转，必须立即断电以防电动机烧毁。断电后检查出原因，方能接通电源进行实验。

（3）由于电动机起动时间很短，读取起动电流的数值（可读取指针偏转的最大位置）必须迅速及时。

（4）单相运行实验要迅速，时间不能过长否则可能烧毁电机。

（5）兆欧表是专测绝缘电阻的仪表，它的发电机电压为 500V，故不能用来测人体电阻，以免发生电击事故，使用兆欧表时，摇动手柄的转速要均匀，快慢要适度（约 20r/min）。

七、实验报告要求

（1）根据实验用电动机的铭牌数据，确定其极对数、同步转速和额定转速。

（2）根据附表 A3-1 的实验结果，计算起动电流及额定电流的比值，并对鼠笼式三相异步电动机的几种起动方法进行比较分析。

（3）回答"预习要求"中的思考题。

实验四　PLC 程序输入实验

　　"可编程序控制器（PLC）"是一门实践性较强的专业课，实验是这门课重要的实践环节。通过实验能巩固、加深对 PLC 的系统结构及工作原理的理解，加强综合能力的训练，提高实验技能，培养独立分析问题、解决问题的能力，养成良好的理论联系实际的工作作风和实事求是的科学态度。在实验前，应认真做好预习报告，报告内容包括实验目的、PLC 接线图及梯形图和实验步骤。

　　在实验中，对发现的问题要独立思考，尽可能自己解决，在自己不能独立解决时，再请指导教师帮助解决。如发生故障，应立即切断电源，报告指导教师，排除故障后，才能重新通电，继续实验。

　　在实验后，要认真总结经验，除按各实验要求写出实验报告外，还应包括以下内容：注明实验目的，实验器材；说明程序的调试过程、修改时的操作等；详细分析实验中的故障及现象，说明排除的过程及方法；认真写出本次实验的心得体会，提出改进实验的方法。

一、实验目的

（1）掌握编程器的键盘操作。

（2）学会程序的输入和指令的增删。

二、实验内容

（1）进行删除原有程序操作。

（2）进行输入程序操作。

（3）进行指令的删除或插入操作。

三、预习要求

了解编程器键盘各色按键的作用和布局，熟悉 C 系列的基本指令和主要专用指令。

四、实验设备

1. 可编程序控制实验装置

2. 单相闸刀开关

3. 专用连接导线

五、实验步骤

（1）观察可编程序控制实验装置的结构、组成和接线特点，了解编程器的键盘布局，主机和编程器的型号及其主要技术参数。

（2）首先正确接通电源，按删除原有程序操作表（见附表 A4-1）逐步进行操作。

附表 **A4-1**　　　　　　　　　　　　　**删除原有程序操作表**

操　　作	液　晶　显　示
将工作方式开关置于 PROGRAM，接通电源	PROGRAM PASSWORD
如需要进入编程，请按 CLR MONTR	PROGRAM
为了清除显示按 CLR 液晶显示内存回到起始地址	0000
为了清除全部内存按 CLR PLAY NOT REC SET RESET	0000 MEMORY CLR? HR. CNT. DM
决定清除全部内存按 MONTR（如果想保留 HR.CNT.DM 中的某一项，可先按一下相应的键）	0000 MEMORY CLR END HR CNT DM
清除显示按 CLR 就可以重新编程了。若想从某一地址开始，可按相应的数字键	0000

（3）按设计的程序指令表，进行输入程序操作。参考程序表（见附表 A4-2）。

附表 **A4-2**　　　　　　　　　　　　　**某控制电路参考程序表**

地　址	指　令	数　据	地　址	指　令	数　据
0000	LD	0000			#0005
0001	LD	1000	0003	LD	CNT47
0002	CNT	47	0004	OR	1000

地　址	指　令	数　据	地　址	指　令	数　据
0005	AND-NOT	TIM00			#0020
0006	OUT	1000	0009	LD	1000
0007	LD	1000	0010	OUT	0500
0008	TIM	00	0011	END（FUN01）	

（4）进行指令的删除和插入操作。按↑或↓键，从起始地址向下或从结束地址向上检查输入的程序。如果发现程序有错，只需在错误的语句上写入正确的语句就行了。具体操作如下：

1）删除指令操作：在检查程序时发现要删除指令时，可在这条地址上停下，然后按 DEL ↑，这条指令就被删除了，下一条指令自动移上来，依次排好。

2）插入指令操作：

① 按 CLR，这样就回到内存的首地址。

② 键入待插入指令的地址码，例如要在地址 0008 上写指令 TIM00，那么就要按：

8 ↑ TIM 0 0 INS ↓

在键入时间设定值，按 3 0 WRITE。显示应该为：

```
· 0008 TIM          DATA
                    #0030
```

原来 0008 地址中的指令便自动向下移动。应注意，只有插入定时器和计数器时才需要键入设定值这一步，一般不需要两步。

六、实验报告要求

（1）写出实验目的、内容、实验所用装置的构件及其主要技术数据。

（2）写出自己设计的输入程序。

（3）观察和记录实验过程中的各种现象，并进行分析。

实验五　检查和运行程序实验

一、实验目的

（1）学习快速检索编辑功能。

（2）学习继电器的状态检查、强迫置复位、输入输出监视。

二、实验内容

（1）进行快速检索编辑操作。

（2）进行程序正确与否检查操作。

（3）进行继电器状态检查与变更操作。

（4）进行输入输出监视操作。

三、预习要求

了解编程器键盘各色按键的作用和布局，熟悉 C 系列的基本指令和主要专用指令。

四、实验设备

1. 可编程序控制实验装置
2. 单相闸刀开关
3. 专用连接导线

五、实验步骤

1. 快速检索编辑功能操作

在一个大程序内，P 型 PLC 提供三种简便的方法检索指定的地址、指令或触点。三种键盘操作方法如下：

地址检索：CLR CLR （地址）↑

指令检索：CLR CLR （指令）SRCH

触点检索：CLR CLR SHIFT CONT/# （触点号）SRCH

2. 程序正确与否检查操作

利用 P 型机的调试功能可检查出各种程序的设计错误。三种工作方式中的任何一种，都可利用 FUN 和 MONTR 键来实现。

为了检查程序是否正确，按 CLR CLR FUN MONTR 键，如果程序没有错，则显示：

```
· 0000    ERR              CHR
  OK
```

如果发现程序有错，相应的错误信息被显示出来，详见错误信息表（见附表 A5-1）。如果错误不止一个，则继续按 MONTR 键，将一次一个地显示出来。

附表 A5-1　　　　　　　　　　　出 错 显 示 对 照 表

显 示 内 容	含 义 及 措 施
**** ADR OVER	在用户内存最后地址之外设置了地址，重新设置地址
**** REPL ROM	EPROM 芯片作为用户程序被装入。用 RAM 芯片代替 EPROM，然后执行所需要的操作
**** SETDATA ERR	在要求十进制数的地方输入了十六进制数据常数。按十进制输入数据
**** I/O NO ERR	输入的数据太多。检查每条指令所能使用的数据数量
**** COIL DUPL	同一继电器号作为用户程序的输出指令被多次使用或在 IL 和 ILC 指令之间重复使用。检查并修改程序
**** CIRCUIT ERR	早先执行的输出指令和当前的显示地址之间有逻辑错误。检查并修改程序
**** IL-ILC ERR	IL-ILC 指令未成对使用。检查并修改程序
MEMORY ERR	用户程序存储器内不正常。检查是 RAM 还是 EPROM 作为程序存储器装入 PLC 机内。用户程序中有错误的指令，检查并修改程序
I/O BUS ERR	连接 CPU 和 I/O 扩展单元的总线发生故障。检查总线，并在加电之前检查 I/O 扩展单元是否与总线脱开
BATT LOW	检查干电池是否正确地安装在电池夹内，电池使用寿命已到，更换电池
**** DIF OVER	程序中 DIFU 和 DIFD 指令的数目超过 48 个，检查并修改程序

续表

显 示 内 容	含 义 及 措 施
**** NO END INSTR	没有 END 指令。在程序结束处加一条 END 指令
**** PROG OVER	程序太长，超过内存容量，检查修改程序
MODE SET ERR	工作方式设置错误。改变开关的设置位置
XFER VER ERR Z：VER PC MSB	多功能单元的用户程序与 PLC 的有差异，将正确的程序传送到 PLC 去
XFER DISABLED	多功能单元与 PLC 的连接不正常，检查连接电缆和传输线路
XFET DATA ERR	多功能单元与 PLC 之间数据传送有误。校正数据传输
**** VEY ERR	磁带内容与用户程序不一致，检查磁带内容与用户程序
**** MT ERR	磁带出错，更换新磁带

3. 继电器状态检查与变更操作

（1）状态检查操作：有时希望在开始运行程序之前扫描每一个继电器触点的状态（ON 或 OFF），这是一种有效的方法，可在 RUN 和 MONITOR 方式下进行。按检索继电器触点的步骤操作之后，从首地址开始按⬇键，就会在 LCD 左上角看到地址，左下角看到 OFF 或 ON。OFF 或 ON 表示继电器触点的现行状态。连续按⬇键可顺序检查每一个继电器的状态。

（2）强迫触点置位/复位操作：在程序执行期间，此操作用来对每一个内部辅助继电器、保持继电器、定时器或计数器的工作状态强迫进行置位或者复位（在一次扫描过程中），此操作只有 PLC 在 MONITOR 方式下才有效。

1）继电器触点强迫置位或复位：假设使实验一程序中的内辅助继电器 1000 强迫置位，首先将 PLC 置于 MONITOR 方式，并按键 CLR CLR SHIFT CONT# 1 0 0 0 MONTR，显示：

    1000
    OFF

表示该继电器的当前状态是 OFF，现在为了使此继电器置位（ON），按 PLAY/SET 键，继电器就从 OFF 变为 ON。按 REC/RESET 键可使处于 ON 状态的继电器变为 OFF 状态。

2）强迫定时器置位：先把 PLC 置成 MONITOR 方式，按 CLR TIM MONTR 键，显示出第一个定时器 TIM00 及其预置的时间。

若定时器尚未运行，可清除预置值，按 PLAY/SET MONTR 键即可。

若定时器正在运行，按 MONTR 键，显示器即显示出定时器的现行值。如果定时周期已经结束，将显示：

    ·T00
    0020

再按 $\boxed{\begin{array}{c}\text{REC}\\\hline\text{RESET}\end{array}}$ 键，定时器将从整定值开始重新计时。

注：专用辅助继电器 1808—1907 不能强迫置位或者复位。

（3）改变定时器或计数器整定值和继电器通道值：这一操作仅适用于 MONITOR 方式，按 $\boxed{\text{CLR}}$ $\boxed{\text{TIM}}$ （定时器号）$\boxed{\text{SRCH}}$ $\boxed{\downarrow}$ $\boxed{\text{CHG}}$ 显示：

0008	DATA？	
T00	#0020	#？？？？

0008DATA？说明程序将要执行的操作是要在指令地址 0008 内置数；T00 是定时器号；#0020 是定时器的当前值；#？？？？询问你整定时间是多少？如果重新整定的时间为 5.0s，按 $\boxed{0}$ $\boxed{0}$ $\boxed{5}$ $\boxed{0}$ $\boxed{\text{WRITE}}$ 键即可。

用同样的方法可改变计数器的整定值和内辅继电器、保持继电器、数据存储区的通道值。

4. 输入/输出监视操作

在 PLC 自动运行期间，利用它的监视功能可以不断地监视 PLC 的工作情况。这种操作应把 PLC 置于 MONITOR 方式。

（1）定时器/计数器值的监视。假如我们要监视实验一中计数器 CNT47 的整定值，其键盘操作如下：键入 $\boxed{\text{CLR}}$ $\boxed{\text{CLR}}$ $\boxed{\text{CNT}}$ $\boxed{4}$ $\boxed{7}$ $\boxed{\text{SRCH}}$ $\boxed{\text{MONTR}}$ 显示：

C47
0005

定时器/计数器的整定值以 4 位数字的形式被显示出来。然后每按一次↑或↓键，就可以看到上一个或下一个定时器/计数器的整定值。

（2）继电器触点状态的监视。例如要监视程序中内辅继电器 1000 的触点状态，其键盘操作如下：键入 $\boxed{\text{CLR}}$ $\boxed{\text{CLR}}$ $\boxed{\text{SHIFT}}$ $\boxed{\begin{array}{c}\text{CONT}\\\hline\text{\#}\end{array}}$ $\boxed{1}$ $\boxed{0}$ $\boxed{0}$ $\boxed{0}$ $\boxed{\text{MONTR}}$，于是显示继电器的当前状态（1000 为 OFF），然后检查下一个或上一个继电器，可按↑或↓键即可。

六、实验报告要求

（1）写出实验目的、内容、实验所用装置的构件及其主要技术数据。

（2）观察和记录实验过程中的各种现象，并进行分析。

实验六　用 PLC 实现电机起、停、逆模拟控制实验

一、实验目的

（1）进一步熟练掌握 PLC 的使用。

（2）了解可编程序控制系统的设计、I/O 分配、编程、接线和系统调试。

二、实验内容

（1）按控制要求设计用 PLC 进行电机起、停、逆模拟控制系统，包括主电路和控制电路原理图、I/O 分配表、梯形图、程序编码表、I/O 接线图。

（2）按所设计的接线图进行连接，检查无误后，通电并输入程序，然后进行运行和调试。

三、预习要求

了解可编程控制系统的设计步骤，掌握一般的设计方法。

四、实验设备

1. 可编程序控制实验装置
2. 单相闸刀开关
3. 专用连接导线
4. TVT90-1 实验板

五、实验步骤

1. 控制要求

当按下起动按钮，电动机起动后，正转运行 10s，然后反转运行 10s，如此循环，当按下停车按钮时，电动机停止运行。

2. 主机 I/O 分配

输入　SB1　　SB2　　0000　　0001
输出　KM1　　KM2　　0500　　0501

3. 主机 I/O 连线

将主机输入插孔 0000 和 0001 分别用实验连接导线接至实验装置的输入插孔 SB1 和 SB2。主机输出插孔 0500 和 0501 分别用实验连接导线接至实验板的输出插孔 KM1 和 KM2，并将实验装置上 24V 直流电源插孔接至实验板上相应的电源插孔，同时将电源的负极与 COM1、COM3、COM4 连接。

4. 输入程序

将编程器置于 PROGRAM 状态，按程序清单输入程序。参考程序如下：

地址	指令	数据
0000	LD	0000
0001	OR	0500
0002	OR	TIM01
0003	AND-NOT	0001
0004	AND-NOT	TIM00
0005	OUT	0500
0006	LD	0500
0007	TIM	00
		#0100
0008	LD	TIM00
0009	OR	0501
0010	AND-NOT	0001
0011	AND-NOT	TIM01

```
0012          OUT              0501
0013          LD               0501
0014          TIM              01
                               #0100
0015          END（01）
```

5. 运行程序

将编程器置于 MONITOR 或 RUN 状态,按下实验板上的按钮 SB1,接触器动合触点 KM1 闭合,与其对应的 LED 发光,电动机顺时针旋转(顺时针箭头下面的 LED 发光),经过 10s,动合触点 KM1 断开,与其对应的 LED 熄灭,同时接触器动合触点 KM2 闭合,LED 发光,电动机 M 逆时针旋转(逆时针箭头下面的 LED 发光)。经过 10s 后重复上述过程,如此循环。当按下实验板上的按钮 SB2 时,电动机停转(所有 LED 均熄灭)。如果不是按上述顺序动作,应检查程序并进行修改,直至调试正确为止。

六、实验报告要求

（1）写出实验目的、内容、实验所用装置的构件及其主要技术数据。

（2）写出自己设计的主电路和控制电路、I/O 分配表、梯形图、程序编码表、I/O 接线图。

（3）观察和记录实验过程中的各种现象,并进行分析。

实验七　数据处理指令实验

一、实验目的

熟悉数据传送、比较、加减法、编译码等主要数据处理指令的作用。

二、实验内容

（1）多级输出可逆计数器。

（2）10—4 编码控制。

三、实验步骤

（1）将附图 A7-1 所示多级输出可逆计数器程序写入 PLC,并用查错功能检查程序。

（2）将附图 A7-1 程序中的当前值为 9000、7000、5000、3000 时的输出改成当前值为 9、7、5、3 时的输出。

（3）在 PLC 的 0000、0001、0002 输入端各接一个按钮,实际运行该电路,观察 0500、0501、0502、0503 何时亮,并通过液晶显示屏观察 CH11 的内容随各按钮按一下时的变化情况。

（4）自行设计 10—4 编码控制电路。用 10 个按钮控制一位 BCD 码输出:按下 0 位按钮时显示 0,按下 1 位按钮时显示 1,按下 2 位按钮时显示 2,……,按下 9 位按钮时显示 9;输出显示由 0504、0505、0506、0507 表示,其中 0504 表示最高位,0507 表示最低位。输出结果同时存入 DM00 通道备用。分别用基本指令和译码指令设计该程序。

四、实验报告

（1）写出上述步骤（2）的操作方法。

（2）画出两种 10—4 编码电路的梯形图,说明使用译码指令的优点。

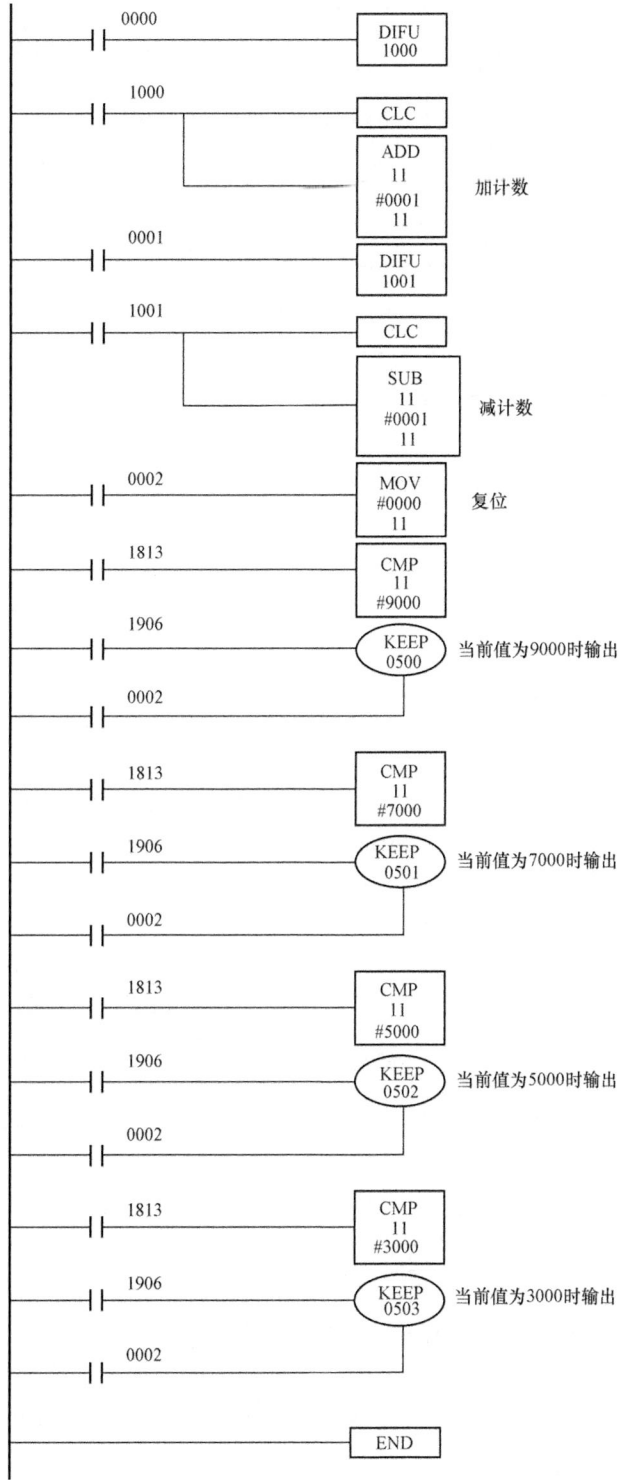

（a）

附图 A7-1　梯形图和指令表（一）

（a）梯形图

地址	指令	数据	地址	指令	数据
0000	LD	0000	0015	LD	0002
0001	DIFU	1000	0016	KEEP	0500
0002	LD	1000	0017	LD	1813
0003	CLC		0018	CMP	
0004	ADD				11
		11			#7000
		#0001	0019	LD	1906
		11	0020	LD	0002
0005	LD	0001	0021	KEEP	0501
0006	DIFU	1001	0022	LD	1813
0007	LD	1001	0023	LD	0002
0008	CLC		0024	CMP	
0009	SUB				11
		11			#5000
		#0001	0025	LD	1906
		11	0026	LD	0002
0010	LD	0003	0027	KEEP	0502
0011	MOV		0028	LD	1813
		#0000	0029	CMP	
		11			11
0012	LD	1813			#3000
0013	CMP		0030	LD	1906
		11	0031	LD	0002
		#9000	0032	KEEP	0503
0014	LD	1906	0033	END	

（b）

附图 A7-1　梯形图和指令表（二）

（b）指令表

实验八　可编程序控制器安装与接线

正确地安装与接线，是提高 PLC 控制系统可靠性的重要保证，必须考虑操作性、维护性、耐环境性、抗干扰性等问题。

一、可编程序控制器的安装

这里以 OMRON 公司 C 系列 P 型机为例，介绍有关安装方面的问题。

（一）对安装环境的要求

可编程序控制器适用于工业环境，但它对使用场合、环境温度等还有一定的要求，使 PLC

有效的提高工作可靠性和使用寿命。

1. 对环境温度的要求

工作温度：0～55℃（如环境温度高于 55℃，要安装风扇或冷却装置）；

存放温度：-20～65℃；

编程器工作温度：0～45℃。

2. 对环境湿度的要求

对环境湿度的要求是 35%～85%RH（不结露）。

3. 对环境空气的要求

PLC 应避免安装在下列场合使用：

（1）有任何腐蚀气体和易燃气体处，如硫化氢、氯化氢等。

（2）温度突变处。

（3）阳光直接照射处。

（4）灰尘、盐、金屑微粒的聚集处。

（5）水、油、化学物品的溅射处。

4. 对振动和冲击的要求

（1）要避免振动频率为 10～55Hz，幅度超过 0.5mm（峰—峰值）的连续频繁的振动。

（2）要避免超过 10g（重力加速度）的冲击。

（二）安装注意事项

1. 各部件的安装空间

当安装基本单元（又称 CPU 单元）、I/O 扩展单元、链接单元等部件时，模块之间要有一定的空间。附图 A8-1（a）、（b）分别为 CPU 与扩展单元水平安装和垂直安装时的空间间隔。

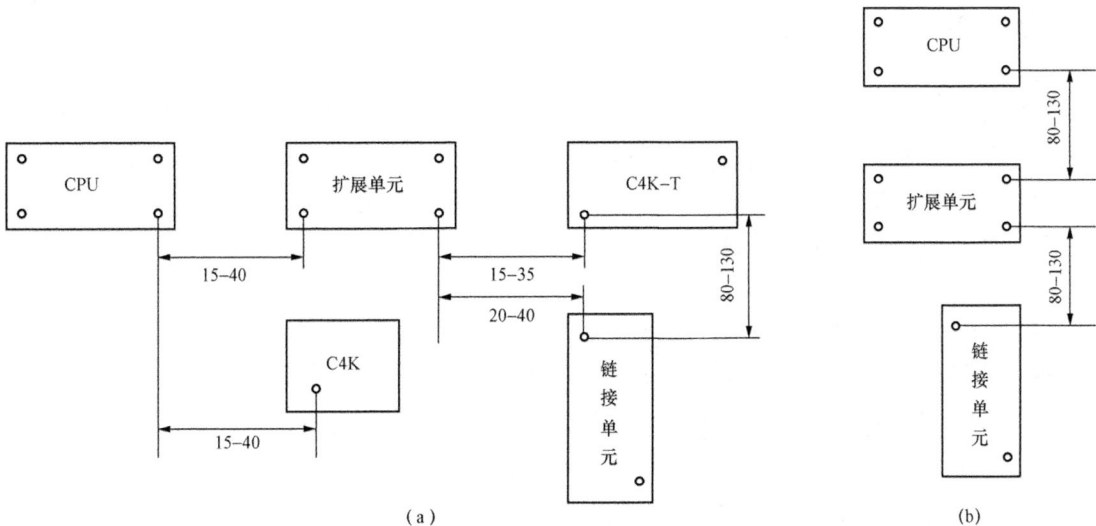

附图 A8-1 安装空间

2. 对抗干扰性的考虑

虽然 PLC 有较强的抗干扰能力，但安装时，仍要考虑抗干扰问题，进一步提高系统的可靠性。在安装时，如下问题需要考虑：

（1）当穿越不同部件区域时，使用的双绞电缆的截面应大于 $2mm^2$。

（2）要避免接近高压电源设备，距电源线至少 200mm。

（3）PLC 的 I/O 导线应用导线管装纳，且不能与其他导线及电源线装在同一个导线管内。

（4）当 CPU 单元与扩展 I/O 单元水平安装时，中间不能有线槽经过。

（5）安装衬板要安全接地（接地电阻要小于 1000Ω）。

3. 输出负载

当任何一个电气设备作为负载连到 PLC 上时，都可能对 PLC 产生干扰。例如：电磁继电器和电子管可能产生大于 1200V 的干扰，因而一定要采取适当的抗干扰措施。对于交流工作的负载，要在每个设备线圈两端并联一个电涌抑制器；对于直流工作的负载，要在每个线圈两端并联一个二极管，如附图 A8-2 所示。

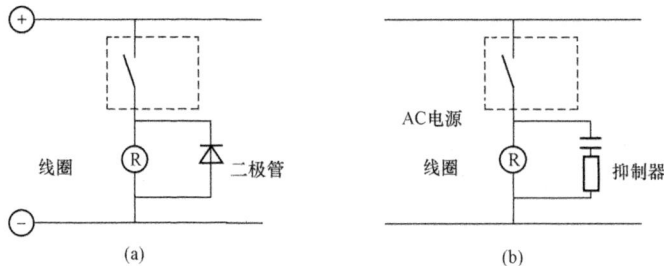

附图 A8-2　抑制负载干扰

（a）DC 电源；（b）AC 电源

在控制盘上安装 CPU 单元和 I/O 扩展单元时，要将其安装在高导电性的安装板上，且要使安装板完全接地、以保证抗干扰性。

4. 管道系统

为防止可能产生的干扰，I/O 导线与其他设备电缆不能放在同一管道（或线槽）中。当各导管之间的导线相互平行地敷设时，I/O 导线和电源电缆之间最小距离应是 300mm，如果 I/O 导线和电源电缆必须放在同一个导管（或线槽）内，必须用接地的金属板将其屏蔽。

二、可编程序控制器的接线

（一）电源

PLC 的工作电源分为 24V DC、100～120V AC、200～240V AC 三种。在配线时，应尽可能对输入/输出、CPU 单元分别供电，如附图 A8-3 所示。当使用 I/O 扩展单元时，要与 CPU

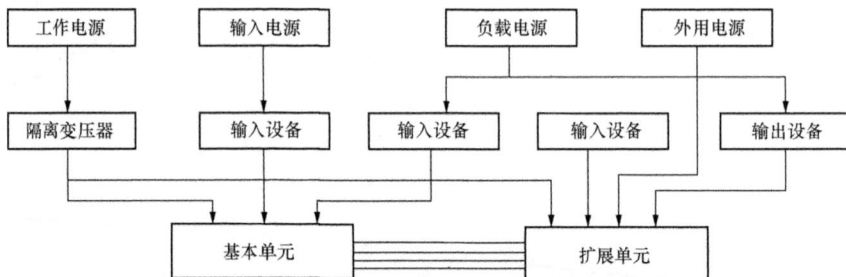

附图 A8-3　电源接线

接到同一个电源，否则当扩展单元的电源断开时，CPU 单元及编程器不能工作。

为提高 PLC 的抗干扰能力，一般在 PLC 工作电源输入端加装 1:1 隔离变压器。

（二）接地

在 C 系列 P 型机的 CPU 单元、I/O 扩展单元及 I/O 链接单元有 GR 和 LG 两接地端子。连到端子 GR 点的接地导线的截面应大于 $2mm^2$，以尽可能消除电流冲击，且接地电阻应小于 1000Ω。

必须注意：接地线的长度不要超过 20m，因为接地电阻受土壤特性、水分、季节以及地线埋入地下的时间长短的影响。

端子 LG 是一个噪声滤波器的中性端子点，一般不要求接地，但是如果电气干扰严重时，应该与 GR 端子短接后共同接地，PLC 一般应采用独立的接地体，如果实在做不到，也可与弱电设备共用一个接地体。但是，不要把接地端子接到一个建筑物的大型金属框架上时，这样可能会对 PLC 产生不利影响。

（三）输入接线

PLC 的内部输入电路及外部接线如附图 A8-4 所示。应注意的是：对于交流输入型 PLC，其 0000、0001 点仍为直流 24V 输入；I/O 扩展单元的接线与 CPU 相同，只是其 0000、0001 为普通端子，非高速计数器专用。

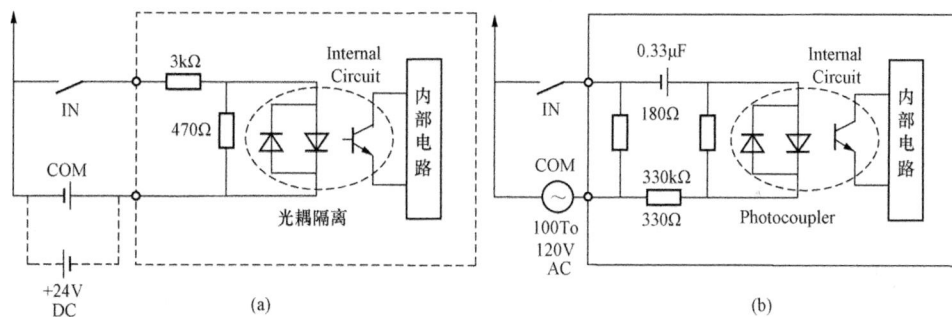

附图 A8-4 PLC 的内部输入电路外部接线

（a）直流型；（b）交流型

可连接的外部输入设备如附图 A8-5 所示，PLC 可与有触点及电流型输出设备相连接，但不能与电压型输出设备相连接。

P 型 PLC 机有一个内装的 24V DC 电源，最大电流为 0.2A。考虑到漏电流和负载感应电势，在连接之前应检查所有输入设备的兼容性。

当双线传感器，如光电传感器、接近开关或带氖灯的极限开关作为输入设备连到 PLC 上时，由于漏电流的作用，可能使输入点误接通，为防止这种情况，应并联上一个如附图 A8-6 所示的旁路电阻，以减少漏电流的影响。

旁路电阻阻值的计算式为

$$R_{max} = \frac{17.15}{3.431} + 5(k\Omega)$$

当一个感性负载连到 PLC 的输入端时，需要加电涌吸收装置（交流）或二极管（直流），以抑制反电势，如附图 A8-7 所示。

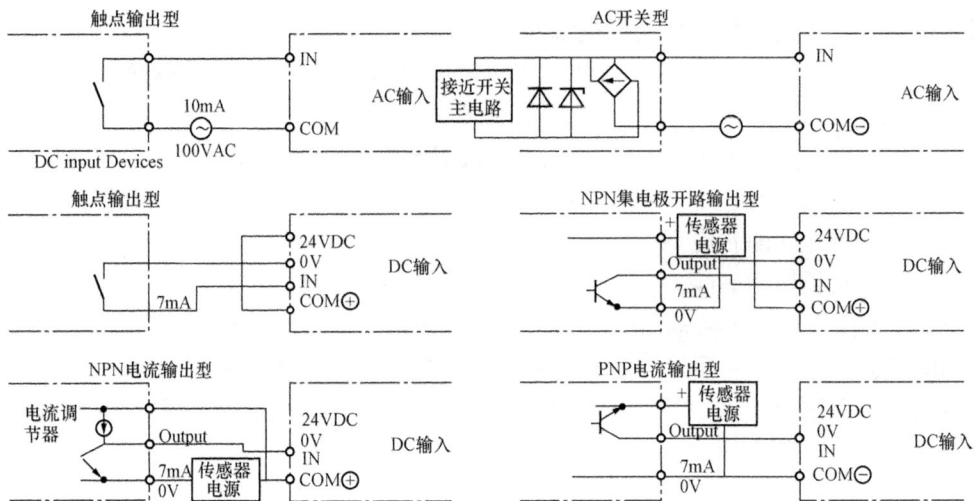

附图 A8-5　连接的输入设备

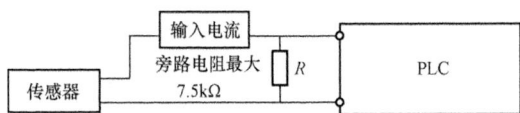

附图 A8-6　抗输入漏电流措施

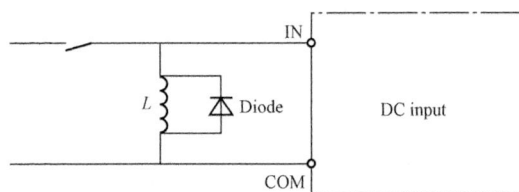

附图 A8-7　感性负载输入

（四）输出接线

PLC 的内部输出电路及其外部接线如附图 A8-8 所示。

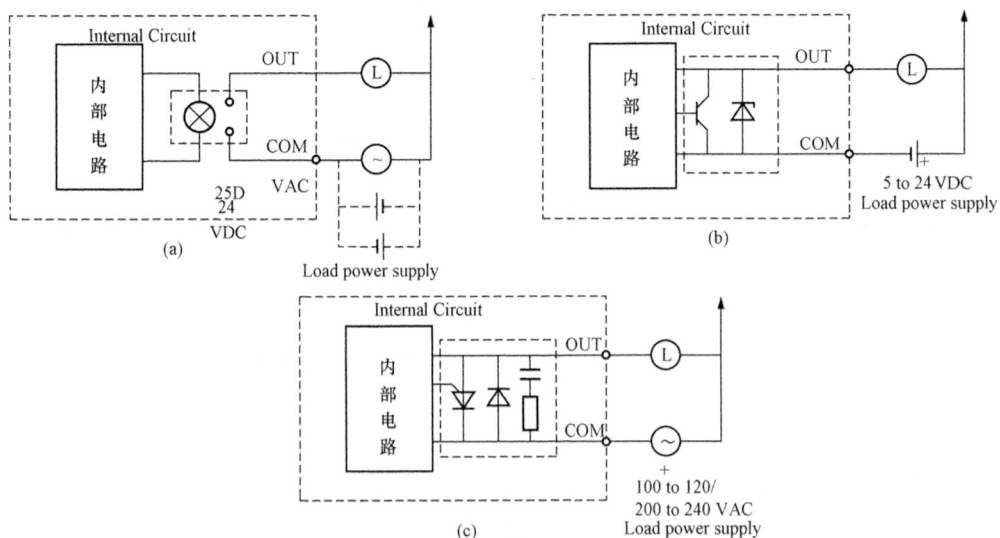

附图 A8-8　PLC 的内部输出电路及外部接线图

（a）继电器型；（b）晶体管型；（c）双向可控硅型

对于晶体管或双向可控硅输出型 PLC 接上负载后，当漏电流有可能造成输出设备的误动作时，应在负载两端并联一个旁路电阻，如附图 A8-9 所示。

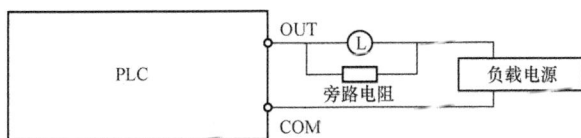

附图 A8-9 负载并联旁路电阻

旁路电阻的计算式为

$$R < \frac{U_{on}}{I}(k\Omega)$$

式中 I——漏电流，mA，对于晶体管型为 0.1mA（24V DC），双向硅型为 2mA（100V AC）或 5mA（200V AC）；

U_{on}——负载的开启电压，V。

当感性负载连到 PLC 输出端时，同样需要加电涌抑制器或二极管吸收负载产生的反电势，如附图 A8-10 所示。其中二极管必须耐 3 倍的负载电压并允许流过 1A 的平均电流；当 $U = 200V$ 时，阻容吸收装置中 $R = 500$，$C = 0.47\mu F$。

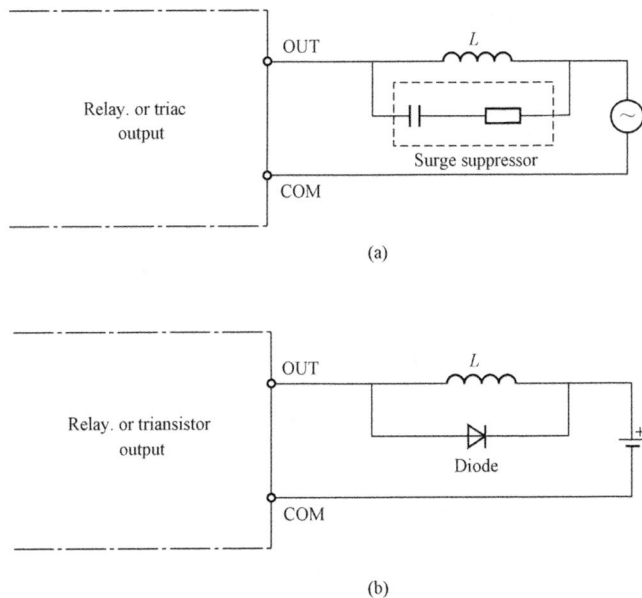

(a)

(b)

附图 A8-10 感性负载输出

(a) 继电器或双向硅输出；(b) 继电器或晶体管输出

将晶体管或双向硅输出型 PLC 的输出连到一个允许较高的冲击电流通过的设备时（如白炽灯），要确保晶体管或双向硅的安全，使起动电流不要超过 10 倍的额定电流。如果实际的冲击电流高于这个值，可采用附图 A8-11 所示的方法使之降低。方法一允许微弱电流（大约额定电流的 1/3）流过负载，这样就有效地限制了初始的电涌电流；方法二可直接限制冲击电流，但同时降低了负载两端的电压。

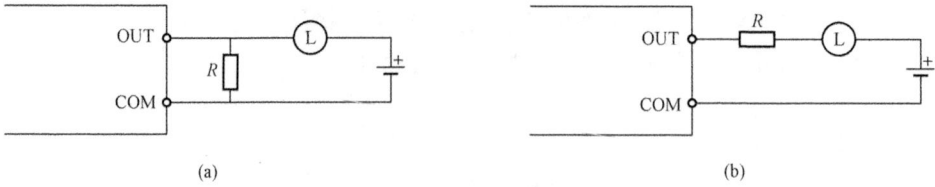

附图 A8-11　抑制冲击电流的方法

（a）方法一；（b）方法二

还需要注意的是：对于易造成伤害事故的负载，除了在 PLC 的控制程序中加以考虑之外，还应在 PC 之外设计急停电路，设置事故开关、紧急停机装置等，使得一旦 PLC 发生故障时，能及时切断引起伤害事故的负载电源。

实验九　笼型电机无触点控制

一、实验目的

（1）了解可控硅无触点开关的应用方法。

（2）熟悉 PLC 外部接线。

二、实验内容

笼型电机直接起、停及正反转无触点控制。

三、实验步骤

实验电路如附图 A9-1 所示。

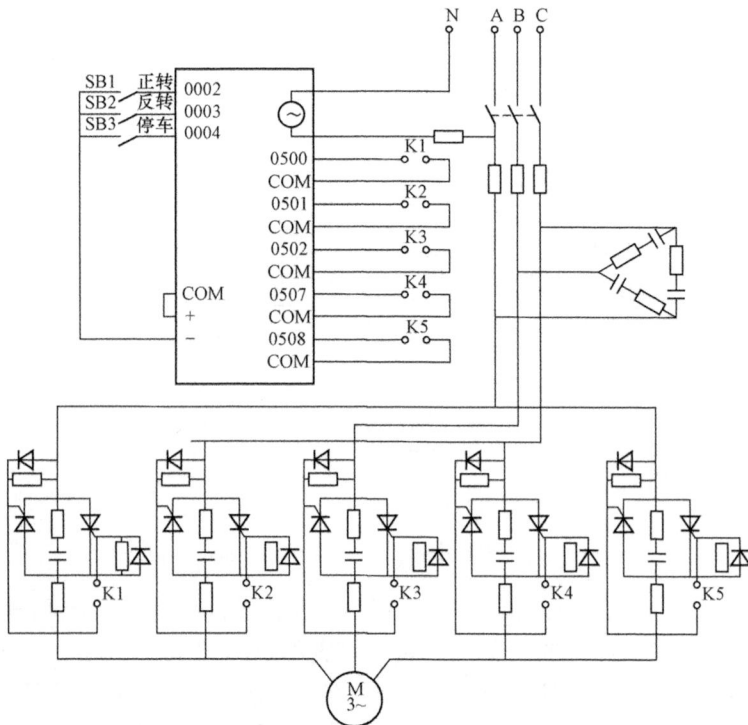

附图 A9-1　笼型电机无触点控制

（1）参考附图 A9-2 编写控制程序，并输入 PLC 内存，检查程序。

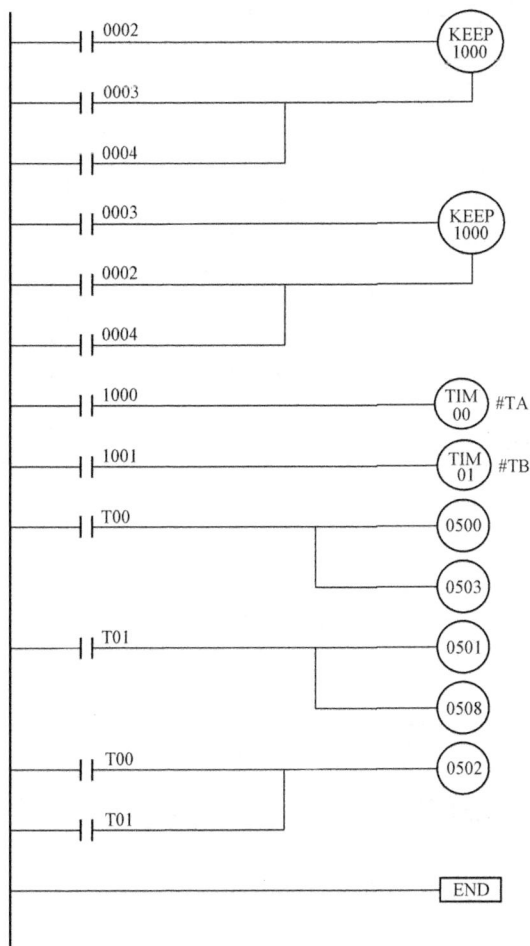

附图 A9-2　笼型电机无触点控制

（2）用模拟开关控制程序运行（或用强迫 ON/OFF 功能），观察 PLC 输出状态是否正确。

（3）程序调好后，切断 PLC 电源，按附图 A9-1 进行外部接线，检查无误后再通电。

（4）实际控制电机运行。

四、实验报告

（1）分析附图 A9-2 程序的执行过程，说明定时器 TIM00、TIM01 的作用。

（2）分析交流无触点开关的工作原理，及各元器件的作用。

实验十　笼型电机 Y，D 降压起动

一、实验目的

（1）进一步熟悉 PLC 外部接线方法。

（2）掌握 Y，D 降压起动控制的编程方法及程序运行情况。

二、实验内容

（1）PLC 与接触器线圈的连接，如附图 A10-1 所示。

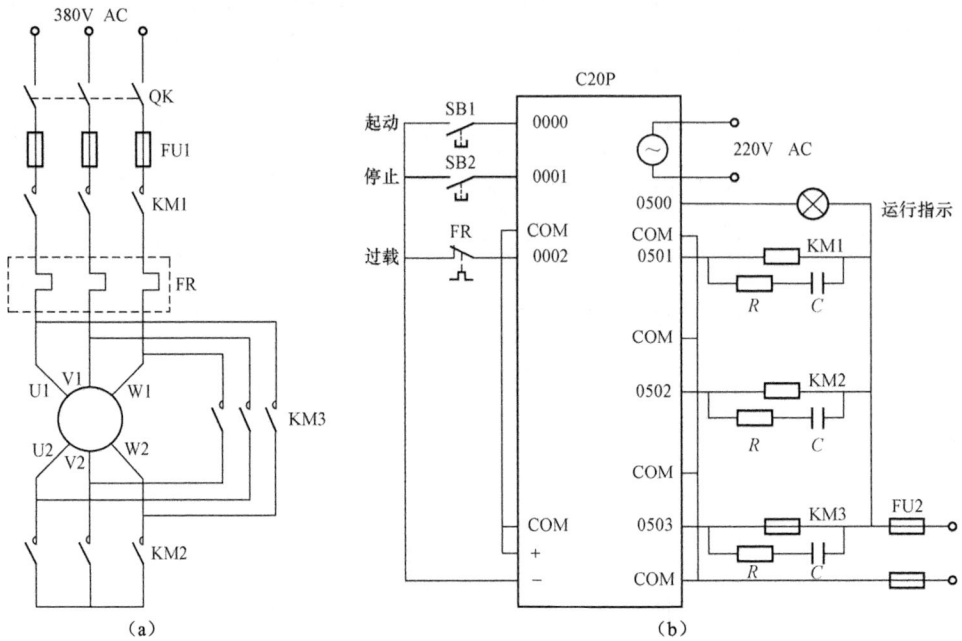

附图 A10-1　Y，D 降压起动控制电路

（a）主电路；（b）PLC 外部接线

（2）Y，D 降压起动控制时序及梯形图，如附图 A10-2 所示。

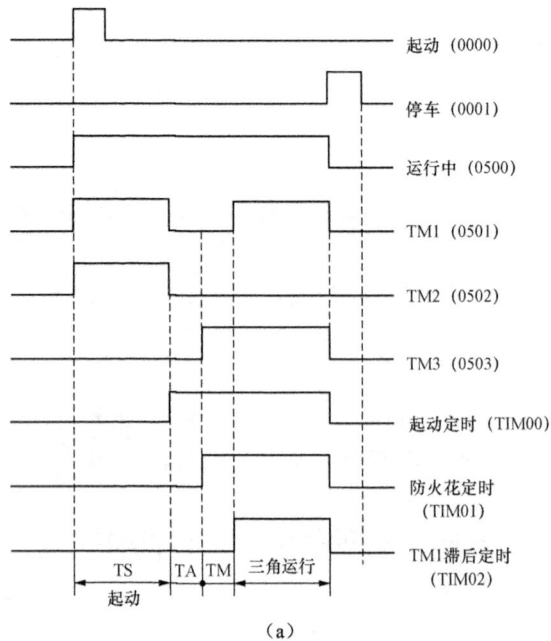

（a）

附图 A10-2　Y，D 降压起动的时序及梯形图（一）

（a）时序图

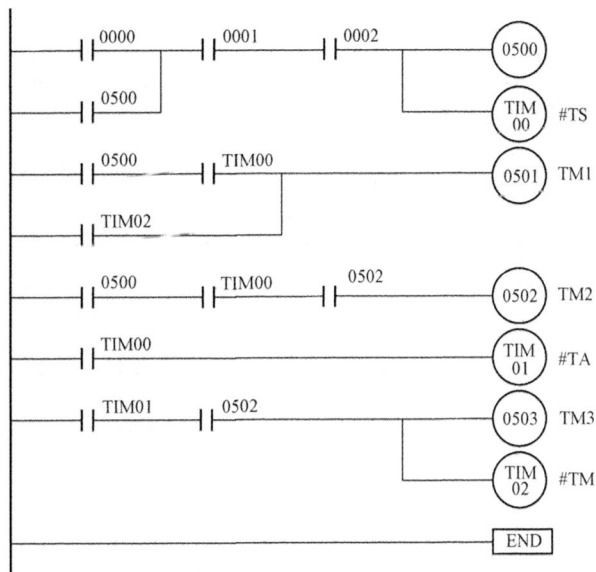

(b)

附图 A10-2 Y，D 降压起动的时序及梯形图（二）

（b）梯形图

三、实验步骤

（1）参照附图 A10-2（b），将 Y，D 降压起动控制程序写入 PLC 内存，并检查程序。

（2）模拟运行程序，如附图 A10-2（a）控制时序图，分析程序运行是否正确。

（3）参照附图 A10-1 进行 PLC 外部接线。

（4）实际运行程序，并模仿电动机过载动作，将热继电器 FR 的触点断开，看电机是否停转；然后将热继电器 FR 的触点复位，再重新进行起、停操作。

四、实验报告

（1）分析 TS、TA、TM 延时的作用，并实际设定该时间计算阻容吸收电路中 RC 参数。

（2）写出程序模拟运行步骤。

附录 B　C200H PLC 指令系统一览表

附表 B-1　　　　　　　　　　**C200H PLC 指令系统一览表**

指　　令	符　　号	助　记　符	操　作　符	
Load 装入	⊣├	LD　| B	B： IR SR HR AR LR TC	
Load Not 装入非	⊣/├	LD NOT　| B		
And 与	⊣├	AND　| B		
And Not 与非	⊣/├	AND NOT　| B		
Or 或	⊣├	OR　| B		
Or Not 或非	⊣/├	OR NOT　| B		
And Load 与装入		AND LD　| −	—	
Or Load 或装入		OR　LD　| −		
Out 输出	—(B)	OUT　| B	B： IR SR HR AR LR	
Out Not 输出非	—(⌀)	OUT NOT　| B		
Timer 定时器	—(TIM)	TIM　| N −　| SV	N： TC	SV： IR HR AR LR DM *DM #
Counter 计数器	CP| CNT R | N SV	CNT　| N −　| SV		

附录 C 习 题 集

一、常用低压电器

1-1 触头的形式有哪几种？

1-2 触点的额定值有哪些参数？分别由什么因素决定？

1-3 无触点电器有何优点？电气控制系统中常用的无触点电器有哪些？

1-4 说明电弧产生的原因、电弧的危害及常用的灭弧方法。

1-5 试述单相交流电磁铁短路环的作用。

1-6 何谓电磁式电器的吸力特性与反力特性？

1-7 什么是低压电器？按用途如何分类？其主要的技术参数有哪些？

1-8 低压电器的电磁机构由哪几部分组成？

1-9 低压断路器在电路中的作用是什么？

1-10 常用的低压刀开关有几种？分别用在什么场合？

1-11 简单说明接触器的组成及工作原理。

1-12 试比较交流接触器线圈通电瞬间和稳定导通电流的大小，并分析其原因。

1-13 简述交流接触器在电路中的作用、结构和工作原理。

1-14 交流接触器线圈过热的原因有哪些？

1-15 交流接触器和直流接触器能否互换使用？为什么？

1-16 两个 110V 的交流接触器同时动作时，能否将其两个线圈串联接到 220V 电路上？

1-17 常用的继电器有哪些？

1-18 什么是过电压继电器、欠电压继电器？各有何作用？

1-19 电流继电器与电压继电器有什么区别？使用时应注意哪些保护？

1-20 固态继电器适用于什么场合？有什么优点？

1-21 为什么要对固态继电器进行瞬间过压保护？采用何种元件来实现该保护？

1-22 时间继电器分为几大类？各是什么？叙述时间继电器的工作原理、用途和特点。

1-23 电磁式继电器与电磁式接触器进行比较，其区别在哪？

1-24 中间继电器与交流接触器有什么差异？什么条件下中间继电器也可以用来起动电动机？

1-25 叙述热继电器的工作原理、作用和特点。带断相保护的三相式热继电器用在什么场合？

1-26 为什么热继电器只能作过载保护，而不能作短路保护？

1-27 常用熔断器的种类有哪些？如何选择熔断器？

1-28 熔断器在电路中的作用是什么？由低熔点和高熔点金属材料制成的熔体，在保护作用上各有什么特点？各用于什么场合？

1-29 两台电动机不同时起动，其额定电流分别为 4.8A 和 6.47A，试设计其短路保护方案，并选择短路保护熔断器的额定电流及熔体的额定电流。

1-30 热继电器在电路中起什么作用？它能否替代熔断器？为什么？说明熔断器和热继

电器保护功能的不同之处。

1-31　电动机的起动电流大，起动时热继电器应不应该动作，为什么？

1-32　单相漏电保护开关的工作原理是什么？

1-33　常用主令电器有哪些？在电路中各起什么作用？

1-34　接近开关适用于什么场合？有什么优点？

1-35　行程开关、万能转换开关和主令控制器在电路中各起什么作用？

1-36　画出低压断路器的图形符号，并标出其文字符号。低压断路器具有哪些脱扣装置？试分别说明其功能。

1-37　画出刀开关的图形符号，并标出其文字符号。在使用和安装 HK 系列刀开关时，应注意些什么？铁壳开关的结构特点是什么？试比较胶底瓷盖刀开关与铁壳开关的差异及各自用途。

1-38　组合开关常用的图形符号有几种？分别画出并标出其文字符号。

1-39　按钮与行程开关有何异同点？

扩展练习 1

1-40　若想在两直流电极间产生一个稳定的电弧，必须满足哪些条件？

1-41　能否将接触器的灭弧罩取下后，在带负载的情况下观察和试验接触器的通断？为什么？

1-42　在电动机主回路装 DZ20 系列断路器，是否可以不装熔断器？分析断路器与刀开关及熔断器控制、保护方式的特点。

1-43　空气式时间继电器如何调节延时时间，JS7-A 型时间继电器触头有哪几类？画出它们的图形符号。

1-44　触点熔桥损伤何时会发生，对触点寿命有何影响？能否作出一种无熔桥损耗的触点？若有，需满足什么条件？

1-45　列出触点额定电流公式并说明公式中各参数含义。

1-46　空气中不发生火花的最低电压为多少伏？触点间是否允许有火花？

1-47　某接触器触点现额定电流值为 1A，如希望增大成 2A 用什么办法改装最简单？

1-48　交流继电器的电磁吸力是脉动的，因为线圈电流方向改变时电磁吸力方向会改变。上述说法哪些是对的？哪些是错的？

1-49　额定值相同的交直流继电器结构上有无差异？差异是什么？

1-50　某继电器工作时冲击声音过大，是什么原因造成的？如何避免？

1-51　为什么继电器铁心采用硅钢和砂锅片而不用铁氧体材料？两种材料分别采用什么办法避免涡流损耗？

1-52　熔断器的熔断电流与什么有关？它的额定值代表什么意思？如何防爆？

1-53　热继电器产生保护作用的关键部件是什么？为什么会有这种作用？

1-54　电流互感器与电压互感器本质上是什么器件？两者之间有何不同？

1-55　某单位用户变压器二次绕组没有接地，试问用户采取什么办法可以免于触电？并叙述理由。

1-56　为什么许多人手触 220V 相线却没被电击？电工手触裸钱要求一定用手背触及，为什么？

1-57 已知交流三相异步电动机，额定功率为 7kW，额定电流为 14.5A，电压为 380V，试选择热继电器、接触器、熔断器的型号及规格。

1-58 电磁机构常见故障表现有哪几种？故障原因是什么？

1-59 交流接触器在运行中，有时线圈断电后衔铁仍掉不下来，是何原因？

1-60 常用的电气控制系统图有哪三种？

1-61 写出下列电器的作用、图形符号和文字符号：熔断器、组合开关、按钮开关、低压断路器、交流接触器、热继电器、时间继电器。

二、电气控制系统的基本控制电路

2-1 什么叫直接起动？直接起动有何优缺点？在什么条件下可允许交流异步电动机直接起动？

2-2 什么是能耗制动？什么是反接制动？各有什么特点及适用场合？

2-3 什么叫降压起动？降压起动常用的有哪几种方式？各有什么特点及适用场合？

2-4 笼型异步电动机减压起动方法有哪几种？绕线转子异步电动机减压起动方法有哪几种？

2-5 笼型异步电动机是如何改变转动方向的？

2-6 什么是互锁（联锁）？什么是自锁？试举例说明各自的作用。实现电动机正反转互锁控制的方法有哪两种？

2-7 动合触点串联或并联，在电路中起什么样的控制作用？动断触点串联或并联起什么控制作用？

2-8 多台电动机的顺序控制线路中有哪些规律可循？

2-9 三相异步电动机是如何实现变极调速的？双速电动机变速时相序有什么要求？

2-10 什么是欠压与失压保护？接触器与按钮控制电路是如何实现欠压与失压保护的？

2-11 电气系统图主要有哪几种？各有什么作用和特点？

2-12 电气原理图中，电器元件的技术数据如何标注？

2-13 一台三相异步电动机铭牌上写明，额定电压为 380/220V，定子绕组接法为 Y，D。试问：

（1）使用时，如果将定子绕组接成三角形，接于 380V 的三相电源上，能否空载或带载运行，会发生什么现象？为什么？

（2）使用时，如果将定子绕组接成星形，接于 220V 的三相电源上，能否空载运行或带额定负载运行，会发生什么现象？为什么？

2-14 三相异步电动机一相断电为什么转动不起来？原来运转的三相异步电动机一相断电为什么转速变慢？电动机若带额定负载继续运行将会产生什么问题？

2-15 请叙述说明电气控制线路的装接原则和接线工艺要求。

2-16 某笼型异步电动机单向运转，要求起动电流不能过大，制动时要快速停车，试设计主电路与控制电路。

2-17 点动、长动在控制电路上的区别是什么？试用按钮 SB、转换开关 SA、中间继电器 KA、接触器 KM 等电器，分别设计出既能长动又能点动的控制线路。

2-18 设计 2 台鼠笼式异步电动机的起停控制线路，要求：

（1）M1 起动后，M2 才能起动；

（2）M1 如果停止，M2 一定停止。

2-19　设计 3 台鼠笼式异步电动机的启停控制线路，要求：

（1）M1 起动 10s 后，M2 自动起动；

（2）M2 运行 6s 后，M1 停止，同时 M3 自动起动；

（3）再运行 15s 后，M2 和 M3 停止。

2-20　画出自动往复循环控制线路，要求有限位保护。

2-21　试设计一控制电路，控制一台电动机，要求：

（1）可正反转；

（2）可正向点动，两处起停控制；

（3）可反接制动；

（4）有短路和过载保护。

2-22　试设计带有短路、过载、失压保护的鼠笼式电动机直接起动的主电路和控制电路。

2-23　为两台电动机设计一个控制线路，其中一台为双速电动机，控制要求如下：

（1）两台电动机互不影响的独立操作；

（2）能同时控制两台电动机的起动与停止；

（3）双速电动机为低速起动高速运转；

（4）当一台电动机过载，两台电动机均停止。

2-24　某机床的主轴和油泵分别由两台笼型异步电动机 M1、M 来拖动，试设计控制线路。其要求如下：

（1）油泵电动机 M1 起动后，主轴电动机 M 才能起动；

（2）主轴电动机能正反转，且能单独停车；

（3）该控制线路具有短路、过载、失压、欠压保护；

（4）画出该线路的主回路和控制回路。

2-25　试设计一台三级皮带运输机，分别由 M1、M2、M3 三台电动机拖动。其动作程序如下：

（1）起动时要求按 M1→M2→M3 顺序起动；

（2）停机时要求按 M3→M2→M1 顺序停机；

（3）按时间原则实现。

2-26　由两台电动机 M1、M2 分别驱动两个工作台 A、B，机构示意图如附图 C2-1 所示。其控制要求如下：

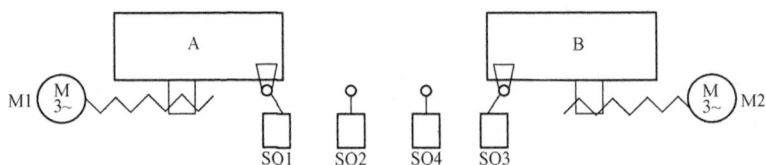

附图 C2-1　习题 2-26 图

（1）按下起动按钮 SB 后，工作台 A 由 SQ1 进至 SQ2；

（2）然后工作台 B 由 SQ3 自动进至 SQ4；

（3）然后工作台 A 由 SQ2 自动退至 SQ1；

（4）最后工作台 B 由 SQ4 自动退至 SQ3。

试画出逻辑关系图，并标明各信号特性及电动机 M1、M2 正、反转控制接触器的工作区间，写出逻辑关系式，设计电器控制线路。

2-27　某液压系统的控制要求如附图 C2-2 所示。试按逻辑设计法设计其电器控制线路。

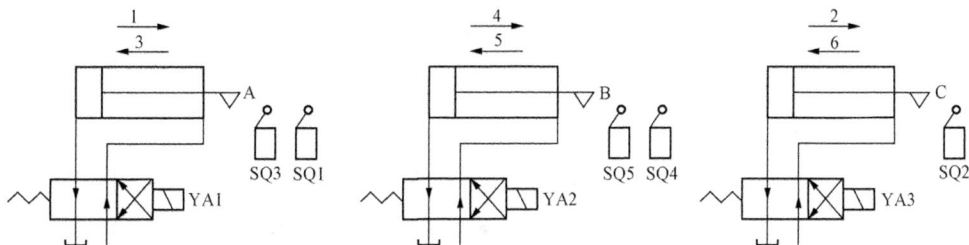

附图 C2-2　习题 2-27 图

2-28　某液压系统的控制要求如附图 C2-3 所示。试按逻辑设计法设计其电器控制线路。要求全自动运行，每次工作循环之间停留时间为 ts。

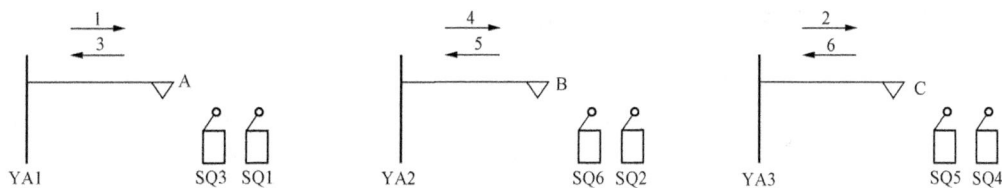

附图 C2-3　习题 2-28 图

扩展练习 2

2-29　画出三相笼型异步电动机定子绕组串接电阻降压起动控制线路，用工作流程图分析其工作原理，说明该线路具有的保护措施。

2-30　画出三相笼型异步电动机容量在 4～13kW 时采用的 Y，D 降压起动控制线路，用工作流程图分析其工作原理。

2-31　画出三相笼型异步电动机定子绕组串接电阻降压起动控制线路，用工作流程图分析其工作原理。

2-32　画出三相笼型异步电动机自耦变压器降压起动控制线路，用工作流程图分析其工作原理。

2-33　画出三相笼型异步电动机单向运转的反接制动控制线路，用工作流程图分析其工作原理。

2-34　画出三相笼型异步电动机单向能耗制动控制线路，用工作流程图分析其工作原理。

2-35　画出三相笼型异步电动机无变压器单管能耗制动控制线路，试分析其工作原理。

2-36　某电动机只有在继电器 KA1、KA2、KA3、KA4 中任一个或两个动作时，才可以起动，而在其他条件下都不运行，试用逻辑设计法设计其控制线路。

2-37　有三台笼型异步电动机，其功率/额定电流分别为：

（1）3kW/6.18A；

（2）5.5kW/11A；

（3）7.5kW /14.6A。

试为其选配接触器、熔断器和热继电器。

2-38　化简附图 C2-4 所示的控制线路。

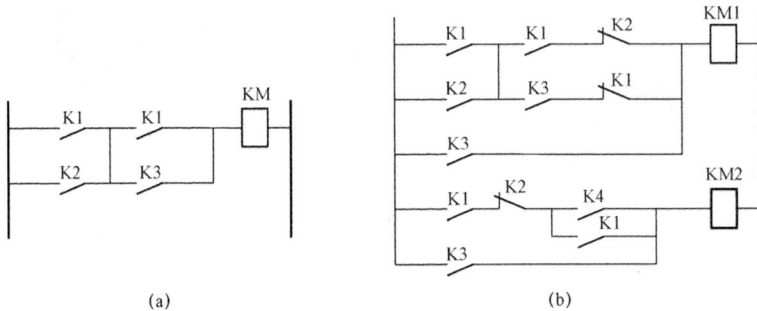

附图 C2-4　习题 2-38 图

2-39　分析附图 C2-5 中的各控制线路在正常操作时存在的问题，并加以改正。

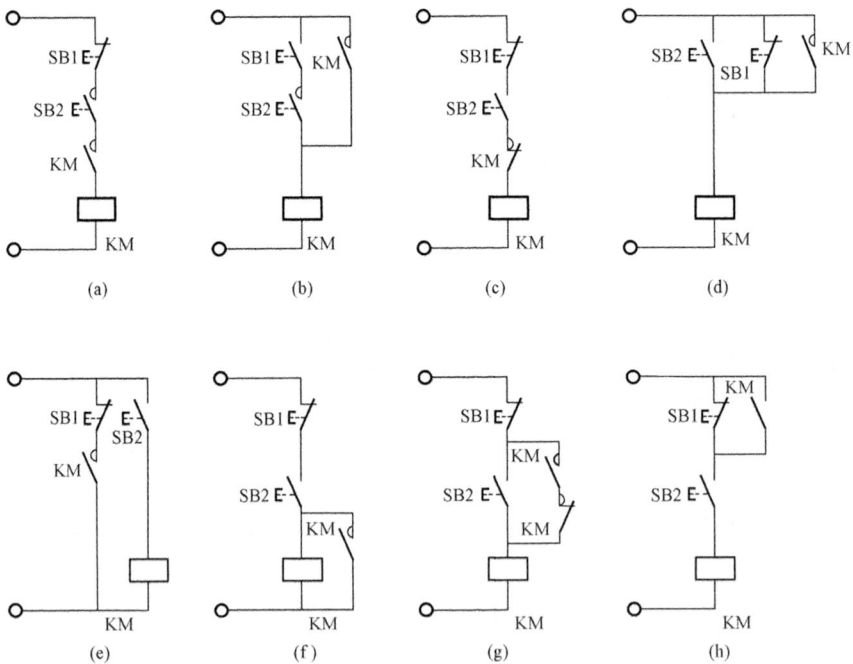

附图 C2-5　各种控制线路

2-40　附图 C2-6 所示的手动顺序控制线路中，合上空气开关后，直接按下 SB3，电动机 M2 能否起动？

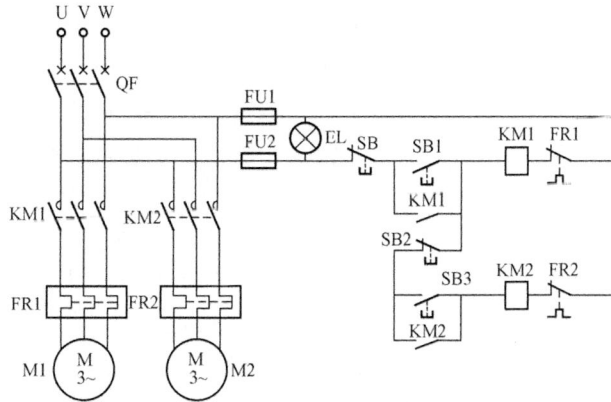

附图 C2-6　手动顺序控制线路图

2-41　在附图 C2-7 中，若 SQ1 失灵，会出现什么现象？

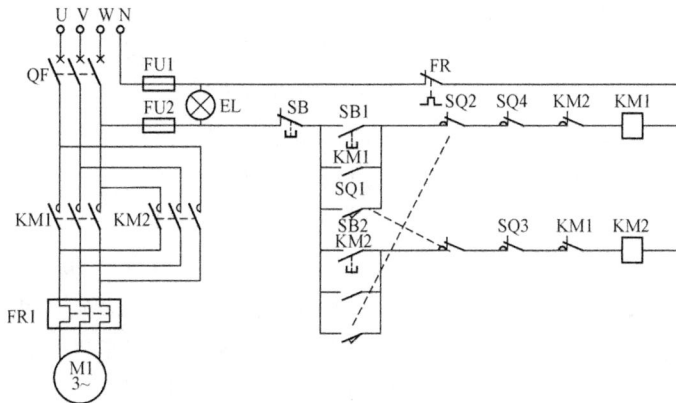

附图 C2-7　正反转行程控制线路图

2-42　按附图 C2-8 所接线路中，若按下 SB1 后电动机星形起动，但是按下 SB2 后电动机不能三角形运转，则有可能是哪里接线错了？

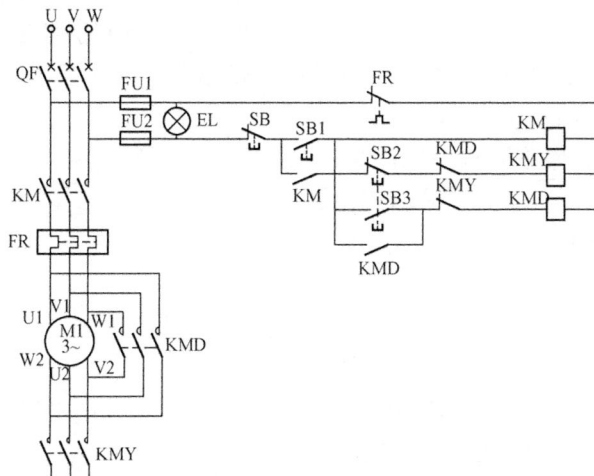

附图 C2-8　手动星形—三角形起动控制线路图

2-43 附图 C2-9 是供配电系统中常用的闪光电源控制线路，KA 是事故继电器的动合触点，当发生故障时，动合触点 KA 闭合，信号灯 HL 发出闪光信号。试分析闪光信号控制的工作原理。

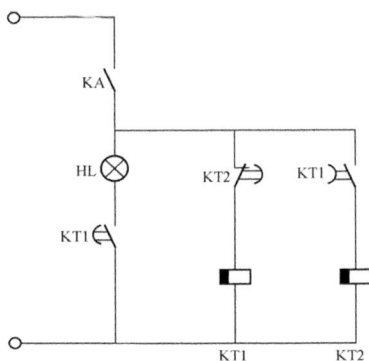

附图 C2-9 闪光电源控制电路

2-44 某一升降装置，由一台笼型电动机拖动，直接起动，采用电磁抱闸制动。控制要求为：按下起动按钮后，先松闸，经 3s 后，电动机开始正向起动，工作台升起，上升 5s 后，电动机停止并自动反向，工作台下降，经 5s 后，电动机停止，电磁抱闸报警。试设计其主电路与控制电路。

2-45 试为某设备的两台电动机设计一个电气控制线路，其中一台为双速电动机。控制要求如下：

（1）两台电动机都能独立操作，可分别控制其起动与停止，互不影响。

（2）能同时控制两台电动机的起动与停止。

（3）双速电动机的控制是先低速起动，后自动转为高速运转。

（4）当其中一台电动机发生过载时，两台电动机都停止。

（5）两台电动机的控制都具有短路保护和过载保护功能。

2-46 某专用机床采用的钻孔倒角组合刀具，其加工工艺是：光刀旋转→快进→工进→停留光刀（3s）→快退→停车。机床采用三台电动机拖动，M1 为主运动电动机，带动光刀旋转，型号为 Y112M-4，容量 4kW；M2 为工进电动机，型号为 Y90L-4，容量 1.5kW；M3 为快进/快退 （正/反转）电动机，型号为 Y801-2，容量 0.75kW。设计要求如下：

（1）工作台工进到终点或返回原位时，均有行程开关使其自动停止，并设有限位保护；

（2）快速电动机要求有点动控制，但在自动加工时不起作用；

（3）设置急停按钮；

（4）具有短路、过载保护。

画出电气原理图，进行元器件选择并给出元器件明细表。

2-47 某机床由两台三相笼型异步电动机 M1 与 M2 拖动，其控制要求如下：

（1）M1 容量较大，要求星形—三角形降压起动，停车具有能耗制动；

（2）M1 起动后，经过 10s 后允许 M2 起动，M2 容量较小可直接起动；

（3）M2 停车后才允许 M1 停车；

（4）M1 与 M2 起、停都要求两地控制。

试设计电气原理图并设置必要的电气保护。

三、典型电气控制系统分析

3-1 电气控制系统设计的内容主要包括哪些方面？

3-2 电气原理图设计方法有几种？常用的是什么方法？

3-3 设计控制线路时应注意什么问题？

3-4 如何绘制电气设备的总装配图、总接线图及电气部件的布置图和接线图？

3-5 简述电气原理图分析的一般步骤。

3-6 叙述控制柜中电器元件的布置原则。

3-7 电气控制装置设计按哪三个设计步骤进行？这三个设计步骤的侧重点分别是什么？

3-8 叙述生产机械电控装置的设计原则。

扩展练习 3

3-9 设计一台专用机床的电气控制线路，画出电气控制原理图，并制定电器元件明细表。该机床采用组合刀具加工零件的孔和倒角。加工流程为：快进→工进→停留光刀（3s）→ 快退→停车，加工流程示意图如附图 C3-1 所示。机床有三台电动机，其中 M1 为主运动电动机，采用 Y112M-4 型，功率为 4kW；M2 为工进电动机，采用 Y90L-4 型，功率为 1.5kW；M3 为快速移动电动机，采用 Y80L-2 型，功率为 0.75 kW。

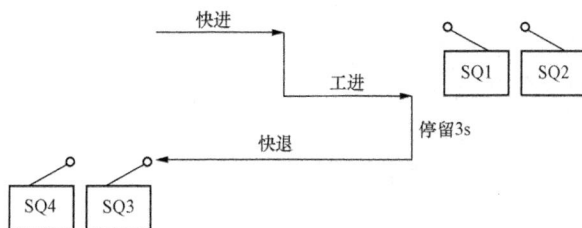

附图 C3-1 加工流程示意图

设计要求如下：

（1）工作台快进为点动控制，但在工进时无效。

（2）工作台工进到终点或返回到原点，均由限位开关使其自动停止，并有越位保护。为保证准确定位，要求采用制动措施。

（3）设有紧急停止按钮。

（4）三台电动机共用一组熔断器作短路保护，M1、M2 分别由热继电器作过载保护。

四、可编程序控制器

4-1 什么是可编程序控制器？可编程序控制器有什么特点？它有哪些基本性能指标？

4-2 可编程序控制器是怎样分类的？

4-3 简述当代可编程序控制器的发展动向。

4-4 PLC 主要应用在哪些领域？

4-5 PLC 有哪些主要功能？PLC 与继电器逻辑系统相比有哪些优点？PLC 与微机有哪些区别？

4-6 PLC 有哪些编程语言？各有什么特点？

4-7 说明 PLC 的主要结构及各部分的主要作用。

4-8 说明 PLC 的工作过程。

4-9 P 型机内部有哪些器件？是如何编号的？P 型机有多少条指令？

4-10 什么是扫描周期？它是怎样计算的？影响 PLC 扫描周期长短的因素是什么？

4-11 PLC 常用的存储器有哪几种？各有什么特点？

4-12 什么是 PLC 的滞后现象？它主要是由什么原因引起的？

4-13 一台直流输入、继电器型输出的 P 型机，程序执行时间为 20ms，则最大响应时间和最小响应时间分别是多少？

4-14 PLC 对输入信号有什么要求？

4-15 开关量交流输入单元与直流输入单元各有什么特点？它们分别适用于什么场合？

4-16　PLC 有几种输出类型？各有什么特点？

4-17　可否在同一台 PLC 上同时使用交流和直流输出信号？为什么？

4-18　从软、硬件两个角度说明 PLC 的高抗干扰性能。

4-19　梯形图的书写规则主要有哪些？

4-20　说明 C 系列 PLC 的通道和点的概念。

4-21　用一台 C60P 主机，可否同时带两台 C40P 的扩展单元？为什么？

4-22　一台 PLC 的型号是 C40P-CDR-A，其含义是什么？

4-23　试述 C200H 的基本组成和系统的最大配置。

4-24　PLC 控制系统设计的基本原则是什么？

4-25　简要说明 PLC 系统的设计过程。与传统的继电器系统设计过程相比，它有何特点？

4-26　选择 PLC 机型的主要依据是什么？

4-27　画出下面指令语句表对应的梯形图：

```
LD          0000
OR          0001
AND-NOT     0002
OR          0003
LD          0004
AND         0005
OR          0006
AND-LD
OR          0007
OUT         0500
```

4-28　对附图 C4-1 所示各梯形图进行化简，然后写出指令语句表。

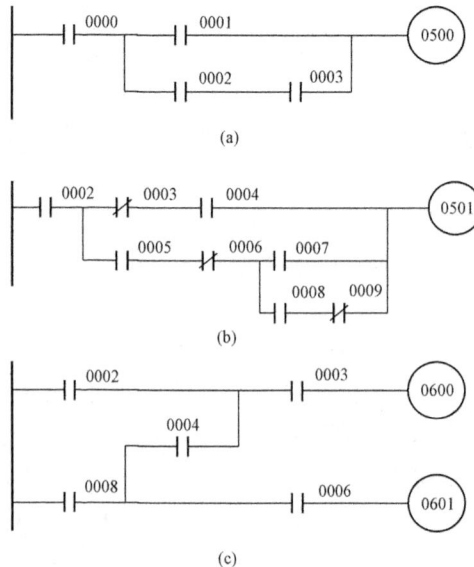

附图 C4-1　习题 4-28 图

4-29　将附图 C4-2 所示梯形图电路改成指令语句表形式。

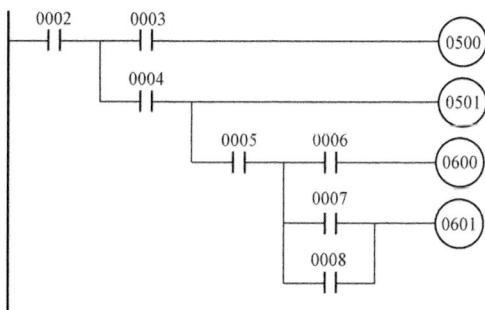

附图 C4-2 习题 4-29 图

4-30 试按下述要求分别设计两个长时定时器：

（1）用二个定时器串联方式，定时 2h；

（2）用计数器扩展方式，定时 30 天。

4-31 在某些控制场合，需要对控制信号进行分频处理。试设计一个四分频（输入 ON 二次，输出为 ON，再输入 ON 二次，输出为 OFF，并循环）的 PLC 控制程序。设输入点为 0000，输出端为 0500。

4-32 指出附图 C4-3 所示电路中的语法错误。

4-33 画出附图 C4-4 中 0501 的波形图。

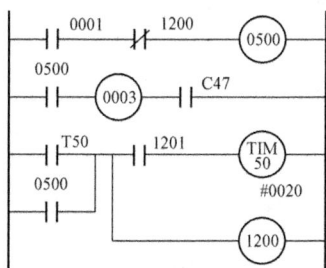

附图 C4-3 习题 4-32 图

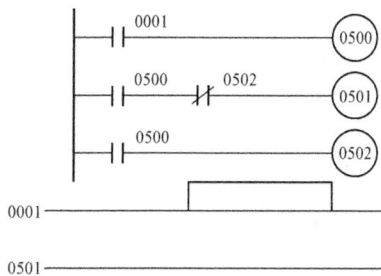

附图 C4-4 习题 4-33 图

4-34 附图 C4-5 所示报警电路中，I/O 分配如下。0000：故障输入；0001：试灯输入按钮；

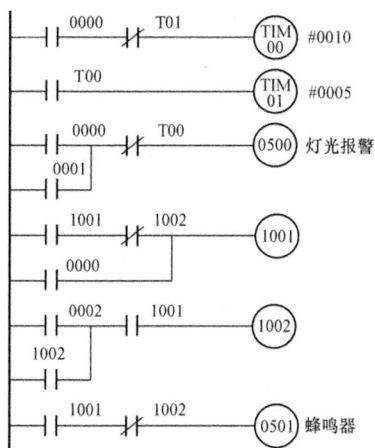

(a)

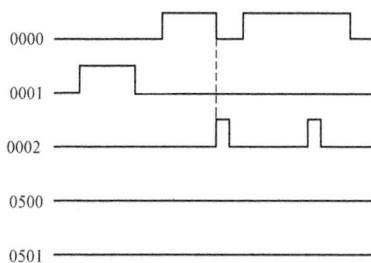

(b)

附图 C4-5 习题 4-34 图

（a）梯形图；（b）输出波形

0002：蜂鸣器解音按钮；0500：灯光报警输出；0501：蜂鸣器。分析该电路的工作过程，画出 0500、0501 的输出波形。

4-35　画出附图 C4-6 所示梯形图中 0500 的输出波形。

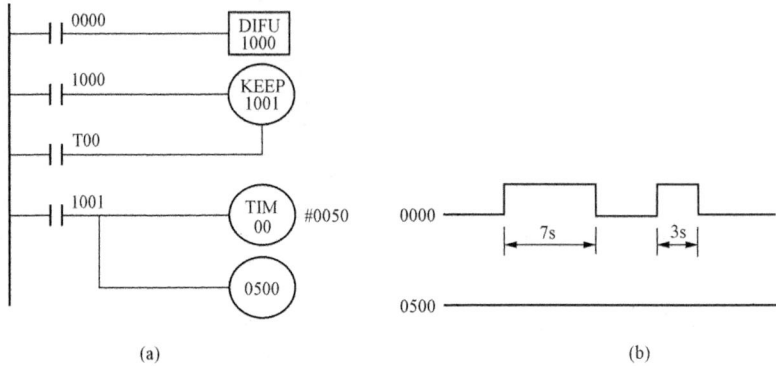

附图 C4-6　习题 4-35 图

4-36　在附图 C4-7 所示梯形图中，设（CHHR0）＝10F5，试说明：当 0002 为 ON 时，CH10、CH11、CH12 通道中的数据内容。

4-37　在附图 C4-8 所示梯形图中，设（CHHR0）＝00AC，试说明 0001 为 ON 时，CH05 通道中的数据内容。

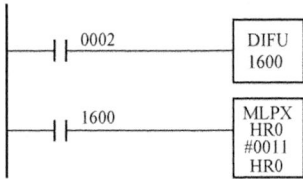

附图 C4-7　习题 4-36 图　　　　　附图 C4-8　习题 4-37 图

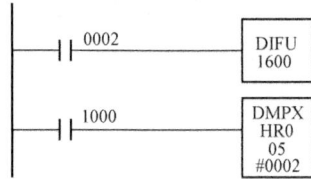

4-38　设计出附图 C4-9 所示的顺序功能图的梯形图程序，T37 的设定值为 6s。

4-39　用 SCR 指令设计附图 C4-10 所示的顺序功能图的梯形图程序。

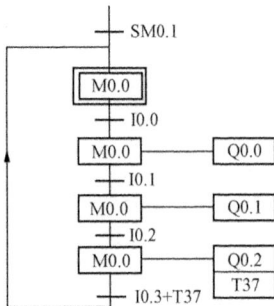

附图 C4-9　习题 4-38 图　　　　　附图 C4-10　习题 4-39 图

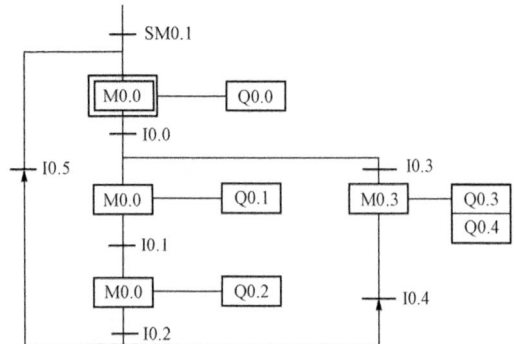

4-40　试设计彩灯控制电路。要求 9 组彩灯起动后，分两种动作交替循环进行。

（1）分三大组，1、4、7 为一组，2、5、8 为一组，3、6、9 为一组，每大组依次亮 1s。

（2）按 1 到 9 顺序，每级依次亮 1s。

4-41　附图 C4-11 中的三条运输带顺序相连，按下起动按钮，3 号运输带开始运行，5s后 2 号运输带自动起动。再过 5s 后 1 号自动起动。停机的顺序与起动的顺序刚好相反，间隔时间仍然为 5s。画出顺序功能图，并设计出梯形图程序。

4-42　初始状态时，附图 C4-12 中的压钳和剪刀在上限位置，I0.0 和 I0.1 接通。按下起动按钮 I1.0，工作过程如下：首先板料右行（Q0.0 接通）至 I0.3 接通，然后压钳下行（Q0.1接通并保持）。压紧板料后，压力继电器 I0.4 接通，压钳保持压紧，剪刀开始下行 Q0.2 接通）。剪断板料后，I0.5 接通，压钳和剪刀同时上行（Q0.3 和 Q0.4 接通，Q0.1 断开），它们分别碰到 I0.0 和 I0.1 后，分别停止上行，均停止后，又开始下一周期的工作，剪完 10 块料后停止工作并停在初始状态。试画出系统的功能图，并设计出梯形图。

4-43　液体混合装置如附图 C4-13 所示，SLH、SLI 和 SIL 是液面传感器，它们被液体淹没时为"1"状态，YV1～YV3 为电磁阀。开始时容器是空的，各阀门均为关闭，各传感器均为"0"状态。按下起动按钮后，YV1 打开，液体 A 流入容器，SLI 为"1"状态时，关闭 YV1，打开 YV2，液体 B 流入容器。当液面到达 SLH 时，关闭 YV2，电动机 M 开始运行，搅动液体，60s 停止搅动，打开 YV3，放出混合体。当液面降至 SIL 之后再过 2s，容器放空，关闭 YV3，开始下一周期的操作。按下停止按钮，在当前的混合操作结束后，才停止操作（停在初始状态）。给各输入/输出变量分配元件号，画出系统的功能图，并设计出梯形图程序。

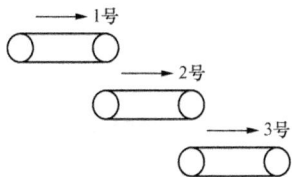

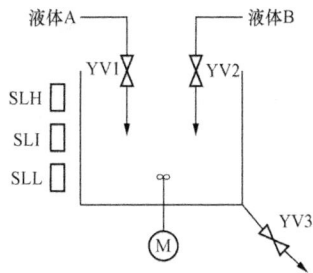

附图 C4-11　习题 4-41 图　　　　附图 C4-12　习题 4-42 图　　　　附图 C4-13　习题 4-43 图

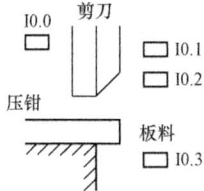

4-44　设计一个十字路口交通指挥信号灯控制系统，其示意图如附图 C4-14（a）所示。具体控制要求是：设置一个控制开关，当它闭合时，信号灯系统开始工作，先南北红灯亮、东西绿灯亮；当它断开时，信号灯全部熄灭。信号灯工作按附图 C4-14（b）所示的时序循环进行。试绘出输入/输出设备与 PLC 接线图、设计出梯形图程序并加以调试。

4-45　附图 C4-15 所示由 PLC 控制的自动定时搅拌机，工作时出料阀门 A 关闭，进料阀门 B 打开，开始进料。当罐内的液面上升到一定高度时，液面传感器 SL1 的触点接通，则进料阀门 B 关闭，此时起动电动机 M 开始搅拌。过 5min 后结束搅拌，打开出料阀门 A。当罐内液面下降到一定位置时，使液面传感器 SL2 触点断开，出料阀门 B 关闭，又重新打开进料阀门 A，开始进料，重复上述过程。试编制该 PLC 控制的梯形图和指令程序。

4-46　使用 PLC 来完成自动开、关仓库大门的任务，以便让汽车进、出仓库。附图 C4-16所示为该系统的工作示意图。这里采用了一个可发射和接收的超声波开关，用于检测入、出车辆的回波；一个光电开关、汽车通过大门时遮断了光束，光电开关便检测到已有车通过，可关门。PLC 控制电动机，以驱动库门的上、下拖动；还配置有库门行程上限检测开关和行程下限检测开关。有关编号如附表 C4-1 所示。试编制控制开门（门提升）和关门（门下降）的梯形图和指令程序。

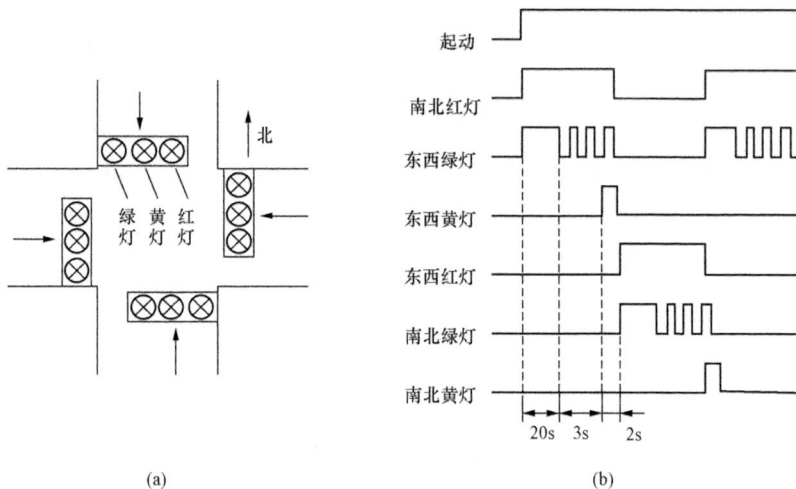

(a)

(b)

附图 C4-14　习题 4-44 图

（a）示意图；（b）时序循环图

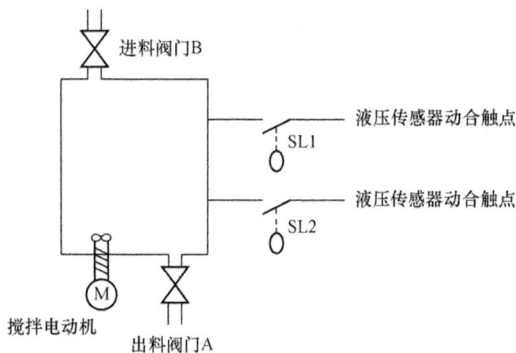

附图 C4-15　搅拌机工作原理图

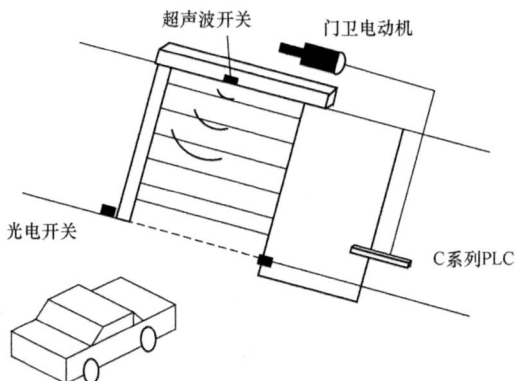

附图 C4-16　自动开门、关门工作示意图

附表 C4-1　　　　　　　　　　　　　输入/输出继电器编号

输入/输出	控制对象	继电器号
输入	超声开关	0000
	光电开关	0001
	门行程上限检测开关	0002
	门行程下限检测开关	0003
输出	升门	0500
	降门	0501

4-47 有一个用四条皮带运输机的传输系统，分别用四台电动机 M1～M4 驱动，如附图 C4-17 所示。控制要求如下：

（1）起动时，先起动最后一条皮带，延时 2s 后，再依次起动其他皮带机。

（2）停止时，先停最前面一条皮带机，延时 5s 后，再依次停止其他皮带机。

（3）当某条皮带机发生故障时，该皮带机及其前面的皮带机立即停下，而后面的皮带机按停止顺序依次停车。试设计满足上述控制要求的 PLC 控制程序。

4-48 某机床动力头的进给运动，如附图 C4-18 所示，0000 为起动按钮，按一次则动力头完成一个工作循环。起动时，动力头处于最左边，0500、0501、0502 分别驱动三个电磁阀。试设计 PLC 程序。

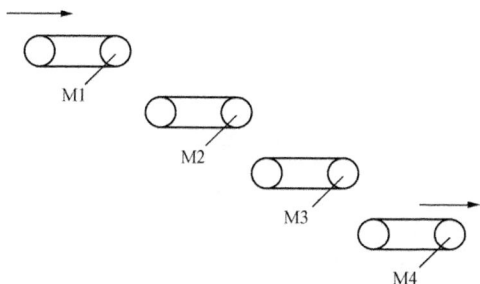

附图 C4-17 习题 4-47 图

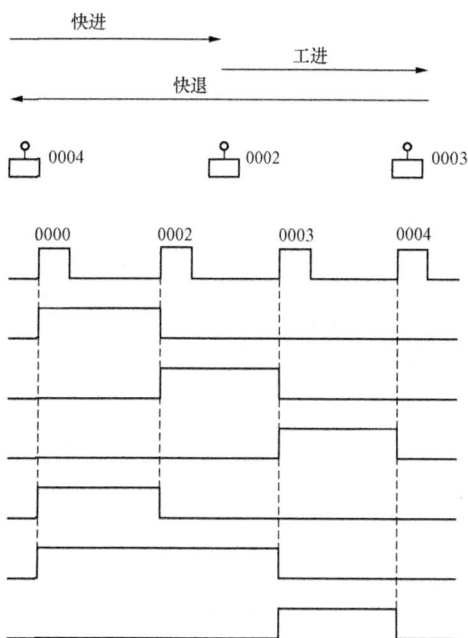

附图 C4-18 习题 4-48 图

4-49 要求：按下起动按钮后，能根据附图 C4-19 所示依次完成下列动作：

（1）A 部件从位置 1 到位置 2。

（2）B 部件从位置 3 到位置 4。

（3）A 部件从位置 2 回到位置 1。

（4）B 部件从位置 4 回到位置 3。

用 PLC 实现上述要求，画出梯形图。

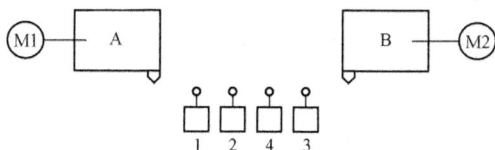

附图 C4-19 习题 4-49 图

4-50 某电动单梁起重机质量检测系统，要求起重机有升降、进退、左右行三个动作机构。整机性能检测试验要求如下：

（1）钩上没有负载时，前进、后退、左行、右行、上升、下降 6 个动作周期运行，如附图 C4-20 所示。进退机构为：前进 30s，休息 45s，后退 30s，再休息 45s，每周期 150s。左、右行机构为：进退机构起动 1s 后起动，左行 14s，休息 23s，右行 14s，休息 23s，每周期 75s。

升降机构为：进退机构起动 15s 后起动，上升 10s，休息 15s，下降 10s，每周期 50s。

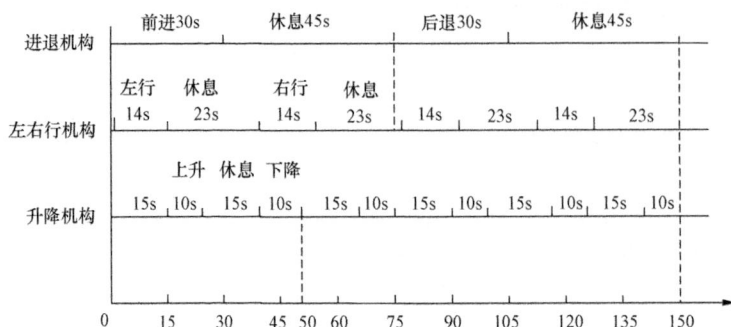

附图 C4-20　习题 4-50 图

（2）逐步加载至 1.1 倍额定负载，重复上述动作。

（3）周期运行时间不小于 1h。

试设计该 PLC 控制设备。

4-51　某送料小车如附图 C4-21 所示，小车由电动机拖动，电动机正转，小车前进，电动机反转，小车后退。对小车的控制要求如下：

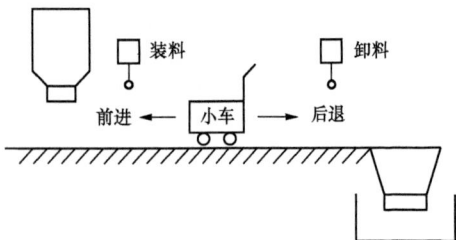

附图 C4-21　习题 4-51 图

（1）单循环工作方式。每按动一次送料按钮，小车后退至装料处，10s 后装满，自动前进至卸料处，15s 后卸料完毕，小车返回到装料处，装料后待命。

（2）自动循环方式。按一次起动按钮后，上述动作自动循环进行，直至按一下停止按钮后，小车完成一个单循环后，停在装料处待命。

试用 PLC 对小车进行控制，画出梯形图。

扩展练习 4

4-52　画出下列梯形图的输出波形。

（1）画出如附图 C4-22 所示梯形图的输出波形。

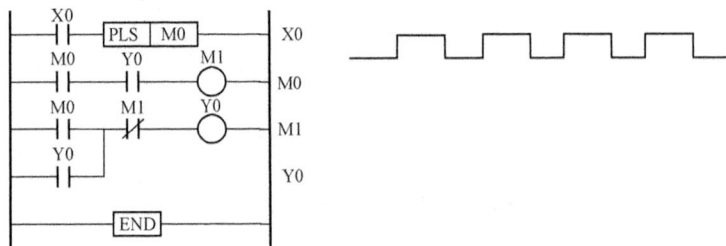

附图 C4-22　习题 4-52 图

（2）画出如附图 C4-23 所示梯形图的输出波形。

4-53　某小车停在初始位置时限位开关 X0 接通，按下起动按钮 X10，小车按如附图 C4-24 所示的顺序运行，最后返回并停在初始位置，画出控制系统的梯形图。

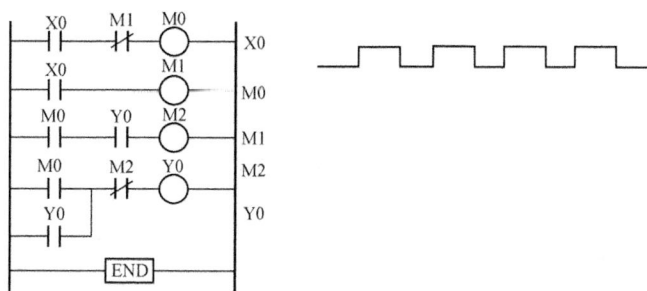

附图 C4-23　习题 4-52 图　　　　　　　　　　附图 C4-24　习题 4-53 图

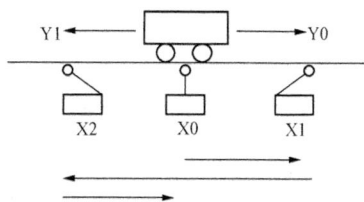

4-54　试用 KEEP 指令编写电动机（0500）起停并加自保的控制程序，其中 0002 为起动按钮，0003 为停止按钮。

4-55　设计一段程序，要求对五相步进电动机 5 个绕组依次自动实现如下方式的循环通电控制：

第 1 步，A—B—C—D—E；

第 2 步，A—AB—BC—CD—DE—EA；

第 3 步，AB—ABC—BC—BCD—CD—CDE—DE—DEA；

第 4 步，EA—ABC—BCD—CDE—DEA。

A、B、C、D、E 分别接主机的输出点 Q0.1、Q0.2、Q0.3、Q0.4、Q0.5，起动按钮接主机的输入点 I0.0，停止按钮接主机的输入点 I0.1。

4-56　设计一个由三台电动机的起/停顺序控制程序。控制要求为：

（1）起动。按起动按钮 SB1，电动机 M1 起动，10s 后电动机 M2 自动起动，又经过 8s，电动机 M3 自动起动。

（2）停车。按停止按钮 SB1，电动机 M3 立即停车，6s 后电动机 M2 自动停车，又经过 4s，电动机 M1 自动停车。

4-57　试设计一个能计算下面算式的 PLC 程序，设 X_1、X_2 为 16 位二进制数：

$$Y = \begin{cases} X_1 + X_2 & (X_1 \leqslant X_2) \\ X_1 - X_2 & (X_1 > X_2) \end{cases}$$

4-58　有一比赛由儿童 2 人、青年学生 1 人和教授 2 人组成 3 组抢答。儿童中任一人按钮均可抢答，教授需两人同时按钮可抢答，在主持人按钮同时宣布开始 10s 内有人抢答则幸运彩球转动表示庆贺。试设计此三组抢答器程序。

4-59　自动装箱生产线示意图如附图 C4-25 所示。系统控制要求如下：

（1）按 SB1 起动系统（SB1：ON），传输线 2 起动运行，当箱子进入定位位置，SQ2 动作（SQ2：ON），传输线 2 停止。

（2）SQ2 动作后延时 1s，起动传输线 1；物品逐一落入箱内，由 SQ1 检测物品，在物品通过时发出脉冲信号。

（3）当落入箱内物品达 10 个时，传输线 1 停止，同时起动传输线 2。

（4）按下停止按钮，传输线 1 和 2 均停止。

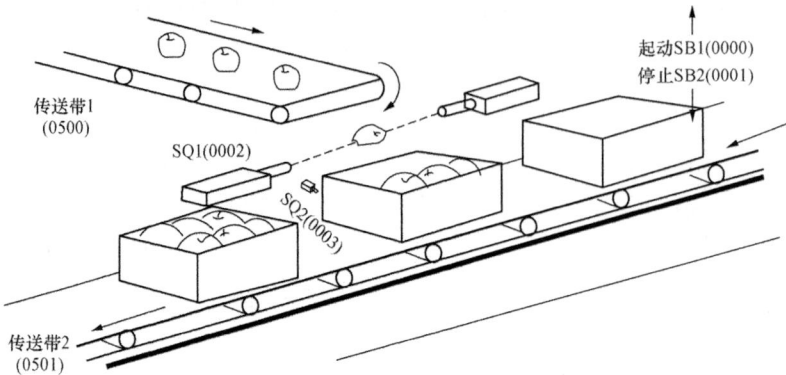

附图 C4-25　自动装箱生产线示意图

设计要求：

（1）确定控制对象与 PLC 间的信号与控制逻辑关系，画出信号通断时序图。

（2）确定 I/O 点数，画出 I/O 和所用元件地址分配表。

（3）绘制控制流程图。

（4）设计控制梯形图，并在控制图右侧写上注释。

4-60　饭店两层送菜升降机控制如附图 C4-26 所示，升降机动作控制要求如下：

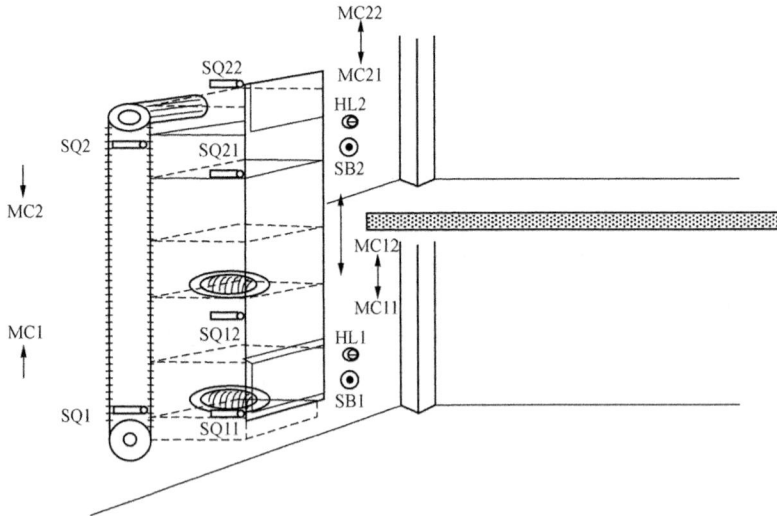

附图 C4-26　饭店两层送菜升降机控制

（1）初始状态：送菜升降柜在底层（厨房），下限位行程开关 SQ1：ON；底层开门限位 SQ12：ON，二层关门限位 SQ21：ON，其余各行程开关均为 OFF 状态；底层指示灯亮（HL1：ON），其余输出均为 OFF 状态。

（2）底层关门、上升：菜送入后，按 SB1（SB1：ON），底层关门（MC11：ON），门关闭（SQ11：ON），使柜上升（MC1：ON），同时底层指示灯熄灭（HL1：OFF）。

（3）第二层开门、指示：柜升至第二层餐厅，SQ2 动作（SQ2：ON），上升结束（MC1：

OFF）。同时第二层指示灯亮（HL2：ON），门自动打开（MC22：ON），直到上层开门限位动作（SQ22：ON）。

（4）第二层关门下降：按 SB2（SB2：ON），第二层关门（MC21：ON），门关闭（SQ21：ON），使柜下降（MC2：ON），同时第二层指示灯熄灭（HL2：OFF）。

（5）底层开门、指示：柜降至底层，SQ1 动作（SQ1：ON），下降结束（MC2：OFF），同时底层指示灯亮（HL1：ON），门自动打开（MC12：ON），直到底层开门限位动作（SQ12：ON）。

设计要求：

（1）确定控制对象与 PLC 间的信号关系与控制逻辑，画出信号通断时序图。

（2）分配 I/O 端口，画出 I/O 和所用元件分配表。

（3）绘制控制流程图。

（4）编出程序梯形图，并在梯形图右侧写上注释。

4-61 十字路口交通灯控制系统如附图 C4-27 所示，为城市十字路口交通信号灯示意图。在十字路口的东、西、南、北方向装设红、绿、黄灯按照一定时序轮流发亮。设计一个 24h 循环工作交通灯控制系统。

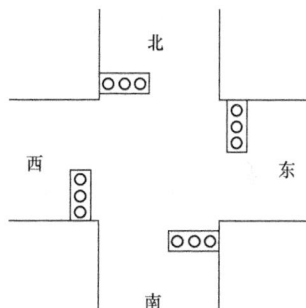

附图 C4-27 习题 4-61 图

（1）上班高峰期间时序控制（6：30～8：30；17：00～19：00）控制要求（如附图 C4-28 所示）：当起动开关接通时，先南北红灯亮，东西绿灯亮，南北红灯亮维持 120s，在南北红灯亮的同时东西绿灯也亮，并维持 115s，到 115s 时，东西绿灯闪亮，绿灯闪亮的周期为 1s（亮 0.5s，熄 0.5s）。绿灯闪亮 3s 后熄灭，东西黄灯亮，并维持 2s，到 2s 时，东西黄灯熄灭，东西红灯亮，南北绿灯亮。东西红灯亮维持 50s，南北绿灯亮维持 50s，到 50s 时，南北绿灯闪亮，绿灯闪亮 3s 后熄灭（周期为 1s，亮 0.5s，熄 0.5s），南北黄灯亮，并维持 2s，到 2s 时，南北黄灯熄灭，同时东西红灯熄灭，东西绿灯亮，开始第二周期的动作。

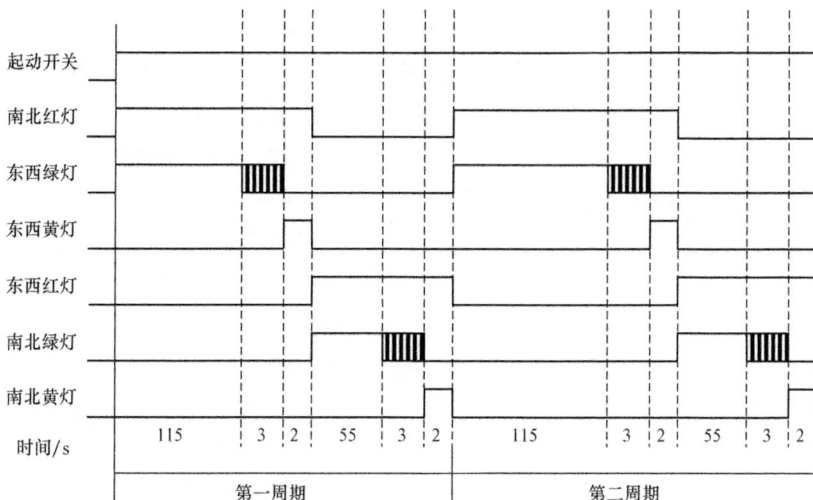

附图 C4-28 上班高峰时控制时序图

（2）正常时序控制（8：30～17：00；19：00～6：30）要求（如附图 C4-29 所示）：先南北红灯亮，东西绿灯亮，南北红灯亮维持 60s，在南北红灯亮的同时西绿灯也亮，并维持 55s，到 55s 时，东西绿灯闪亮，绿灯闪亮的周期为 1s（亮 0.5s，熄 0.5s）。绿灯闪亮 3s 后熄灭，东西黄灯亮，并维持 2s，到 2s 时，东西黄灯熄灭，东西红灯亮，南北绿灯亮。东西红灯亮维持 60s，南北绿灯亮维持 55s，到 55s 时，南北绿灯闪亮，绿灯闪亮 3s 后熄灭（周期为 1s，亮 0.5s，熄 0.5s），南北黄灯亮，并维持 2s，到 2s 时，南北黄灯熄灭，同时东西红灯熄灭，东西绿灯亮，开始第二周期的动作。

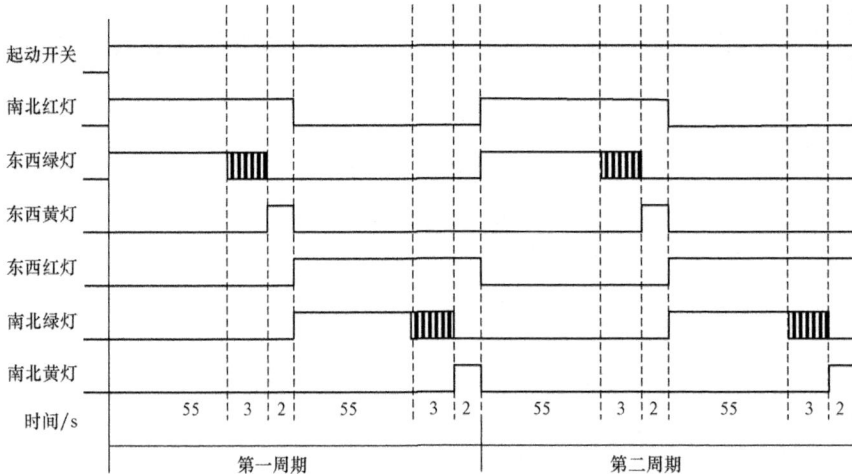

附图 C4-29　正常时控制时序图

（3）急车强通控制要求：急车强通信号手急车强通开关控制。无急车时，信号灯按以上两个时序控制。有急车来时，将该方向急车强通控制开关接通，不管原来信号的状态如何，一律强制让急车来车方向的绿灯亮，使急车放行，直至急车通过为止。急车一过，将急车强通开关断开，信号灯的状态立即转为急车放行方向上的绿灯闪 3 次，随后符合按以上两个时序控制。

急车强通信号只能响应一路方向的急车，若两个方向先后来急车，则响应先来的一方，随后再响应另一方。

4-62　如附图 C4-30 所示为三层楼电梯工作示意图。电梯上、下由一台电动机驱动：电机正转，驱动电梯上升；电梯反转，驱动电梯下降。1 楼设向上按钮 SB1，呼叫指示灯 HL1；2 楼设向上按钮 SB2，向下按钮 SB3，呼叫指示灯 HL2；3 楼设向下按钮 SB4，呼叫指示灯 HL3。每楼设平层行程开关 SQ1～SQ3。轿厢内设楼层选择按钮 SB5～SB7，电梯到达所选楼层时制动平层，制动方式为断电报闸制动。

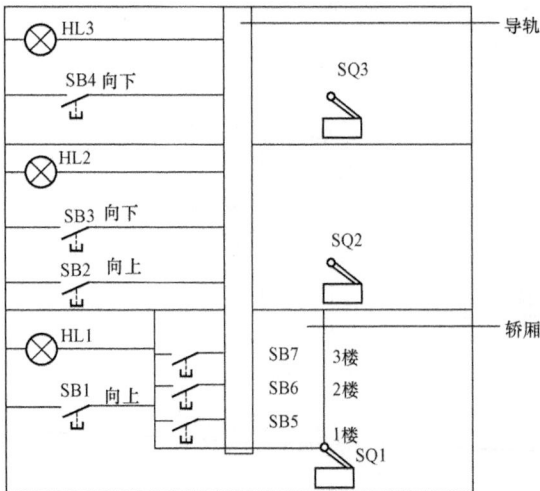

附图 C4-30　电梯工作示意图

设计电梯控制系统。设计要求为：

（1）轿外信号任何时刻呼叫都有效，轿内信号反向呼叫无效。

（2）在到达某一楼层后，必须停 5s，若按住该楼层按钮，则继续停在该楼层。

参 考 文 献

［1］余雷声，方宗达．电气控制与 PLC 应用．北京：高等教育出版社，1998．

［2］许缪，王淑英．电器控制与 PLC 控制技术．北京：机械工业出版社，2005．

［3］周军，海心．电气控制及 PLC．北京：机械工业出版社，2001．

［4］刘永华，孙海佳，等．电气控制与 PLC．北京：北京航空航天大学出版社，2007．

［5］范永胜，王岷．电气控制与 PLC 应用．北京：中国电力出版社，2004．

［6］董桂桥．电力拖动控制与技能训练．北京：机械工业出版社，2007．

［7］胡晓朋．电气控制及 PLC．北京：机械工业出版社，2005．

［8］王卫兵，高俊山，等．可编程序控制器原理及应用．北京：机械工业出版社，1997．

［9］北京鹭岛自动化工程公司．OMRON 可编程序控制器操作手册．北京：鹭岛自动化工程公司．

［10］陈立定，吴玉香，苏开才．电气控制与可编程控制器．广州：华南理工大学出版社，2001．

［11］漆汉宏．PLC 电气控制技术．北京：机械工业出版社，2006．

［12］吴丽．电气控制与 PLC 应用技术．北京：兵器工业出版社，2001．

［13］郑萍．现代电气控制技术．重庆：重庆大学出版社，2001．

［14］张凤珊．电气控制及可编程序控制器．北京：中国轻工业出版社，1999．

［15］张培志．电气控制与可编程序控制器．北京：化学工业出版社，2007．

［16］戴明宏，张君霞．电气控制与 PLC 应用．北京：北京航空航天大学出版社，2007．

［17］祁文钊，等．CS/CJ 系列 PLC 应用基础及案例．北京：机械工业出版社，2006．

［18］任伟宁，李平，等．可编程控制器应用技术．北京：海洋出版社，1999．